JN067963

Eyes in the sky

空の目

誰もが、常に、上から監視される未来

アーサー・ホーランド・ミシェル著
Arthur Holland Michel
斉藤宗美訳
Hiromi Saito

ゴルゴーン・ステアの登場。
私たちすべてをどのように監視していくのか。

「『空の目』は、非常に読みやすく、また、極めて重要な報告書だ。この自由社会に深く影響を与える監視技術の開発やその配備について書かれている。すべての政策立案者の机に、そして、情報に通じた市民の本棚に収めておきたい一冊である」

——ベン・ウィズナー　米国自由人権協会・言論、プライバシーおよび技術プロジェクト責任者

「『空の目』は、「頭のよい」持続監視による新時代の貴重なガイドブックだ」

——トレヴァー・パグレン　芸術家で『Blank Spots on the Map』の著者

「『空の目』では、ほぼすべてのページで驚くような詳細が語られ、まるでサイエンス・フィクションでも読んでいるような気がする。しかし、これはすべて真実なのだ。同じ技術を使って、森林火災と戦うことも、また、あなたのすべての動きを追跡することも可能だ。

このような機械を私たちはコントロールすることができるだろうか？　アーサー・ホーランド・ミシェルが、この魅力的で重要な著書において明らかにするように、私たちにも今、脅威に立ち向かうのか、それとも基本的な自由を犠牲にするのかという選択肢がある」

——エリック・シュロッサー　『ファストフードが世界を食いつくす』や『Command and Control』の著者

「あらゆる角度から、特に空の上から情報を収集することには、無限の価値がある。アーサー・ホーランド・ミシェルの新書『空の目』では、現代の空中監視における進化とそれらを利用する際の倫理観について大いに議論されている。軍事に関わる者や一般人に向けて、ホーランド・ミシェルは、監視技術の無限の可能性とその結果として私たちの日常生活に与える影響とのバランスをどううまく取っていけばよいかについて、巧みに説明している」

——スタンリー・マクリスタル（元）将軍、合同特殊作戦軍元司令官、『TEAM of TEAMS』の著者

「戦場の内外で使用される広域動画の可能性と危険性について書かれた画期的な書物。アーサー・ホーランド・ミシェルが考え抜き徹底的に調査を行った上で書いたこの作品は、急速に拡大する自動監視技術の公的および私的使用について、私たちが緊急に目を向けなければならないと訴えかける」

――リンダ・ロビンソン 『One Hundred Victories』の著者

「アーサー・ホーランド・ミシェルの魅力的でタイムリーな、空のいたるところにある目の描写は、私たちすべてが安全に暮らせる方法について書かれているが、同時に、プライバシーの終焉を意味するかもしれない。彼の作品は、世界で最も先進的な画像監視プログラムにおける革新的な歴史を明らかにし、私たちの社会の多くの側面を永久に変える可能性のある目まぐるしい一連の技術的な機能性について示している」

――リチャード・A・クラーク『爆弾証言 すべての敵に向かって』の著者であり安全保障、インフラ防護およびテロ対策の元国家危機管理担当者

『空の目』は、いつか地球上のすべての主要都市で使用されることになるであろう神業のような監視装置を、国防総省がどのようにして開発したかについて記した信頼できる一冊である。

この新しい技術、そしてこれまでで最も強力な装置であるゴルゴーン・ステアを使えば、広大なエリアを移動する何千ものターゲットを一度に監視して、時間軸を前後に追いながら、あなたがどこから来たのか、そしてどこに向かっているのかを追跡することができる。

人工知能の力を少し借りれば、犯罪を事前に予測することも可能だ。戦時中、この恐るべき装置は無数の命を救ってきた。平時においても、その技術は同じように役に立つだろう。

しかしながら、悪用されることがあれば、これまで開発された視覚監視技術の中で、史上最悪のシステムとなってしまうかもしれない。

ゴルゴーン・ステアや同じような武器を開発したさまざまな政府機関、研究所、そして企業を広範囲に取材することによって、『空の目』は、極秘に結成された科学者たちが、いまだかつて存在しなかったすべてを観察する方法をいかにして考案したかを明らかにする。

そして、この技術がどのようにアメリカの空に配備されてきたのかを知るとともに、私たちが、それを悪用するという多くの危険を避けながら、今後広域監視システムをどう有効利用することができるかについて提示する。

私の妹ガビー、弟たち——サイモン、マキシ、キーノ、
父アンドレス、母レイチェル、そしてエリンに捧ぐ。

大地はゴルゴーンという恐ろしい怪物を作りだした。
エウリピデスの『イオン』から

目次

第2章　「国家の敵」イラクの即席爆発物に対抗する技術　56

第2部

過度に監視される私たちの未来

第9章 そこまで拡大するのか!? 監視技術の「新しい側面」 279

第10章 これまで誰も思いつかなかった最高の監視インフラ「どこまでも見つめる目」 303

第3部

これからの長い道のり

カバーデザイン　重原隆
校正　麦秋アートセンター
本文仮名書体　文麗仮名（キャップス）

プロローグ　空の目は大きな軍事資産となる！

それは南北戦争時の熱気球から始まった！

一八六二年、ある春の日、バージニア州南東部の晴れ渡った空に、二つの球体が静かに打ち上げられた。それは、南部連合の野営地にいた兵士たちにとって、たとえ士気を失うようなものではなかったにせよ、驚くべき光景だったに違いない。これら奇妙な物体は北軍の熱気球だった。それぞれのバスケットには二人の観察者、つまり天空のスパイが乗っていた。もし彼らがカメラを持っていたなら（うわさによると、持っていたようだが）、そこから見えるものをすべて記録することができたはずだ。南軍の位置を即座に映し出す地図として、早速、北軍の指揮系統の上層部へと伝えられたに違いない。

「我々は、空中のずっと上の方に浮かぶ美しい監視の物体を、不安な気持ちで眺めていた」

南部将軍ジェイムス・ロングストリートはその時の遭遇について、のちに書き残している。ロングストリートや南軍部隊にとって、戦争の歴史における転換期を目の当たりにしていたのは確かだった。また、熱気球に対して、彼らにはなす術がないことも明らかだった。熱気球は「鉄砲の弾が届くわけがない距離だった」とロングストリートは嘆いたのだ。

それから一五五年後、二〇一七年六月、焼けるような暑さにむせるある日の午後、元米空軍大佐スティーブ・サダースは、ニューメキシコ州の主要空港であるアルバカーキ国際空港から飛び立つために、管制塔と離陸許可のやり取りを行っていた。今回の飛行は「写真のミッション」だと、彼は管制塔に伝えた。散弾銃を積んだサダースの白いセスナに同乗していた私は、今回の目的を「そんな穏やかな表現をするなんて」と思っていた。セスナには軍事目的の監視カメラが装備されており、広範囲にわたってさまざまな角度からアルバカーキを観察することができる。市内に住んでいる人々はそんなことを想像すらしていなかっただろう。

やがて街の中心地の真上、一万二〇〇〇フィート（約三六六〇メートル）の広大な空域を飛ぶ許可が、管制塔から下りた。砂漠の不安定な大気を抜けて空港から飛び立つと、セスナの翼越しに見えていた街の風景は遠ざかっていった。じきに、都市全体が見渡せるようになり、それは午後の太陽に揺らめいていた。

セスナのフロントガラスにはタブレットがあり、アルバカーキ市の衛星地図を映し出していた。サダースが自分の席のすぐ横にあるワイヤレスのキーボードで、市の中心にある大きな白い建物をクリックすると新たな画像が現れた。一見、それはすべての建物や道路を示す最初の地図を完全に重ね焼きした衛星写真に思えた。しかし、サダースが画面を徐々に拡大すると、顕微鏡から眺めた池の水のサンプルのように、さまざまな生物が動いているのが見える。道路では車、トラック、バスなどが信号で止まったり、発車したり、交差点で曲がったり、そして、道の脇に駐車したりしている。すべてが動いている。カメラから送られてきたライブ映像なのだ。フレームは数十ブロックを網羅している。

カメラは、対象物がフレームから絶対に外れないようにプログラムされており、セスナ機の自動巡回に接続されているとサダースは説明した。それを実証するように、彼がコントローラーから手を離すと、セスナはすぐさま左へと揺れた。自動で飛行範囲を調整するとカメラは広範な円軌道に入った。するとサダースは陽気に言った。「我々のターゲットはショッピングモールだ」そのモールはスクリーンの中央から動くことはなかった。

モールの撮影が終わると、カメラはニューメキシコ大学を捉えた。スクリーンに映し出された陸上競技場には、矢のような小さな影がぽつぽつと見える。運動をしている学生たちだ。今度は大学から、街の最北端に位置する裕福層が住むサンディア・ハイツに目を向けた。タブレットを使って、私はその地域を横切る四車線の道路にズームインする。並木道へと曲がろうとしている真っ青な車が見えた。私はその車を追う。サダースは監視カメラの技術的な詳細について話していたが、私は目の前で展開する様子に気を取られている。車はゆっくりと走っている。そして、蛇行しているように見える。「道に迷っているのか。あるいは、盗難車を無謀に運転している。いや、それとも何かを企んでいるのかもしれない」と、私は心の中で考えていた。

それからふと、ロボットカメラに操作される奇妙な小型セスナに乗っている私は、居心地の悪さを感じるようになった。車の中にいる人々は、自分たちが監視されていることを知らない。たとえ知っていたとしても、南軍のロングストリート将軍や兵士たちと同じだ。彼らには何もできない。肝心なのは、私が感じた気まずさというものは、彼らが何をしていようと実際のところ私には何の関係もないということであった。

しかしながら、私たちがどうしてそのセスナに乗っているのかは、私の問題であり、彼らの問題でもあった。一八六二年以前でさえ、いや、有人飛行の到来以前でさえも、空に目があるというのは大きな軍事資産になることは明らかだった。空から見れば、敵は開いた本のようなものなのだから当然だ。彼らがどこに隠れているのかわかるし、どこへ行こうと追跡できるし、次にどんな行動をとるかを予測することさえ可能だ。

第一次世界大戦の頃には、主要軍事大国は空の目を持っていたし、それは地上にいる者たちに劇的な結果をもたらしたのである。戦闘の勝敗は、空中査察の力がものをいった。一九一七年、飛行するカメラについて書いたレポーターは「そうしたカメラは同じ重さの爆薬より数倍致命的だ」と述べている。それ以来、世界中の軍隊は、より広範囲で、より鮮明で細部に浸透するような地面の写真を求め続けてきたのだ。

私が空中スパイ技術を学び始めたとき

私が空中スパイ技術を学び始めたのは、バード大学の四年生だった二〇一二年のことだった。そこはニューヨーク市から北に車で二時間ほどの、ハドソン川沿いにあった文化系の小さな大学だ。定期授業の他に、新たな分野の研究がしたいと考えていた矢先、一年生のときに寮のルームメイトだったダン・ゲッティンガーとドローン研究所を設立した。無人の航空機が引き起こす、多くの厄介な問題について研究するバード大学の多様な取り組みの一環として創設された研究イニシアティブだ。初期のプロジェクトでは、軍隊による無人航空機攻撃における一般市民の報告と、ロドスのアポローニオスによって書かれた古典文学、つまり『アルゴナウティカ』におけるハルピュイアの記述を比べるというものだった。

結果的に、私たちが研究を始めたタイミングはまるで天のおぼしめしという感じであった。ダンと私が大学を卒業するころ、ドローンに対する一般市民の関心はものすごい高まりを見せ、自分たちのアイデアを多いに利用することができるのではないかという結論に至った。卒業式でキャップとガウンを投げた次の日から、私は研究所の共同責任者として働き始めたのだった。

それは、広域動作イメージを意味するＷＡＭＩ（ワミーと発音する）と呼ばれている。サダースと私がサンディア・ハイツの無防備な住人をひそかに観察するために使ったカメラがそれだ。もし、一九一七年の空中査察技術がトリニトロトルエンよりも危険だったとしたら、このワミーは大量破壊兵器だ。

その名とデザインが示すように、ワミーはとても広い地域を、場合によっては市全体を観察することができる。それはまさに高性能で、何かに絞って見たいときには、ただ画像にズームインすればいいだけだ。その間も、カメラはすべての景色を記録し続ける。私が青い車を追っていたとき、カメラはすべての住人の動きを追って地域全体を記録し続けていたのである。

WAMI（ワミー）の空中査察技術は大量破壊兵器並み!?

このように、ワミーはそれを操作する側に、かつてない新しい力の形を与え、同時に、自分に照準が定められていることに気づいた地上にいる人々に未曽有の苦痛をもたらすこととなった。監視される側の姿がさらに鋭く、連続的に、詳細に、そして完全に不可避なものへと進む現代の監視のあらゆる形を象徴している。これには別名がある。WAPSS（広域監視持続システム）、WFOV（広視野）、WAAS（広域空中監視）などだ。私は「すべてを見通す目」と呼んでいる。

すべてを見通す目の着想は、イラクとアフガニスタンにおける軍事作戦で起きた緊急の危機を解決するために、時間と競争しながら挑み続けた決意ある技術者たちの小さなグループに端を発している。より広い土地をカバーすれば、より多くの人々を観察できるというシンプルな論理に従って、彼らはその技術を設計した。さらに、より多くの人間を監視することができれば、「悪い奴ら」を見つける機会が増えるわけだ。

その戦争で始まったアメリカ国家安全保障局の「すべてを収集しろ」という監視手法における考え方とそう変わらない。国家安全保障局の場合、その近代史の中で、プライバシーに関する最も醜悪なスキャンダルの一つである二〇一三年のスノーデンの暴露によってもたらされた理念でもあった。

ワミーの場合、数えきれないほどの悪い奴らを殺害することが可能になり、戦場において数百、数千人の命を救うような手ごわい武器の役割を果たした。こうした功績により、薄暗いパンテノンのようなアメリカのスパイ手法の一つとして確立され、その後多くの者たちが広域の画像を捉える技術を研究するようになった。

すべてを見通す目

今日、ワミーの技術を追求している多くのグループが身近に存在する。ある監視会社の幹部はこう言った。

「空軍のゴルゴーン・ステア（カメラと呼べるのかどうかもわからないが、これが本書に登場する最初の主役だ）の一〇分の一のサイズのカメラでさえ、警察や連邦捜査局（FBI）で採用されている正規の航空機よりも何千倍も強力だ。どんな法執行機関でも、この技術を望まないところなどないだろう」

こうした理由から、米国の法執行機関にすべてを見通す目を装備する取り組みが高まっている。これは、私たちの空におけるあらゆる種類の空中監視の劇的な拡大によるものなのだ。ワミーは、特に射撃や暴行事件など、証拠の映像がなければ未解決だった犯罪の解決に役立つ。また、ある企業家がワミーは犯罪を抑制することができることを示そうと、ボルチモア市で、ある重要な試験運用を行った。

こうしたことを考えると、今後世界の主要な都市のほとんどが、何らかの形で、持続的な広域監視下に置かれることが予測できる。そのような技術を持っていない国は、同じような監視と制御という過激主義思想に則（のっと）ってシステムを構築していくだろう（往々にして軍部が主導する）。その他の多くの兵器のように、ワミーが本来は、相手の動きを封じ込める目的で最初に登場したということはあまり関係がなくなるだろう。どんな監視技術でも、それが十分に強力であるなら、必ず大きな武器となって発展していくに違いない。いったん外に出たら、すべてを見ることができる猫も、もう一度袋の中に入ろうとは思わないのと同じことだ。

可能な限り広い領域を可能な限り高解像度で！

それだけではない。技術はさらに進化している。アメリカおよび海外の研究所、情報機関、民間企業は、可能な限り広い領域を、可能な限り高い解像度で監視することができる次世代の監視技術の開発に取り組んでいる。その結果、広域監視はより安く、軽く、速く、そしてより強力なものになっている。

また、さらに賢くなっている。より広い視野を追求して、ワミーの技術者や諜報機関などは、もはや人間が追いつけないほど強力な装置を創り出した。

アルバカーキ上空を飛行していたとき、私自身が一度に追跡できたのは一台の車だけだったが、カメラは何百もの車両と人を含む地域を記録していた。画像の中に、時に興味を引くものがあったとしても、私は見逃していた。人間一人の脳、いや、たとえ大規模なチーム全体の脳を合わせても、すべてを見通す目が映し出す情報のすべてを処理することはできないのだ。

そんなことから、今日、我々のために監視を行うことができる人工知能を構築するという探究がずっと続いている。そのような装置は、スパイ技術の世界においては聖杯と呼べるものだ。もし、都市全体を監視するカメラがすべてのターゲットを同時に追跡して、その動きを理解できるほど高性能であるなら、それは本当にすべてを見通していると言えるだろう。もしかすると、これから起こることさえも事前に予測することができるかもしれない。そして、そんなカメラやコンピューターの開発が新たな領域に入り、現代社会の他のすべての分野と監視システムが融合すれば、それは全知を得るということに他ならないのだ。

カメラの後ろ側にいる者は、監視への全体主義的アプローチによって多くの情報を得ることができる。青い車の人たちのように、地上にいる者は、ほとんど隠れることはできない。確かに、空中監視は消防活動から災害救援まで、私たち全員が同意できる目的に使用することができる。しかし、すべてを見通す目が全体を巻き込む捜査網になってしまうと、市民に約束されている自由が奪われてしまうことになりかねないので、そこにはリアルな境界線をはっきりと引かなければならないだろう。特に、監視をしているのがコンピューターであるなら、なおさらだ。一〇億ピクセルの問題は、どこに線を引くかなのだ。

広域監視技術がはらむ危険性

本書において私は、空中広域監視技術の支持者と批判者の両者に、一目ですべてを見渡すことができる未来を、両手を広げて歓迎するべきか否かを議論する機会を提供したいと考えている。声を上げた人々の中には、ワミーを開発した技術者たちも含まれる。そのほとんどが、自分たちが創り出した技術がもたらした影響について、これまで公の場で議論したことはなかった。そのことを後悔しているように見える人も、また、あまりそうではない人たちもいる。しかしながら、この技術に対して最も熱心な擁護者でさえ、重大な危険があることは認めているのだ。

こうした危険の中で、私たちに残された少しの貴重なプライバシーを守りたいのであれば、基本的なルールを設定する必要がある。ご覧のとおり、私は、ワミーだけでなく、この本で説明されているすべての形態の広域監視技術、全方位の地上カメラや融合システムを含めて、それらの原則と規則がどうあるべきかという青写真を示したい。広域監視技術は、ソーシャルメディアへの投稿や、たとえ屋内にいても個人のあらゆる動きを拾うことができる携帯電話のカメラで撮られた映像などと照合することができる。何ができるかというリストはぞっとするほど長い。

最近の動向から、新しい監視ツールが私たちの能力を凌(しの)ぐようになる前に、技術を抑制できる可能性があることを示唆する証拠は十分にある。しかし、今すぐに行動する必要があるだろう。技術は現実に私たちの世界に存在し、活動している。空飛ぶ車やマインドコントロールについて話しているのではない。だからといって、具体的かつ積極的に、この技術をどう使うべきか、また、使われるべきではないかを定義するのに遅すぎることはない。このまま何もしなければ、広域動画はさらに広く使用されるようになり、悪用されてしまうかもしれないのだ。

目下の課題は、何よりもまず、すべてを見通す目が何であるかを正確に理解することだ。したがって、この本を書いた。空から私たちを見張っているものがどんなものなのかを知り、見つめ返してやる番だ。そもそも、その目がどのようにして空へと向かったのかという注目すべき話から始めよう。

第1部

すべてを見通す目のはじまり

第1章　アフガニスタンで直面した「新しい脅威」

即席爆発物（IED）による手痛い打撃

アフガニスタン侵攻から七カ月が過ぎた二〇〇二年三月二十七日、アメリカ海軍特殊部隊のマシュー・ブルジョワは、どうやらタルナックファームで爆発物の処理を行っているときに、地雷によって殺されたようだ。そこはアフガニスタンのカンダハールの近くで、その数カ月前までウサマ・ビン・ラディンの住処となっていた場所だ。

彼はその戦争で三十一番目に死んだ米軍兵士だったが、二一世期初期のアメリカの軍事作戦において、のちに定義されることになった、まったく新しい危険な武器による最初の犠牲者となった。

翌年、二〇〇三年三月二十九日には、バグダッドから一六〇キロ南のナジャフ近くの検問所にて、武装勢力の兵士が、停まっていた白いタクシーのトランクにあった四五キロの爆薬C―4を爆破し、四人の米兵が死亡した。その二カ月後、陸軍の上等兵ジェレミア・D・スミスは、重い運搬装置を載せてバグダッドの道路を走っていたとき、車の下で何かが爆発して即死した。

まったく予期していないことが起きていた。こうした事件について公式な呼び方さえまだなかった。国防総省へのレポートでは、スミスの死は「不発弾によるもの」だとされたが、やがて名前がつくことになる。過去二十年間の戦争において、その頭文字をとってIEDとして知られる即席爆発物ほど、米軍の戦術、技術、そして政策を方向づけた敵対国の兵器は他にない。

自国の兵士を爆弾自体から保護するには設備が不十分であり、攻撃の背後にある精巧な武装勢力のネットワークと戦うためには、米軍は準備不足だということがすぐに明らかとなった。戦争が始まって七カ月、米中央軍の司令官ジョン・アビザイド将軍は国防長官ドナルド・ラムズフェルドと統合参謀本部議長に、広がりを見せる即席爆発物の使用による壊滅的な影響の可能性について警告する機密文書を送った。仮に、アメリカ合衆国と連合軍が戦争に負けるとしたら、それは即席爆発物が原因となるだろうと予測したのだ。

血が流れるのを止めるには、第一次世界大戦から米軍が深刻な脅威にさらされてきたときにはいつもそうだったように、空中偵察がその役割の一部を担う必要があったのだ。

とにかく観察しろ／静止画では対応できなくなった

米国がイラクとアフガニスタンに侵攻するまで、ほとんどの画像は国防総省と諜報機関が空から収集した静止画で構成されていた。一九一五年に西部戦線上空を飛行したパイロットたちにとってなじみのある伝達手段だ。一九八〇年代後半から一九九〇年代初頭にステルス戦闘機を操縦した元空軍スティーブ・エドガーによると、米軍の最も先進的なF―117ナイトホークを操縦したパイロットたちも、バインダーに入った白黒印刷の衛星画像を使って標的を特定していたという。

米国にとって関心度が高い他国のさまざまな地域を、定期的に飛ばしていた偵察機と衛星で撮影した静止画像は、冷戦時代の国防総省のニーズには十分であった。アメリカが最も懸念していた原子力潜水艦基地やミサイル倉庫などの標的は、ほとんど動くことがなかった。火曜日に敵の飛行場の写真を撮って、金曜日に爆撃するときもまだそこにあったのだ。高速道路をゆっくりと進むタンクの行列のように動く標的でも、予測可能なコースを予測可能なスピードで進んでいるので捉えることは難しくない。

こうして、数カ月前に撮影されたその多くは白黒写真で、それらを使用して、湾岸戦争のナイトホークのパイロットたちは七五％のヒット率を達成した。公式の記録では「空中戦の歴史の中で、比類のない」功績とたたえられた。

二〇〇〇年初頭になると、アメリカの主要な敵はもはや国ではなく、絶えず予測不可能に動き回る、無国籍の戦闘員で構成された異質な反乱軍だった。アルカイダのリーダーが朝食を取っている様子を衛星が捉えても、昼食時に再びその地域を観察すると、彼はもうすでにどこかに行ってしまっていた。このような組織に従来の空中監視システムを使うことは、ロサンゼルス市全体を一時間半ごとに撮影して、O・J・シンプソンの白いフォード車を追跡するようなものなのだ。三十年間にわたって諜報活動に従事した空軍少将ジェイムズ・ポスが昔ながらの空中監視について言及したように、空軍の監視から逃れるのに必要なのはエンジンをかけるための鍵で、動く乗り物さえあればよかったのだ。

遠隔戦争の象徴／無人機「プレデター」の登場

二〇〇一年四月、こうした潮流（ちょうりゅう）の変化を認識したドナルド・ラムズフェルド国防長官は、時代遅れの冷戦的基盤から脱却する必要があると説いた。少数のすでにわかっている敵に向けられた、数台しかない大規模で高価な情報収集システムの代わりに、ラムズフェルドは常にすべてを監視する多くのセンサーを欲しがっていた。戦場と民間の人々が住む両方の地域で、瞬(まばた)きすることのない目が必要だったのだ。

そのために、国防総省は高度な無人航空機を早急に開発し、配備する必要があると報告書の中で指摘した。そのような航空機の一つがプレデターだったのである。のちに、遠隔戦争の象徴となる無人航空機だ。

当時、プレデターの存在はよく知られておらず、また、注目もされていなかった。原子炉建設で有名だったカリフォルニアの会社が製作した壊れやすい電動のグライダーは、その三年前まで、まったく人気のない実験的航空機としか考えられていなかったのだ。

プレデターは時速一一〇キロで飛行するが、一九九〇年代半ばのバルカン半島において配備された初期の頃に、セルビアの地上部隊によって簡単に撃ち落とせることが証明された。

操作に関して言えば、飛行機のコックピットから、操縦桿とコンピューターのモニターだけの窓のない地上管制塔での作業に変わったので、当然のことながら操縦士たちは慎重であった。誰もがやりたがる有人機部隊の任務に就けず「1G生活を送る」ことを余儀なくされた操縦士たちは、この任務を渋々引き受けたのだった。

訓練中のＭＱ―１プレデター無人航空機。サザンカリフォルニア・ロジスティクス空港。米国国防総省の視覚情報は、国防総省の承認を意味したり、与えるものではない。国防総省　ポール・デュケット提供。

しかも、さらに悪いことに、プレデターは非武装であった。総重量の大半をしめるビデオカメラは、機首にボルトで固定した丸い灰色の補助タンクに取りつけられていた。

しかし、プレデターに関わったことがある人なら、搭載されたカメラ（厳密には、昼用と夜用の二つのカメラ）は確かに兵器であり、しかも破壊力があるものだと知っていた。動いている映像を捉えることができるので、たとえエンジンをかける鍵を持っていたとしても、その追跡から逃れることはできない。そして、プレデターはパイロットの交代のために着陸する必要はなかったので、二十四時間空中にとどまることができ、瞬き一つしなかったのである。おそらく、プレデターが止まる前に、追跡されている方が休むためにどこかに止まらなければならなかっただろう（初代の非武装のプレデターには、その後二〇〇一年に、ヘルファイア・ミサイルが装備されたが、今日まで多くの人々がその監視能力について、破壊的な兵器としてではなく、時代に変革をもたらしたその機能を評価している）。

九・一一テロの前にウサマ・ビン・ラディンを撃つチャンスがあった⁉

ラムズフェルド国防長官が冷戦後の新しい監視体制の枠組みの必要性について説いたとき、彼があえて共有しなかった情報は、政府がすでに一年以上前から、新世代の敵たちに耐えうるプレデターを導入する最初の実験に着手していたことだ。中央情報局（ＣＩＡ）は二〇〇〇年の極秘作戦において、当初から標的にしていたウサマ・ビン・ラディンを追跡するために、アフガニスタンの上空にプレデターを飛ばしていた。

のちに明らかになったことだが、その作戦において、プレデターはあと少しで歴史の流れを変えるまでの働きをしていた。実は、タルナックファームの戸外を歩くビン・ラディンの姿を一度捉えていたのだ。静止画像しか撮れない監視衛星や偵察機と違い、プレデターは軌道上を移動することができた。プレデターから送られるビデオによって誘導された海軍は、アルカイダのリーダーとその側近たちを排除するために、あとは巡航ミサイルが発射されるのを待つだけというところまで追い詰めていた。

しかしながら、後から考えれば大きな収穫となっていたにもかかわらず、不可解な理由から引き金を引くことを先送りにする決定が出された。それは、二〇〇一年九月十一日までに、アメリカがアルカイダのリーダーを撃つ最後のチャンスであった。誰も操縦したがらなかった無人航空機に搭載された一つのビデオカメラが捉えた好機であったのにもかかわらず、ついにミサイルは発射されなかった。

我々は何を見過ごしたのか？／決して目を離さない「神の目」のシステムへ

二〇〇三年の終わりごろ、即席爆発物が広く知られるようになると、この問題に対処するために、空軍は数機のプレデターを配備したがるようになった。高度六一〇〇メートルあたりで、耳飾りが太陽の光できらきら揺らめくようだと報道された、高出力ビデオカメラを使って、プレデターはすでにアフガニスタンの機密軍事作戦で力を発揮していた。特に、地上部隊が危険を避けて進む支援において活躍した。

しかし、埋められた即席爆発物、あるいは爆発物を据えつける役割を果たす「設置者」

と呼ばれていたグループを、プレデターが実際に見つける可能性はわずかであった。即席爆発物に打ち勝つために、最大限に努力しても十分ではなかった。

二〇〇四年の「ブリッツ」と呼ばれる作戦で、国防総省はいくつかの冷戦時代の偵察機、二十数機の無人偵察機、そして多数の小型飛行船をバグダッド市内の道路わずか二〇キロほどに配置した。しかしながら、即席爆発物の爆破率や死傷者の数に明らかな違いはもたらさなかった。

時々、プレデターの操縦士が道路沿いにカメラを向けて探索していると、運よく不自然なゴミの山を見つけることがある。一般的な即席爆発物の特徴だ。また、まれに、「設置者」のグループが穴を掘っているところを見つけたこともあった。しかし、これらはまぐれ当たりのようなものだった。

それでも、地上部隊のパトロール活動を見守る任務にあたっていたプレデターが撮影した精巧なデジタルの詳細を元に、米兵や大通りに集まる市民の群れが爆発物によって爆撃される様子を操縦士が証言することはよくあった。こうした映像を見れば、彼らの直観としては、目をそらしたくなるに違いない。しかし、元プレデターの操縦士ブラッド・ワードは私に言った。

「じっと見つめ、観察し続けることが我々の仕事だ」

その任務の独特性から、地上の兵士が怪我をしたり、殺されたりすると、プレデターの操縦士たちは責任の重さを痛感した。攻撃を目撃すれば、爆発に至るまでの数分のビデオを丹念に解析して、「何を見逃したのか？」と自問自答する。それを発見するのはいつでも胸が押し潰されるような作業だ。まったく手遅れで、即席爆発物が埋められた悲しみが地面からわかる証拠なのだ。彼らは言うだろう。「見逃したのはあれか……」と。

やがて国防総省と諜報機関は、地中に埋められたすべての爆発物を見つける代わりに、それらを仕掛けているチームのメンバーを全員探し出し、殺すか捕まえるほうがよいと考えるようになった。

その結果、動くターゲットをより正確に監視するために、空軍は一つのターゲットを、瞬（まばた）きもせずに、永久に、必要なら何日でも何週間でも「見つめる」ことができるプレデター交代制システムを展開した。最初の無人小型機の燃料が切れそうになると、二機目が到着して交代する。有人機と違い、諜報機関の解析者が映像を監視しているので、地上の操縦士たちはローテーションを組んで、単純に座席を交代すればよい。

こうした継続的調査を行った結果、持続監視と呼ばれる空中諜報の新しい方針が立てられることになった。その大前提は、いくらでも無人偵察機や操縦士を替えることができるが、「決してターゲットから目を離さない」とジェイムス・ポスは説明した。

必要ならば、この新しい監視作戦はずっと続けることができた。潜伏していたアルカイダのリーダー、アブムサブ・ザルカウィを二〇〇六年に爆撃して殺害するまで、空軍は六三〇時間もの時間をかけて監視していたのだ。

目的の人物を十分に観察すれば、相手のすべてがわかる。何時に起きるのか。朝はどこへコーヒーを飲みに行くか。警備員の交代の時間。あるいは、家族がいるか否か。

「いつも白のピックアップトラックに乗っているのは一人なのか、それとも二人なのか？」と、二〇〇四年から二〇〇七年まで空軍特別作戦の指揮をしていたマイケル・ウーリー将軍は言った。彼は、在職期間が終わるころ、めずらしくインタビューを受けてくれたのだ。

「トラックの荷台にはいつも犬が乗っているのか、それとも時々なのか？　男［たち］は煙草を吸うのか？　どちらの手に煙草を持っているのか？　窓から腕を出しているのか、あるいは、窓は閉め切っているのか？　煙草の吸殻は窓の外に投げるのか、あるいは、車内の灰皿の中に消すのか？」

ごく初期に持続監視の作戦を行ったワードは、それを「神の目」と呼んだ。

操縦士たちは監視しているターゲットを、しだいによく知るようになる。スクリーンの中で画素化した相手に奇妙な親しみを感じるようになることもめずらしくないと、ワードは続けた。若い操縦士の中には、ターゲットにあだ名をつける者もいたという。一日に煙草を一箱吸う相手には「癌男」、三〇分おきに用を足さなければならない男には「小さいタンク」。ワードはこうした行為を好まなかった。

「あだ名などつけるな。奴らが死ぬところを見なくてはならないかもしれないんだぞ」

彼はそう若い兵士たちに言ったものだと回想した。

狭い視野での観察しかできない

対イラク・アフガニスタン戦争の初期には、地上で活動する何十もの特殊作戦部隊とともに、無人偵察機は少数の幹部たちに焦点を当てていた。彼らはまるで「槍突き漁師」みたいだと、二〇一五年のインタビューで、マイケル・フリン将軍は語った（二〇一六年の大統領選挙における、ロシアの干渉に関する特別顧問ロバート・ミューラーの調査に巻き込まれる十年前、ドナルド・トランプ大統領の元国家安全保障顧問だったフリンは、国防総省の特殊作戦部隊の諜報部長を務めていた）。イラクやアフガニスタンでの襲撃によって幹部が殺害されたり、捕まったりしても、即座に別の者が幹部になり、諜報部はモグラたたきゲームをしているような気分になった。フリン将軍は言った。

「我々に本当に必要なのは、網漁師だったのだ」

ごく単純で技術的な理由として、プレデター無人航空機は優れた網漁師ではなかった。その理由を説明するために、非常に大きなスタジアムの最上階からフットボールの試合を観ているると仮定しよう。あなたがプレデターの操縦士で、九〇メートルの芝生が戦場だ。ドローンのように、あなたには記録用のビデオカメラが一台ある。ここがジレンマの原因だ。カメラをズームインして選手から選手を移動するボールを間近に捉えるのか、それとも、すべてのフィールドを観るために、カメラをズームアウトしたままにするのか。

カメラをズームインすると、ボールの軌跡を細部まで確実に捉えることができるが、フィールドで起こっているその他すべてのことを見逃してしまう。その一方で、すべてのアクションを一度に見るためにズームアウトすると、選手たちは画面上で非常に小さくなってしまう。そうなると、自分のチームと対戦相手とを区別することもできない。

ソーダ水のストロー問題／ズームインとズームアウト

これはソーダ水のストロー問題と呼ばれている。ズームされたカメラで標的を見ると、操縦士がプラスチックのストローを通して見ているような狭い視野になるためだ。

戦争において、ソーダ水のストロー問題は深刻で、ときには、致命的な障害となる可能性がある。二〇一一年の科学諮問委員会の調査から漏れた情報によると、狭い視野での観察が先進的な無人偵察機の主な欠点の一つだと結論づけられた。例えば、あなたがプレデターの操縦士だとして、あるグループが道を歩いているところを観察している。もし、彼らが兵士の可能性のある年齢の男たちかどうかを確認したいなら、ズームインする必要がある。しかし、人数が多い場合には、すべての男たちを一度に表示することはできない。そこで、もう一度ズームアウトすると、今度は男の一人が持っている物が銃なのか、園芸用の鍬（くわ）なのか識別できない場合もあるのだ。

操縦士たちはズームインとズームアウトを切り替えることができるが、その都度、何か重要なことを見逃す危険性がある。アフガニスタンでビン・ラディンを追跡する中央情報局の監視作戦の主任パイロットであり、戦闘で無人偵察機からミサイルを発射した最初の米飛行士であったスコット・スワンソンは、いつズームインし、いつズームアウトするかを見定める難しさを「芸術と運の両方」として説明している。

ある作戦について説明を受けたとき、重要なターゲットを乗せた車の一団を追跡するためにプレデターを操縦する諜報部の解析者たちは、分岐点で別々の方向へと車が分かれていくときほど、どちらを追うかという決断に神経を使うことはないと言った。誰がどの車

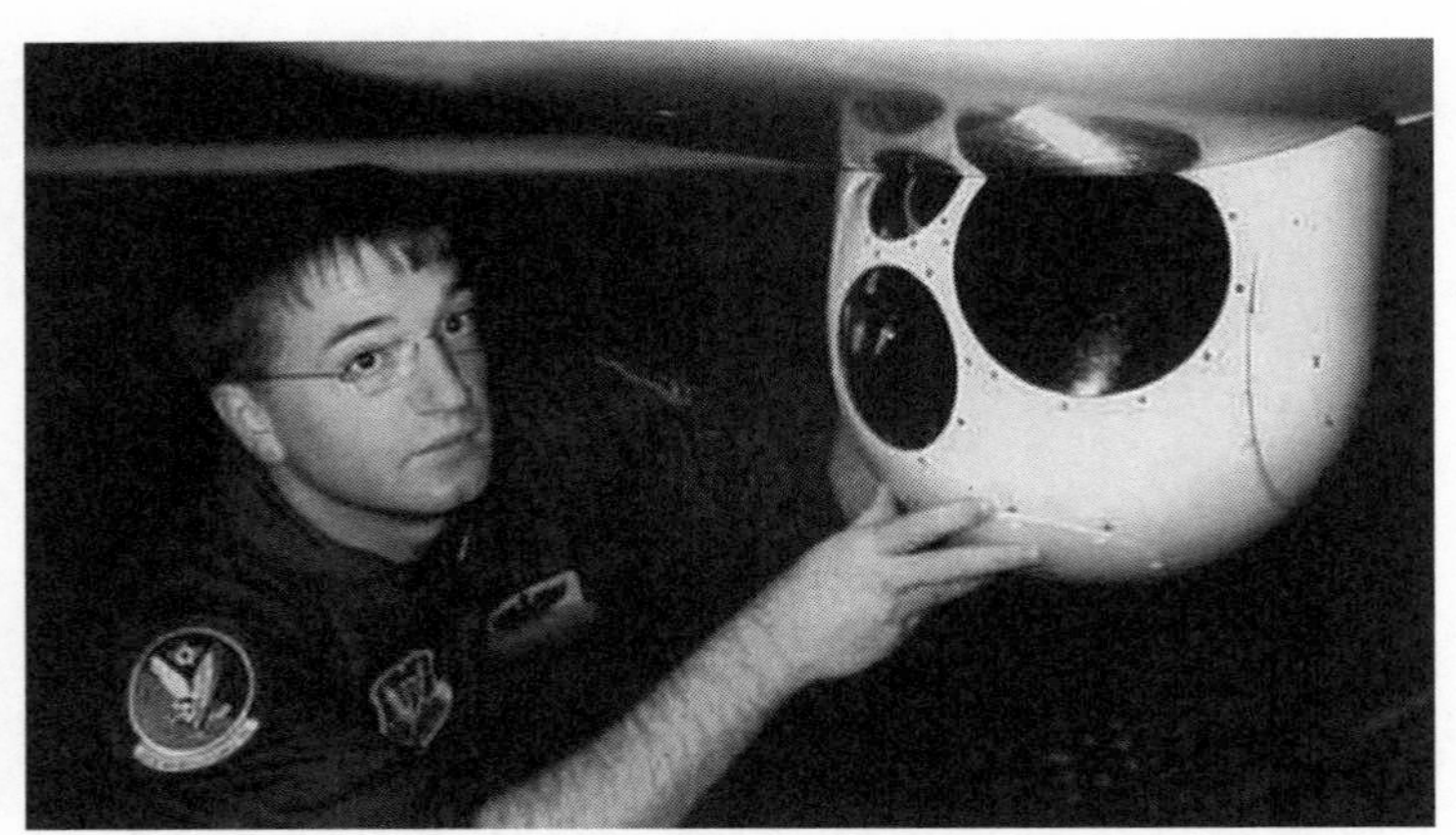

スコット・スワンソン。2000年のウサマ・ビン・ラディンに対する中央情報局の監視作戦の主任パイロットであり、実際の戦闘で最新の無人偵察機からミサイルを発射した最初の米飛行士。無人偵察機の間違いなく最も斬新な兵器である、プレデターのカメラの砲塔と写る。ハンガリートゥズラ空軍基地にて。1998年秋。スコット・スワンソン提供。

両に乗っているかわからない状況で、操縦士たちは直感以上のものを頼りにどちらか一方を選ばなくてはならない。結局、間違いだとわかりターゲットを見失う。これはめずらしい状況ではなかった。

たった一つの車両を追跡するときでさえ、ソーダ水のストロー的視覚では難しいこともある。高いビルに囲まれたＴ字交差点に、ある車が近づいたとき、操縦士たちは無人偵察機がその姿を見失わないように位置を決めるため、どの方向に曲がるのかを予測しなければならない。ビルの陰に隠れて、ターゲットを見失うかもしれない可能性を見越して、車のボンネットが熱くなっている場所に注目する。赤外線カメラによって高温になっている場所がわかり、再び道路の様子を捉えたとき、すべての車両からターゲットの車を見つけ出すことができるからだ。

ほとんどの場合、プレデターのビデオカメラはターゲットにしっかりとズームインし続けるが、フットボールの例えをもう少し広げると、個々の選手ではなく、チームが試合に勝ったり負けたりするわけだ。カメラをズームインすると、試合の大きな流れ、戦略、もっと大きな枠組み、選手のファーメーションなどを見逃してしまう。たとえ、カメラをズームアウトしたままにしても、一〇〇平方キロメートルの区域を監視するために割り当てられた一機のプレデターはせいぜい最大二〇台の車両から一台しか見つけることができない。ましてや、追跡することはさらに難しい。ザルカウィを監視していた操縦士たちは、バグダッド周辺の異なる一七の関連施設と関わりがあることを突き止めた。「網漁師」の例えを用いたフリンはそうしたすべての施設を監視対象にするべきだと説いた。しかし、たとえ国防総省がすべての場所を永続的に監視することを決めたとしても、また、それらの施設が数ブロックしか離れていなかったとしても、一七機のプレデターがローテーションを組む必要があった。それは、当時の空軍が所有していたプレデターの数を超えていた。

新しいマンハッタン計画／まだ試されていない技術が必要だ

二〇〇四年秋、空軍大佐スティーブ・サダースが、米国の核ミサイルプログラムを担当する組織である戦略司令部に配属されていたとき、国防総省の奥深くに用意された小さなオフィスに通された。サダースは訓練を受けた技術者で、背が高く色白で、やさしく穏やかな顔つきと、拍子抜けするくらいの社交性は、彼の任務の重大さからは想像できない。

サダースを迎え入れたハリアル・カバヤンという技術者は、オフィスの扉を閉めると、一つの機密文書を取り出した。それは、アビザイド将軍から国防長官および合同参謀本部に宛てた二〇〇三年のメモであり、即席爆発物がイラクやアフガニスタンにおける連合軍の取り組みにもたらす危険性について述べられていた。カバヤンは、アビザイドが即席爆発物に対処するための「マンハッタン・プロジェクトのような」作戦を要求していると説明した。アビザイドの見解では、陸軍の報告書の一つにも書かれていたように、核の脅威に関する「複雑さと緊急性」に匹敵するような問題を指摘したこのメモに応える形で、国防総省は合同即席爆発装置特別調査委員会を設立したいと考えていた。この問題だけに特化した秘密の組織だ。

即席爆発物による犠牲者は増え続け、上級司令部はたとえ命を救う可能性がほとんどない場合でも、あらゆる手段を試してみなければならないと考えていた。サダースの訪問の数カ月前、アビザイドはその部下に、成功の可能性が「五一％」ある技術なら戦場に配備する価値があると語っていた。イラクにいた米軍兵士たちは、高機動多目的装輪車のバンパーにリーフブロワーを取り付けて、仕掛けた爆弾を隠すために置かれた道脇のゴミを吹き飛ばしたりもしてみた。

当時、サダースは主に核兵器関連プロジェクトに取り組んでいる研究施設だったエネルギー省の国立研究所で、戦略司令部の上席連絡調整官を務めていた。サダースの話から、もし一つの組織が戦争においてマンハッタン・プロジェクトのような貢献ができるとしたら、マンハッタン・プロジェクト自体から生まれた国立研究所しかないと、カバヤンは考えていたようだ。

自分の役割を果たす決意をしたサダースは国防総省を辞めた。彼はまず、国中の政府の研究所や国防関連の仕事を請け負っていた業者から提案されていた開発技術を調査することから始めた。「五一％」の基準が出されて、まだ試されていない技術に対する国防総省の熱意に期待する無名の多くの防衛企業が集まってきた。こうしたプロジェクトから生まれた最も悪名高い成果の一つが、即席爆発物の共同中和装置だった。大きな話題となった遠隔で爆弾の処理をすることができる短パルスレイザー光砲だ。伝えられたところによると、一部の特別部隊将校たちは「むちゃくちゃだ！」と言ったという。請負業者の前で言ったわけではないが、アイオナトロンというあまり知られていないアリゾナのチームが契約を請け負い、数百万ドル（数億円）を勝ち取った。

後にJIEDDOと呼ばれる共同即席爆発物打倒機構と呼ばれる特別委員会は、対即席爆発物技術に七五〇億ドル（当時の相場で約九億円）以上を費やすことになる。これらの多くは、革新的で未実験であった爆発物中の硝酸アンモニウムを検出するためのプラズマを使うレーザー誘起分析分光システム、特殊無人偵察機、地中探知レーダー、電磁気検出などであった。

サダースは任務の細かいところまで真剣に取り組んだ。彼は単純な質問に答えるとき、長くとりとめのない技術的な話をする傾向があった。その新しい任務において、非常に強い注意深さで臨んでいたのだ。サダースは合計で百以上の異なる技術について精査した。そのときから数十年後、私が二〇一六年に彼と話をしたときでさえ、一つを除いてそれらの技術について決して詳しく話そうとはしなかった。サダースは、ローレンス・リバモア国立研究所の技術者たちによって開発された監視システムが、反乱軍の勢力を包囲するのに理想的だという話を聞いた。直接その目で確かめた彼は、自分が探していたものだと確信したのだった。

第2章　「国家の敵」イラクの即席爆発物に対抗する技術

ビッグダディ（映画『エネミー・オブ・アメリカ』）がヒントとなった

一九九八年冬のある金曜日の夜、サンフランシスコのダウンタウンから車で約一時間の原子力研究施設であるローレンス・リバモア国立研究所の研究者（安全上の理由から、名前は公表しないという条件がある）は、妻と一緒に地元の映画館に行き、『エネミー・オブ・アメリカ』を鑑賞した。妻とのデートに観る映画にしては少々変わったチョイスだったかもしれないが、それが結果、歴史的重要性を帯びることとなった。

この映画の中で、国家安全保障局内の不正な集団が、ロバート・ディーンという労働問題専門の弁護士を追跡する違法な作戦に乗り出す。この弁護士は、アメリカ市民を偵察するための幅広い権限を政府に付与する法案に反対した下院議員の殺害に、スパイ機関が関与していたことを結びつける証拠を偶然手に入れる。自分がなぜ、誰に追いかけられているのかよく理解できない状況で、ディーン弁護士は首都ワシントンを逃げ回ると、国家安全保障局は目が回りそうな監視技術の兵器を配備する。そして、彼が携帯電話のボタンをクリックすると、その通話を傍受し、彼の腕時計に追跡装置を取りつけ、家のリビングの煙探知機にカメラを隠した。

映画の中でずっと映し出される政府の究極の武器は、東部海岸に設置された巨大なビデオ監視衛星だ。首都をズームインしながら、衛星光線は鮮明にしっかりと、アリのようなディーン弁護士と仲間たちの姿を照らす。ディーンの息子を学校まで迎えにいくために車を運転するベビーシッターの後を追う。屋上で謎の見知らぬ男と会っている様子を記録し、青いシボレーのエルカミーノに乗ってメリーランド州を走る姿を追う。映画の構想の中では、衛星はすべてを見ることができる。映画の監督であるトニー・スコットはそれを国家安全保障局の「ビッグダディ」と呼んでいた。

当時、そのような衛星は実際には存在せず、映画はなぜそれがあれば賢明なのかを強く訴えかけた。しかし、妻と一緒に映画を観たリバモアの研究者は、別の何かを見つけた。インスピレーションだ。他の観客たちは破壊の予兆を感じ取ったのに対して、彼はまたとない機会を得たのだ。彼は考えた。

「そのような装置を作ることができたらどうだろう？　それはすばらしいことではないか！」

ローレンス・リバモア国立研究所は、最初の水素爆弾の設計に尽力したハンガリーの核物理学者であるエドワード・テラーの要請により、一九五二年に設立された。当初は、ロシアの急速に拡大する戦略兵器に後れを取らないために、熱核弾頭開発の任務を負っていた。研究所はミニットマンミサイルと、米国の空域に入る前に核弾頭を撃ち落とすことができる衛星の開発を目的としたスターウォーズ・プログラムとして知られる戦略的防衛の中核的な分野を担当していた。

一九九八年までに、リバモア国立研究所の任務は核兵器を超えて拡大していたが、それでもまだ国内の最も壮大で最も機密性の高い国家安全保障および諜報プログラムに集中していた。それが、架空のビッグダディ衛星を持ち出し、「極秘」で現実の武器にして、自分たちの専門分野にしてしまうのだ。映画が終わると、研究者は急いで家に帰り、上司に電話をかけた。夜も遅かったので、彼は留守電にメッセージを入れた。

「いい考えがある。折り返し電話を下さい」

次の月曜日の朝、多くの同僚がリバモアのオフィスに集まり、研究者は自分の考えを詳しく説明した。

「政府が広域持続型ビデオ監視衛星を使って、実際にできるすべてのことを想像してみてください」

しかし、オフィスにいた多くの研究者たちは賛同しなかった。

「確かに、そんなことが不可能ではないならすばらしいよ」

彼らはそう言って、不可能だと主張した。それほどの広大なエリアを監視する衛星は、それ自体が巨大でなければならず、コンピューターが処理できるデータの許容量を超えてしまう。

ところが、一人の同僚がそれとは反対の意見を言った。ひょっとしたら、今ある技術でも、不可能なことはないかもしれない。日々進歩しているデジタルカメラやコンピューター処理の技術があれば、それほど遠くない未来に可能になるかもしれない。もしかすると、もう少し詳しく検討してみる価値はある、と主張したのだ。

これにより、研究者の一部が集まり、まずは理論的に、最新のデジタル画像技術をどのようにして衛星に固定して、映画『エネミー・オブ・アメリカ』に登場するビッグダディのような装置を作ればよいのかを研究するプログラムが立ち上がったのだった。

エドワード・テラー発案のブリリアント・アイズ／常にすべてを撮影せよ

実際には、リバモア国立研究所の中で、空想の監視衛星を作り上げるという夢の中にいたのは、このグループだけではなかった。二〇〇一年、グループはジョン・マリオンという穏やかな口調に、細身で若々しい丸顔の技術者からアプローチを受けた。九十一歳になっても精力的に研究を続けていたエドワード・テラーと一緒に働いていた人物だ。

さかのぼることその十年前、スターウォーズ・プログラムの一環として、テラーはブリリアント・アイズと呼ばれるプロジェクトを提案した。高度三〇〇キロメートルに地球を周回する数百の小型で安価な衛星を配置し、その構造から「地球のすべてをいつでも見ることができる」というものだった。一九九二年の会議でテラーは、これらの衛星によって収集された情報は、遠隔地での受信可能地域の提供、自然災害の警告、航空交通の管理、天候の報告など「すべての人に役立つ平和的な応用」に使われると説明した。

アメリカ政府はスターウォーズ計画をほとんど放棄していて、『エネミー・オブ・アメリカ』が上映される頃には、ブリリアント・アイズも同様に忘れ去られていた。しかし、テラーは違った。マリオンとともに、彼は何千もの小さな気球を大気中に放出し、それを数十基の衛星で観測するための全世界の気象追跡システムの設計図に取り組んでいたのだ。

二〇〇一年の春、マリオンはデジタル写真を担当していたグループが行った状況説明会に出席した。そこでは、『エネミー・オブ・アメリカ』のビデオクリップも上映された。このグループのプロジェクトがテラーと同じ原理に基づいていることを悟ったマリオンは、その後プロジェクトに参加するようになった。

冷戦時代の航空写真に対する考えは、可能な限り広い範囲を撮影することだった。プレデターの使命は、少数の個別の敵を、綿密に瞬きすることなくじっと見つめることであった。リバモア研究所のチームはその両方をやったらどうかと考えた。従来の静止写真衛星と同じ広域をカバーできるものを構築し、そのエリア内で移動する個々のターゲットを同時に観察するために十分な倍率でビデオを記録するという考え方だ。

原子力研究施設の研究者としては、そのような技術の応用の可能性について考えたとき、チームのメンバーはまず核不拡散活動について思いを巡らした。当時、サダム・フセインは、イラクの数カ所の施設で大量破壊兵器の証拠を探している兵器検査官への協力をほとんど拒否していた。その一方で、リバモアの別の部署の研究者たちは、パキスタンの技術者の協力を得て、北朝鮮が新しいウラン濃縮作業を開始したことを示す機密レポートを作成していた。このことに関連して、中央情報局には北朝鮮がその見返りにシリアの技術者や当局者と連携しているという報告書が届くようになっていた。その証拠に、シリアは後にデリゾールに原子炉を建設する。

こうした疑わしい活動が行われていると思われる施設は知られていたが、その活動自体については、不可能ではないにしても、確認するのが困難だった。マリオンと彼の同僚たちは、自分たちが提案するカメラをそのような「謎めいた」施設の真上に設置して、観察し続けたら、果たして何が見つかるのかと考えたのだ。チームの考えを説明しながら、マリオンは私に話してくれた。

「何か悪いことが起こるとわかっている場所があっても、一体何が起こるのかわからない。あるいは、いつ、誰が何をしようとしているのか見当がつかない。そんな状況を解決するたった一つの方法は、すべてを四六時中撮影するということです」

たとえば、ある現場を離れる従業員らしき人物を家まで追跡して、その正体を突き止め、さらには学歴や職歴を調べることもできる。その中に原子物理学の学位を取得している者がいて、表向きは電球工場といわれている会社に雇われていれば疑わしい点が浮かぶ。衛星はエリア全体を永続的に記録するため、記録した映像を逆再生することもできる。施設に入ってきたトラックを、ウラン鉱山までさかのぼって追跡できれば、その施設が言われているような肥料工場ではないという合理的な推測がつくのだ。

アイデアはスパイ衛星コンステレーションを統括する機関「国家偵察局」へ持ち込まれた

マリオンは、アメリカのスパイ偵察衛星コンステレーションを統括する機関である国家偵察局の元同僚にこのアイデアを売り込んだ。しかし、その予算は莫大(ばくだい)で、試作品を構築するために五千万ドル（当時の相場で約六〇億円）かかった。マリオンによると、国家偵察局の役人はリバモア研究所の取り組みを後押しすると、自分が職を失いかねないと心配したという。

チームは思い切って、エネルギー省にアイデアを売り込み、さらなる研究のための予算を押さえることにした。その資金では衛星全体を構築することはできなかったが、カメラを開発するには十分であった。

最初の段階で、そのようなカメラは既存のどのカメラよりも大きくなければならないことは明らかだった。市規模の地域全体をフィルムの一フレームに収め、同時に活動の中心へ、また、中心から移動するすべての個々の車両を十分な解像度で捉えるからだ。チーム

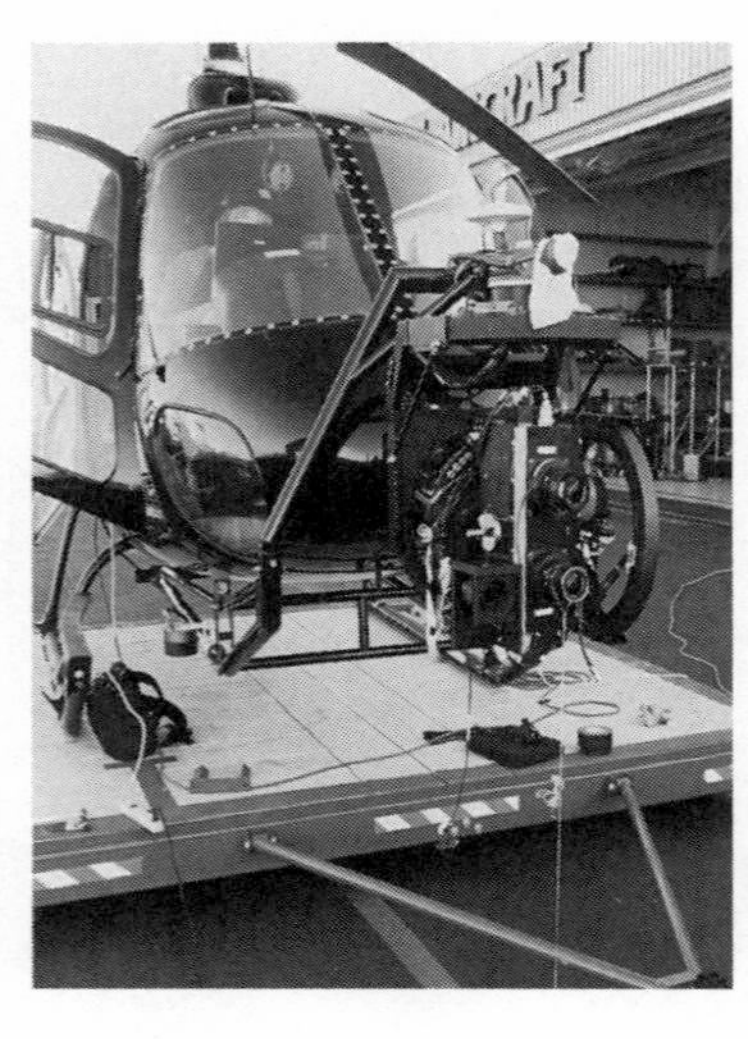

ローレンス・リバモア国立研究所による初期の広域カメラの試作品の一つが、民間のユーロスターAS350ヘリコプターの機首に固定されている。このヘリコプターはサンディエゴを含むカリフォルニアのさまざまな場所で、極秘の試験飛行を行った。ロゴス・テクノロジー　ジョン・マリオン提供。

は当初、警察ヘリコプターの側面に専門の調査カメラを取りつけて、サンタ・ローザの上空を飛行していた。そのシステムは広い領域を捉えることはできたが、十秒ごとにしか一フレームの撮影はできず、エンジンのかかった車両を追跡するには時間がかかり過ぎた。

エネルギー省からの資金提供によって研究者たちが二番目に取りかかったのは、二つの一一メガピクセルのビデオカメラを一緒に取りつけることだった。完璧とは呼べなかったが、一秒間により多くの写真を撮ることができるようになり、少なくともプレデターのカメラより一〇倍強力であった。また、比較的に価格を抑えることもできた。ヴェクセルと呼ばれるドイツの企業が、ほぼ同等の機能を備えた単一のカメラを製造したが、費用は八〇万ドル（当時の相場で約一億円）を要した。それと比較すると、リバモア研究所の自家製設備はたった八万ドル（当時の相場で約一千万円）であった。

『エネミー・オブ・アメリカ』に登場する衛星から見えるように、安定した真上からの画像を再現するために、リバモアの研究者たちはその情報源を訪ねることにした。映画の空撮を行っていた会社であるウェスカムに連絡を取ったのだ。そこでわかったのは、撮影チームは高高度を飛行するヘリコプターからカメラを地球の真下に向けて、「衛星」のような画像を創り出したのだった。

同社のゼネラルマネージャーだったネイサン・クロウフォードは、『ターミネーター3』のセットに取りかかっていたロサンゼルスへ技術者たちを招待した。技術者たちはそこで、クロウフォードのチームが高いクレーンに取りつけたカメラを使用して、複雑なスタントシーンを撮影する様子を観察した。そして、深く感銘を受けた。クロウフォードはすでに、ウェスカム社の防衛部における機密の技術プロジェクトに関わっており、それがのちにプレデターの安定したカメラ架台の開発につながった。カメラワークで培ってきた長いキャリアのおかげで、彼は空中を高速で飛んでいるゴルフボールを撮影することもできる、まれな能力も持っていた。地球の表面から数百キロ頭上で、原子核物理学者の集団の日課を追跡する衛星を作りたいなら役に立つ技術だ。

新しく改良されたカメラは二〇〇二年の秋、一連のテストのためにサン・フェルナンドバレー上空を初めて飛行した。軌道上で衛星のアークをシミュレーションする飛行では、クロウフォードはカメラの焦点をシェルのガソリンスタンドに合わせたまま、一〇〇〇フィートから一万五〇〇〇フィートまで上昇した。その任務は長いティー・ショットのゴルフボールを撮影するのに似ていたが、この場合、空を飛んでいるのは彼で、そのターゲットは地面に固定されたガソリンスタンドであった。

即席爆発物を設置するグループから潰していく技術を／ネットワークの攻撃

米国がマンハッタン・プロジェクトのような性質をもったプロジェクトに挑戦するとき、ジェイソン防衛諮問委員会［注1］と呼ばれるあまり知られていないグループが、一般の人々が問題の本質について理解する前に、あるいは、問題が存在する前から、その対応を具体化する仕事を請け負っていた。一九六〇年に結成されたジェイソンは、これまでにノーベル賞を受賞した一一人を含む著名な民間の物理学者、化学者、生物学者、数学者、そして経済学者で構成されている。彼らは定期的に会合し、重大な国家安全保障の非常に複雑なテーマについて評価し、防衛や諜報機関がどうそれらの問題について取り組んでいくべきかという推奨事項を明確にする。

ジェイソンが新聞の見出しに載ることはめったにないが、グループは大ニュースとなる多くの記事に多大な影響を与えている。ジェイソンが行った初期の研究では、北ベトナムのインフラに小規模の核兵器を使用することは「画一的に悪いものであり、破滅的となる可能性がある」と結論付けた。

別の研究者は、遠隔操作による探知技術を使用して、ホー・チ・ミン・ルートに沿って移動する北ベトナム軍を追跡するイグルー・ホワイト作戦として知られるようになった、驚くほど高価な、そしてほとんど成功しなかった試みを提案した。もっと最近では、プラズマ銃の技術の利点に注目し、国内の送電線に与える深刻な太陽風の影響についてシミュレーションを行い、ヒトゲノム計画への助言を提供している。その目的は時代の先を行くことだ。一九九一年、遠隔操縦の航空機と小型衛星の可能性を評価するためにジェイソンの研究者たちは会合を開いた。その二十年後にしか主流にならない二つの技術である。

二〇〇三年秋、中央情報局と国防総省の研究開発総局は、即席爆発物の問題についてジェイソンに支援を求めた。ジェイソンは、特に前途有望だと思われる技術や戦略を承認することを目的として、その問題について共同研究を実施することに同意した。中央情報局の主任科学者のジョン・フィリップスは、シリアの大量破壊兵器プログラムの取り組みを兼任していた、地震、音響、および電磁監視の専門家であるダン・クレスをジェイソンとの調整係に任命した。

二〇〇四年一月、カリフォルニア州ラ・ホーヤでジェイソンが開いた即席爆発物に関する最初の会議で、数々の参加者たちは即席爆発物がどのように造られ、どう機能するのかを説明し、爆発物を仕掛けていると思われるグループの特定や、イラクやアフガニスタンにおける米国の戦略において即席爆発物がもたらす脅威について説明した。

参加者たちはまた、爆発物を検出して解除するために考案されたさまざまな道具に関する概要説明について聞いた。クレスは冷静だった。諜報官として、高機動多目的装輪車の下側に最適な鋼板を選ぶことが中央情報局の仕事だとは思っていなかった。諜報機関の目標は、即席爆発物の背後にあるテロ組織を見つけることなのだ。三カ月後に開催される第二回の会議では、即席爆発物を追いかけるのではなく、どうやったらテロリストのグループを解体できるかということに焦点を当てるべきだと、クレスは決めた。「ネットワークの攻撃」として知られる戦略である。

二回目の会議に誰を招待するかについて、クレスがジョン・フィリップスと話をしたとき、中央情報局のトップ科学者は、その直前にリバモア研究所を訪れて得た監視プロジェクトについて詳しく説明した。フィリップスは、ジョン・マリオンという技術者のプレゼンテーションに参加し、監視衛星に関する興味深いアイデアについて聞いたと話した。努力していなかったわけではないが、マリオンは当時まだ、実際の作戦で現実的に使える装置を開発するための資金を提供してくれる支援組織を見つけていなかった。そのような状況の中、通常はカリフォルニアをベースにしていたマリオンだったが、十二カ月の間に、国防総省から車で一〇分のキー・ブリッジ・マリオットホテルに百泊以上滞在していた。こうして、核不拡散に取り組む団体だけではなく、他の支援団体も関心を持つような、これまでの技術への新しい可能性のある応用について思案していたジェイソンのチームは、広域カメラは外国の原子核物理学者たちに対抗するのと同じくらい、テロリストのネットワークに対しても有用であるかもしれないという考えに至ったのだった。

マリオンによる説明会は、他の機関から研究所のツアーに訪れる役人や研究者に対して必ず行われるものになっていた。彼の部署で開発されている最先端の技術を紹介する格好の機会だったのだ。二〇〇三年後半、フィリップスが研究所を訪れる少し前、マリオンはプレゼン用に、彼のチームが開発しているカメラがいかに武装兵士たちのネットワークに対抗できるかを示すスライドをいくつか加えた。

翌年の三月、リバモア研究所を訪れマリオンの説明会に参加したクレスは、その場でマリオンをジェイソンの第二回の会議へ招待したのだった。

翌月に開催されたその会議において、ジェイソンのメンバーが「ネットワークの破壊」について議論している間、マリオンは黙って聞いていた。研究者の多くが提案された選択肢に納得していない様子だった。さまざまで異なる性質を持った即席爆発物を製造している場所が、イラクの各主要都市にあったが、それらを追跡して探し出すことは困難を極めていたのだ。

その途中で、ジェイソンの一人が憤慨して言った。

「敵の全活動領域を一度に監視する方法さえあれば、攻撃を仕掛けている犯人を見つけ出すのは簡単になるだろう！」

空中からの高解像度広域動画（巻き戻せばテロリストが特定される）

次はマリオンが話す番だった。

マリオンが説明したように、即席爆発物はバグダッドで毎日のように爆発していた。広域カメラで街全体を撮影した場合、フレーム内には必ず爆発が起こっている。そこから画像をダウンロードし、事故の瞬間を確認する。単純にテープを巻き戻せば、その爆風から

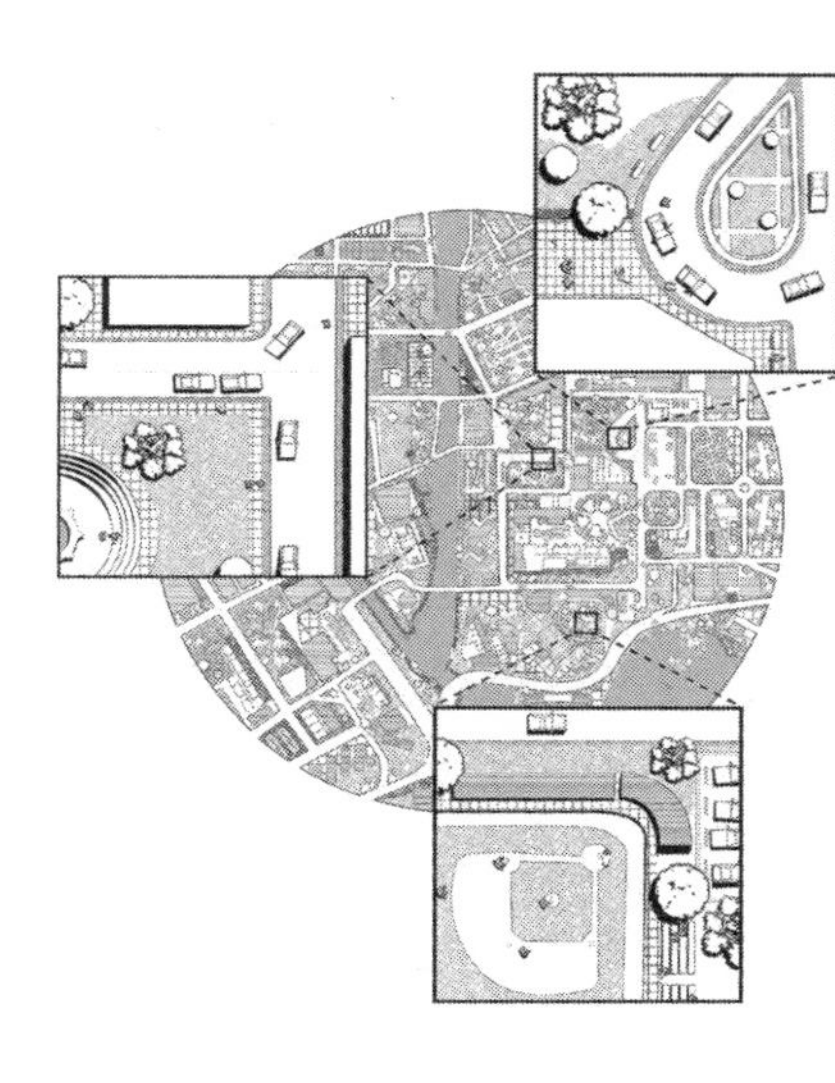

広域動画は非常に大きなエリアを高解像度で記録し、カメラがビュー全体の記録を続けている間、ユーザーは関心のある地域にズームインできる。エミリー・ワイスマン提供。

装置を取りつけてスイッチを押した人物を見つけ出し、彼らがどこから来たかを突き止めることができる。

プレデターの操縦士たちは、爆発物設置チームが爆弾を置いているところを偶然にも運よく発見することができたときは、すでにこの戦略を実行していた。テロリストたちをその場でヘルファイア・ミサイルによって殺害する代わりに、プレデターのもう一つの武器であるカメラを使い、ネットワークの最高幹部が隠れている場所を突き止めることを期待して、スクリーンに映る人物たちを追っていった。広域カメラを使用すれば、爆発物チームとの遭遇を頼りに調査を開始する必要がなくなるのだ。

設置現場から、一台の車両が来た道をある

住所まで戻っていけば、核施設の疑いがある家としてマークし、行き来する車両や人物を追跡することができる。即席爆発物製造所は、人々の生活の中に溶け込み、装置を爆発させる者、爆弾製造者、資金調達係、設置係、カメラマンなどを含む最大八人で構成されていた。同様に、その場所（ときどきノード［注2］と呼ばれることもある）に立ち寄るそれぞれの車両（スパイ用語ではプロキシと呼ばれていた）は次に行った場所や、逆に来た場所を追跡することができ、新しいノードが次々と明らかになっていく。十分に広域を捉えることができるカメラがあれば、ソーダ水のストロー問題は解決する。一つの航空機で、交差点で二手に分かれていく二台の車両の両方を追うこともできるし、百台以上の車両を追跡することもできるのだ。

このように車両を追跡することが可能だということを証明するために、リバモア研究所のチームはモハーヴェ郡の南にある砂漠の石油貯蔵施設の上を、カメラを搭載したヘリコプターを飛ばした。二台の車両にはそれぞれ俳優役の技術者が座り、施設の別々の場所を一連のパターンで乗り回した。このテストが行われている間、マリオンは施設の警備員たちに映画の撮影をしていると説明したが、ある意味本当のことであった。警備員の一人がカメラは一体どこにあるのかと尋ねたとき、マリオンは空に小さく見える点を指さして、「あそこだよ」と答えた。

ノードに立ち寄る車両はどれも新しいプロキシとなり、新しいプロキシが立ち寄る場所はすべてノードになった。元諜報機関高官の一人であるキース・マスバックが私に言ったように、本当のネットワークに辿(たど)り着いたなら、テロリストたちの行動はやがてすべて明らかとなる。別々の爆発に関与していたプロキシが同じ場所に集まることもあるかもしれない。一台のプロキシがよく知られた二つの重要なノードの間を移動し、地方のテロリストの施設から、より広範な地域組織へとつながることだってあるのだ。

クレスとジェイソンの研究者たちは熱狂した。ついに、諜報機関の言葉がわかる人間が現れたのだ。テロリストグループの全体像（マトリックス結合）が浮かび上がり、それぞれに活動していた諜報機関の研究者たちはモグラたたき戦略に頼る必要がなくなった。代わりに、彼らはもっと巧妙で破壊的な技術を使うことができるようになった。まずは、「社会ネットワーク分析」として知られる方法を使って、テロリストグループのメンバーの関係についてまとめることができる。そして、「ネットワーク攻撃における司令官のハンドブック」という国防総省の詳細な取扱い説明書によると、この方法によってテロリストの活動を邪魔し「望ましい効果を達成するために殺される、捕獲される、または影響を受ける」グループの特に重要なメンバーを特定することができるというものだった。

ジェイソンのメンバーで、著名な物理学の教授ロイ・シュヴィッタースは、マリオンのプレゼンについて決して忘れることはないだろうと、私に話してくれた。ジェイソンは直ちに広域監視の概念を支持する二ページの機密文書を作成し、中央情報局のジョン・フィリップスと、アメリカ同時多発テロ事件以降、対テロ軍事作戦のための武器を一刻も早く開発し展開するために設立された高速反応技術局で働いていたベン・ライリーへ送った。

ジェイソンからの承認が出された直後、クレスはフィリップスとライリーとの会談をセッティングした。彼はリバモアの技術を軍事部門に提供できるように開発するには約六五〇万ドル（当時の相場で約八億円）かかると計算していた。フィリップスとライリーはその費用を中央情報局と国防総省で半分ずつ投資することを約束した。こうしたクレスの揺るぎない信頼と支援について、マリオンはいまだに彼のことを「ゴッドファーザー」と呼んでいる。

試験飛行が革新的な結果を残すようになったちょうどそのとき、計画は最初の大きな好機を迎えていた。同じ月に、ネイサン・クロウフォードはサンディエゴで二番目のカメラの試作品を、空港、港、繁華街、そしてミラマール海兵隊飛行場の上空の円軌道上に飛行させた。

すべてを見通す目となるカメラの開発の要である画像処理のおかげで、飛行機は円を描いて飛んでいたが、映像は鮮明で、そしてさらに、地図のようだった。即席爆発物のネットワークを打破するために、独自に広域監視に興味を持っていたリンカーン研究所のチームと協力して、エンジニアたちは画面上で各フレームを「北上」に回転させ、地球の表面の実際の地点にそれぞれのピクセルを固定し、なめらかで安定した地面の画像を映し出すことができるコンピューターのソフトを開発した。

こうしてできた画像は、グーグルアースのように動いている衛星写真のように見えたが、実際にはすべてが活動していた。地面に静止していたものは画像内でも動かず（ビデオのフレームに関連してすべてが動く通常の航空写真とは違う）、車や人など実際に動いているものはすべて、クロウフォードが表現したように、静止した背景に「現れる」。車両や人は数ピクセルほどの小さな点のようにしか見えなかったが、どこへ行ったとしても追跡できるという点ではそれで十分だった。

プレデターのカメラのように、円滑で連続的なビデオを撮る代わりに、今回のカメラは一秒に二フレーム撮影した。映っている人々は、一秒に六、七〇センチ瞬間移動するように見える、有線テレビに映る古いビデオクリップと大して変わらないものだった。しかし、撮影範囲は広大で、映画『エネミー・オブ・アメリカ』に登場するシーンに似ていて不気味であった。

ロスアラモス研究所が開発したハードウェア「エンジェル・ファイア」

こうして撮影された映像は、スティーブ・サダースが二〇〇四年秋に対即席爆発物調査の任務の一環として、リバモア国立研究所を訪れたときに観たものだった。サンディエゴの街全体が、丸裸に映し出されていた。車や人々がくっきりと背景に浮かび上がる、完全に静止した都会の風景だった。港に入ったり、出たりするボートも見ることができた。途中で、低高度で進む飛行機がスクリーンを横切った。サダースは、これまで見た中で最も驚くべきものだったと語っている。

サダースは非常に感銘を受け、即席爆発物の取り組みで彼にできることは、広域監視を支援すること以外にはないと決心した。数週間後、教会の慈善活動のためにメキシコに旅行したサダースは、サンタフェの近くにあるリバモアのような核研究施設であるロスアラモス国立研究所で働いていた教会のメンバーに会った。住んでいたニューメキシコ州に戻るために、サダースの操縦する（サダースはパイロットの免許を持っており、セスナ機を自ら操縦してよく旅に出ていた）飛行機に乗っていた二人は、空軍とロスアラモス国立研究所が共同で、独自の広域監視システムによって即席爆発物の問題に取り組む提案をする

2004年にサンディエゴ上空で行われたローレンス・リバモア研究所の監視テスト飛行のスクリーンショット。左上の隅に、現在は軍事博物館に保管されている空母USS ミッドウェイが映っている。イラクの即席爆発物に対抗する技術を開発するための極秘画像を見せられたスティーブ・サダースは、「これまで見た中で最も驚くべきものだった」と語った。ロゴス・テクノロジー　ジョン・マリオン提供。

ことを決めた。

サダースはリバモア研究所の試作品には重大な欠点があると感じていた。画像を空から地上に生中継で送ることができなかったのだ。その代わりに、リバモアは作戦の終わりごとに画像解析者がビデオをダウンロードし、警察が強盗の防犯カメラ映像を詳しく調べるように画像をじっくりと調べることを提案した。サダースが考えたように、生配信のシステムの方がはるかに有用だ。即時に武装勢力を追うこともできるだろうし、戦場にいる自国の部隊を危険から遠ざけることも可能だ。

サダースの考えを聞いたダン・クレス

はその必要性を十分に確信して、生中継することができるソフトウェアの開発に、中央情報局の諜報技術イノベーションセンターから二〇万ドル（当時の相場で約二四〇〇万円）の着手金を調達した。クレスはリバモアが画像を、ロスアラモスがソフトウェアを開発し、両者が協力して一つのプロジェクトとして一緒に取り組むことを望んでいた。

しかしながら、リバモアとロスアラモスは、核兵器開発の小さな世界では有名なライバル同士だった。サダースはこれこそ冷戦の核競争そのものだと冗談を言ったものだ。関係者の中には、リバモアとしては、即席爆発物問題を解決すべく画期的なプロジェクトがすでに形となってきており、よもや米国が空中監視の方向を根本から変えることになるかもしれない技術を誰かと共有する気にはなれないのではないかと考える者もいた。一方で、ロスアラモスも業績が認められるかどうかもわからないのに、多大な労力を費やす動機が見つからなかったのだ。

そんな事情があって、クレスは落胆したが、リバモアからのテスト映像を待つ代わりに、ニューメキシコ州の研究者たちは、エンジェル・ファイアと名付けた四台のカメラが接続されたような複雑怪奇な独自のハードウェアを開発することにした。その最初のテストで、技術者たちはアルバカーキのショッピングモールの上空を飛行した。その途中で、一台の配達用のバンがかなりの速度で狭い路地を飛ばしていった。二〇〇五年も終わる頃、国会議事堂の厳重に警備された部屋で、サダースはそのときの画像を議員たちに見せた。一同は畏怖と恐怖でたじろいだ。議員の一人が言った。

「あとは、違反切符を切るだけではないか！」

まさに、その通りだった。サダースはそれを認めて言った。

「運転手がどんな車に乗っていて、その車がどこから来て、どこに行き、そのときの正確な時間もすべてわかるのです。たった一つわからないことは、運転手の顔だけなのです」

「ソノマ（航空機搭載の高感度カメラ）」は陸軍研究所に採用された

一方、リバモアは独自のプロジェクトを立ち上げていた。六五〇〇万ドルの着手金を使って、チームは六台以上のカメラを組み合わせて作った新しいカメラの試作品を組み立てた。カメラは衛星に搭載されないことが決定されていた。この一連のテスト飛行で、対象エリアの円軌道を飛ぶ航空機にカメラを搭載しても、衛星と同じように機能することが証明されたからだ。このカメラを彼らはソノマと呼んだ。

ジェイソンの有力な支持のおかげで、国防総省でもこのプロジェクトがもっと重要視されるようになった。ジェイソンの会議から一年足らずで、ソノマは陸軍研究所に採用されることになった。即席爆発物問題に対処する可能性を考えて、陸軍はソノマの配備を急ピッチに進める取り組みを開始し、リバモアからの反対があったにもかかわらず、二〇〇五年二月にソノマの開発を完全に管理することとなった。さまざまな筋によると、リバモアは独自の技術を組織内にとどめ、自分たちの技術者が開発した専有技術を手放したくなかったようだ。そこで、陸軍は最終段階の感知装置を開発するために、リバモア研究所の首脳陣との関係が悪化していたマリオンを迎えた、バージニア州を拠点とする請負業者のロゴス・テクノロジー社を雇うことにした。開発、テスト、配備の最終段階に向けて、すべてのプロジェクトはフロリダ州ウェストパームビーチの格納庫へと移された。

そんなわけで、二つの国立研究所が共同する希望がまた浮上した。サダースとロスアラモスの数人の研究者たちがフロリダのソノマチームに加わったのだ。サダースはそこへロス・マクナットという空軍大佐を連れて行った。マクナットは空軍技術研究所の講師で、高感度技術開発について講義をしていた。ロスアラモス研究所は、マクナットと彼の生徒たちがエンジェル・ファイアのプロジェクトに参加することに同意した。マクナットはマサチューセッツ工科大学の博士論文で書いた高感度技術開発に関する原理を実践演習で応用し、チームに関心を持ってもらいたいと考えていた。

最終的には、二つのプログラムを統合するための努力は完全に打ち砕かれてしまった。

空軍技術研究所は、陸軍がソノマを独占したのとほぼ同じ方法で、エンジェル・ファイアの主導権を握り、サダースやマクナットを含む当初の技術者たちはプログラムから外されてしまった。それでも、フロリダ州で数週間、二つのチームは協力して活動した。

陸軍と中央情報局の支援があっても、エンジェル・ファイアは大規模で洗練されたプログラムにはなっていなかった。まだ、立ち上がったばかりという感じであった。飛行テストが行われるごとに、技術者たちはジェネレータによってラップトップに現れるシステム上の多くのバグの修正をするためにコードを書いた。財政的にはかろうじて切り抜けているという感じだった。エンジェル・ファイアの画像修正ソフトを開発していた下請け業者のキットウェアなどは、不定期に報酬として二万ドル（当時の相場で約二四〇万円）をその都度受け取るという調子であった。

それでもなお、ネイサン・クロウフォードはリバモアにサービスを提供するためにウェスカムを去り、総合リソースイメージングという会社を立ち上げ、ハリウッドの精神や美学と共に、リバモアのプロジェクトに尽力した。映画業界はスケジュールを守って作業するところなので、彼はプロジェクトを軌道に乗せる役割が果たせるのではないかと考えていた。彼は技術者のために設備の整った大型トレーラーを造らせ、有名人にするように彼らのお気に入りのスナックや飲み物を冷蔵庫に用意した。その結果、飛行テストは極秘課報作戦ではなく、大規模な映画製作のようでもあった。

　しかしながら、作業自体は華やかというより過酷なものだった。テスト中の飛行機の非加圧のキャビンで長時間過ごす技術者たちは、よく酸素欠乏の症状に陥ることがあった。彼らの中には体重が落ちる者もあった。マリオンはそれを「低酸素ダイエット」と呼んだ。

　多くの場合、リバモアとロスアラモスの研究者たちは、仕事をより早く終わらせることを意味するなら、どんな苦労も厭わなかった。国防総省の多くのプログラムは、長距離ランナーのように、系統的に慎重に進められるものであった（原子力潜水艦を建造するときは、細部まで徹底し、テストや再テストを繰り返し、その結果をしっかりと評価したいと考えるものだ）。それとは違い彼らの事業は、当然ながら全力疾走であった。二〇〇五年九月十四日、バクダッドでの一度の爆撃により一二〇人が犠牲になった。実際のところ、イラクのニュースは即席爆発物の攻撃だけのように思われるほどであった。こうした話題は、技術者たちの心に重くのしかかった。広域監視システムが配備されるまでの毎日が、米兵士や市民が攻撃されて死ぬ「昨日と変わらない一日」だったのだ。クロウフォードは言った。

「こうしてプログラムでは、比喩的に死者数に言及するようになったんだ」

戦場の光景を一変させる可能性を秘めて……

フロリダでの短期間の共同作業の間、リバモアとロスアラモスの技術者たちは近くの町で何百時間もカメラテストを行い、地上の無防備な市民を記録した。作業場は海から八〇〇メートルの場所にあったが、ほとんどのメンバーは、テスト飛行機が修理に出されたたった一日の休みにビーチへ行っただけだった。

ある日の午後、砂の上に座っていたクロウフォードとマリオンは、監視カメラは武装勢力のネットワークを追い詰める他に何ができるかについて話した。彼らは港や国境のパトロールや自然災害の生存者の捜索に利用できるのではないかと意見を交わした。サンディエゴでのテスト飛行中、チームは米国中央軍と国境警備隊のデモで、メキシコ国境に隣接する地域であるオタイメサにカメラを向けていた。数時間のうちに、カメラは米国に不法に渡った多くの人々を記録した。

それでもなお、クロウフォードはプロジェクトの大きな可能性について理解はしていたが、少しの不安を感じざるを得なかった。自分たちが始めたプロジェクトには避けられない何かがあるような気がしたのだ。技術者たちは、未開の決して小さくはないパワーを創り出し、その着手からイラク・アフガニスタン戦争後もその影響が続くことは明らかだった。二〇一七年の初めに、私が初めてクロウフォードと電話で話をしたとき、それまでの十五年間、彼は記者から電話がかかってくるのではないかと期待していたと語った。

「それは長い間伝えてほしいと思っていた話だよ」

のちに彼はそう言った。

「実に多くのことが起こった。そして、我々はそこから学ぶ必要があるのだ」

タスクフォースドラゴンスレイヤー：二〇〇六年夏、五機の航空機（コンスタント・ホーク）がバグダッドで実戦配備

二〇〇六年の初めに、監視カメラの準備が整った。六六〇〇万個のピクセルを使用し、プレデターのソーダ水ストローのセンサーより何千倍も見通せて、幅六キロメートルを超える領域を観測することができた。カメラ、操縦者、そして関連機器をすべて載せるのに十分な大きさだった数少ない民間機ショート・ブラザーズ社の３６０双発プロペラ貨物機に搭載された監視カメラからは、一度に何百台もの車を観察することができた。

ビデオを安定した衛星のような画像に変える取り組みとして、マサチューセッツ工科大学リンカーン研究所は、飛行機に搭載されたカメラに接続される一つの巨大な脳を形成するために、並列処理ソフトウェアと「縫い合わせた」マルチ・コアインテルプロセッサーのユニットのための四五〇キロのスタック（一時的記憶装置）を製造した。製造者によると、このユニットは非常に強力であったため、世界のスーパーコンピューターランキングで、トップ五〇〇に入っていたはずだという。しかし、それは機密案件だったので、リストに載ることはなかった。

広域カメラの開発は絶対に秘密にしておかなければならなかった。二〇〇六年二月、もともとシステムが正式に展開することになっていた前日の最終テスト飛行において、二機の飛行機（つまり所有していたすべての機体）が空中で衝突し、三人の乗員が死亡した。地元紙とそれに続く事故調査では、飛行機は事故が起きたとき、ただ燃料タンクの試験を行っていたとだけ報告している。

二機の飛行機が、実際に初めて広域カメラを戦争に送り込む作戦を準備していたことが明らかになったのは、本書が出版される十四年後のことだった。プログラムには新しい名前がついた。ソノマは陸軍にとっておとなしすぎる感があったので、コンスタント・ホークに変更された（プロジェクトは少しの間、モホーク・ステアと呼ばれていた。なぜなら、陸軍はこれまで製造された中で最も奇妙な姿をしたベトナム時代のOV1モホークにシステムを搭載するつもりだったからだ。しかし、老朽化したモホークを使う計画は、さまざまな技術的および安全上の懸念により最終的に破棄された)。

最終的には、二〇〇六年の夏に五機の航空機がバグダッドに派遣された。このプログラムは、即席爆発物と迫撃砲の攻撃に対抗することを専門としたタスクフォースドラゴンスレイヤーと呼ばれる、完全に非公開の特殊作戦部隊に組み込まれていた。地上戦はかつてないほど緊迫していた。イラク在駐の米軍は毎日八十以上の即席爆発物攻撃に遭っていたのだ。

初期のプレデターのように、コンスタント・ホークにも懐疑的な目が向けられた。総合リソースイメージング社と共に、戦場で航空機を管理運営するために配属された米国防総省の多くの当局者が、きっとうまくいかないだろうとクロウフォードに語ったそうだ。こうした懐疑論があったため、コンスタント・ホークの初回の配備は九十日間とされていたが、実際には非常に活躍したため、二〇一一年の米国撤退までイラクで活動を続けた。

また陸軍は、夜間の監視活動のための二番目の赤外線ユニットと共に、カメラの大型バージョンの構築に取り組み始めた。その翌年、アフガニスタンの地上部隊はコンスタント・ホークを彼らの戦争にも配備することを要求し、最終的に二〇〇九年一月に実現して

2006年にイラクに導入された、特注6レンズ式コンスタント・ホークカメラシステムの現物。ロゴス・テクノロジー　ジョン・マリオン提供。

いる。

コンスタント・ホークはプレデターのように完璧な持続監視を可能にした。一つだけ違うとすれば、一度にすべての地域を観察することができるところだ。重要なターゲットや地上パトロールだけではなく、それらすべてを取り囲む環境を監視できる。一〇〇平方キロメートルのエリアに割り当てられた単一のプレデターは、地上で動いている車両の五％しか監視できなかったが、広域監視システムによって、九五％の車両を追跡することができるようになった。

バージニア州のとある場所に存在する国防請負業者のオフィスで厳しい警備の下、私が観ることができたコンスタント・ホークの映像は、たった一つの短いビデオクリップだった。しかし、このサンプル映像を観ただけで、強大なカメラの画像は都市の人々が暮らす様子をすべて捉えることができることは明らかだった。ビデオクリップでは、ガソリンスタンドに長い車の列が燃料を入れるために待っている。人々が通りを歩いているのがわかる。途中で、ヤギの群れが画像の中を横切っていく。その映像は不気味なほど平和で、穏やかと言ってもよかった。

軍事機密コンスタント・ホークが成し遂げたこと

しかしながら、その静けさは実はもっと暴力的な話をオブラートに包んで伝えるものだった。コンスタント・ホークはイラクに配備された直後に、タスクフォースオディーンに移動となった。この新しいユニットは、高度で実験的な空中技術を使用して、武装兵士たちを発見し、追跡し、殺害するために特別に創設された。この名は北欧神話の魔術師、英知、死、予言の神オーディンとも重なるが、「監視、検出、識別、および無効化」を意味している。

「私が睨(にら)みつければ、臣下どもがどう震え上がるか見ていなさい」

シェイクスピアの狂人リア王は、盲目のグロスターに言う。大まかに言えば、オーディ

コンスタント・ホーク搭載のショート・ブラザーズ360貨物機。2006年、配備される少し前にミルウォーキー州ミッチェルフィールドで撮影された。当時最も強力だったマルチレンズカメラの一つが、後方のドアのところに見える。コンスタント・ホーク開発チーム　ジョン・マリオン提供。

ンの目的は敵に恐怖を植え付けることであり、実際にその目は恐怖を与えた。一フレーム一フレーム画像をクリックしながら、コンスタント・ホークが配備された飛行場の解析者たちは、爆発が起きた場所に来た、あるいは場所を去った疑わしい車両を追跡する。

そうした車両がある住所で停止すると、攻撃して捕虜にするために地上の活動部隊にその情報を伝える。二機の飛行機には二台目の一六メガピクセルのカメラが搭載されており、プレデターのソーダ水ストローの突き刺すような鋭さと同じように、ターゲットの高解像度のクローズアップ画像を撮ることができる。

数日置きに、宅配業者が市販のハードディスクに入ったデータを、ドイツのラムシュタイン空軍基地とバージニア州の国家地球空間情報局へと個人的に届けた。同じデータは中央情報局にも届けられ、クレスと彼の同僚たちが敵のネットワークの全体像と、陸軍のある文書に「エリア59」と言及された拠点を把握するために解析を進めていった（クレスはのちに画像は「役に立った」とだけ述べた）。

この新しい監視システムの構想によって、敵が車のエンジンをかけることは、有利な立場から不利な状況へと転じた。詳しく説明するために、国防総省の幹部が二〇一三年のコンスタント・ホークの作戦について話していたとき、彼は『ジュラシック・パーク』のアラン・グラント博士がティラノザウルスの前に横たわっているシーンを引用した。

「動いてはいけないよ。私たちさえ動かなければ、向こうは私たちが見えないのだから」

そう、ワミー（広域動作イメージ）による検出を避ける唯一の方法は「じっと」動かないことだけなのだ。

ある技術者が表現したように、広域監視の技術は結束バンドと人々の「善意」によって支えられていたが、コンスタント・ホークはやがて実験的な存在から、大規模に使用される国防総省のテロ対策諜報活動と監視活動の柱となった。アフガニスタンを監視した二年間に集められた一つのカメラの映像は一万時間ほどであった。

多くの人々が同調したので、広域監視はもはや可能ではなく、望ましいという考えが諜報機関の間で広まっていった。配備から一年後、コンスタント・ホークの映像分析に特化した複数の諜報機関が首都ワシントンに設立された。

コンスタント・ホークの作戦の多くはいまだに軍事機密だ。航空機の巡航高度でさえ、特権情報と見なされている。タスクフォースオディーンに所属していた上級指揮官と話したとき、彼は航空機の存在に敬意を払っている様子だったが、具体的な話は繰り返し避けていた。私がクロウフォードに作戦の説明を求めても、それは予定通り迅速にその役割を果たした、と言うだけだった。つまり、即席爆発物を仕掛けたり、奇襲攻撃を仕掛けたりする連中を見つけたということなのだ。彼は言った。

「我々が〝奴はこの家に住んでいる〟と言えば、彼らがその家のドアを叩くだけなのだよ」

クロウフォードは、コンスタント・ホークが関与した作戦のおかげで、最大六〇〇人の米国兵士と、数えきれないほどのイラクの民間人の命が救われたと考えている。確かに、この技術はそれ自身の大虐殺を可能にすることで、実現した。タスクフォースオディーンは最初の一年だけで、三千人以上の武装勢力の容疑者を「排除」し、数百人を逮捕したと言われている。


［注1］ギリシャ神話のイアーソーン（英名ジェイソン）から名前がついた。

［注2］　やや紛らわしいが、テロネットワークのメンバーに対しても使われる用語。

第３章 極秘プロジェクト「ゴルゴーン・ステア」隠れるなんてできないぞ！

「エンジェル・ファイア」という名の異なる広域監視システム

コンスタント・ホークに続き、すぐにエンジェル・ファイアが対イラク戦争に投入された。エンジェル・ファイアは二〇〇七年八月にアメリカ海兵隊の部隊を支援するために配備された。海兵隊の指導者たちは、軍事演習で味方と敵の両方を同時に追跡できる、優れた能力を発揮する姿を見てエンジェル・ファイアを要請した。彼らは、特に都市部で多発する複雑な奇襲やスナイパー狙撃攻撃によって多くの米兵の命が奪われるのを食い止める効果を期待したのである。全体で、航空機はイラクの都市上空に千回以上出撃し、五〇〇〇時間あまりのライブ映像を地上の海兵隊員に送り続けた。コンスタント・ホークのように、エンジェル・ファイア作戦は、すぐにイラクのテロネットワークに大混乱をもたらした。

エンジェル・ファイアの開発に携わった空軍のインストラクターであるロス・マクナットによると、画像解析者は飛行機から一六平方キロメートル内に、敵の攻撃とリンクしている場所を発見すれば、すぐさま急襲部隊にその住所を知らせたという。ネイサン・クロウフォードがコンスタント・ホーク作戦を説明するときに使った奇妙な言い回しと同じように、マクナットは言った。

「地上部隊が教えられた住所に行くと、彼らはこう言う。〝ドアをノックしろ。そして、ちょっとお時間いいですか？と尋ねろ〟とね」

コンスタント・ホークとエンジェル・ファイアの話を聞いた人々が増えるにつれ、多くの人がなぜ二つのテクノロジーが統合されなかったのか疑問に思った。そうなっていたら、うまく互いを補い合える働きをしたはずだ。コンスタント・ホークの方がより多くのピクセルを備えていたが、エンジェル・ファイアはライブビデオを地上に直接送信することができた。そうなると、諜報部の解析者たちは、武装勢力のネットワークや屋根に隠れているスナイパーを追跡するために、航空機が地上に戻ってくるまで待つ必要はない。

しかし、技術的な話とはまったく別の方面で、事態はうまくいくどころか悪化していった。リバモアとロスアラモスのライバル関係は別としても、一つのプログラムに統合するという努力は、各チーム内の内部闘争によって損なわれた。マリオンは二〇〇五年にリバモアから解雇されてしまった。サダースとマクナットの関係もぎくしゃくしはじめた。サダースはマクナットの技術的な貢献度は低く、指導力に欠け、他人の仕事を自分の功績にするようなところがあると感じていた。その一方で、マクナットはもともと短期間の実験的なプログラムであったはずなのに、司令官たちの手順にこだわる煮え切らない手法に不満を感じていた。空軍研究所は空軍技術研究所とロスアラモスと言い争い、空軍研究所とリバモアも衝突した。

米軍のさまざまな部署によるプログラムの新たな後援は、不和を強めるだけであり、さらに合同作業を妨害した。海兵隊は、陸軍がコンスタント・ホークへの投資を誘致するために武装体制を強化することで、海兵隊がエンジェル・ファイアを調達するための努力を妨害しているとして、さまざまな陸軍将校を非難した。それに応じて陸軍は、海兵隊がエンジェル・ファイアの能力を過信して地上部隊を誤った方向へ導いたのではないかと示唆した。それに対して、海兵隊はコンスタント・ホークが仕様を満たしていないと反論した。空軍と海兵隊の職員は、エンジェル・ファイアを存続させるために議会に働きかけ、上院と下院の議員に数十通のメールを送信して、陸軍のカメラでなく自分たちのカメラを支援するよう要請した。

議員の一部はこのような状況を危惧した。米軍の兵士がイラクで死に続けているというのに、こうした内紛は広域監視システムの開発を遅らせる原因となっていたからだ。二つのプロジェクトを並行して進めていたのでコストもかさんでいた。二〇〇七年の夏にイラクに配備された四つのエンジェル・ファイア監視システムの費用はおよそ二五〇〇万ドル（当時の相場で約三〇億円）だった。同じ年に、国防総省の対即席爆発物プログラムは、空軍のエンジェル・ファイアに追加で五五〇〇万ドル（当時の相場で約六六億円）、陸軍のコンスタント・ホークに追加で八四〇〇万ドル（当時の相場で約一〇〇億円）を与えた。ミズーリ州の共和党上院議員のキット・ボンドは、国防総省内の対抗派閥について「いまいましい不適切な管理」と非難する怒りの声明を出すにいたった。

それに続く話としては、米下院情報特別委員会の事務局長だったマイク・ミアーマンズがいた。元空軍将校のミアーマンズは、空挺情報の世界では著名な人物だった。二〇一四年、彼は冷戦における数多くの機密空中監視プログラムやその後の下院での仕事における功績によって、謎めいた「諜報、監視、偵察の栄誉の殿堂［注1］」入りした。その他の業績では、一九九六年に進行中のプレデターの開発に資金を提供するように、上司であるジェリー・ルイス下院議員を説得した。それは、プログラムを時期尚早に終了させなかった歴史的決定であった。

二〇〇五年、ミアーマンズは、コンスタント・ホークとエンジェル・ファイアが、彼の管理権限内の諜報機関および防衛機関内において日常会話の話題となりつつあることに気づいた。スティーブ・サダースによる連邦議会でのエンジェル・ファイアに関する報告は、出席者に驚きと感銘を与えた。これらのシステムはいったん配備されれば、イラクで何百人もの命を救うということであった。九〇メガピクセルのカメラの開発さえ可能かもしれないと、人々はミアーマンズに話したのだ。

ミアーマンズと彼の同僚は、エンジェル・ファイアとコンスタント・ホークに並行して数千万ドルの額が費やされているのを確認したとき、この件に介入することを決めた。ミアーマンズによると、「二つの異なるシステムを開発するのは止(や)め、一つのシステムを構築する」という国防総省の機密指令を起草した。

二つのシステムの利点を統合した「広域空中監視カメラ」（無人航空機への搭載）

新しいカメラは、わかりやすく広域空中監視カメラと名付けられ、両者のシステムの要素を兼ね備えることになった。「都市サイズ」の領域全体を観察するために必要な既存のシステムよりさらに広い視界を可能にし、ライブ映像を地上に送信することができるものを開発する。生中継での作戦監視とその後の画像解析の両方に最大に活用できるシステムだ。また、二次赤外線広域カメラも搭載される。さらに、コンスタント・ホークやエンジェル・ファイアとは異なり、カメラは無人航空機に装備されることになった。

事実上まったく前例のないプログラムに関する機密指令、つまり、プレデターのソーダ水のストロー問題の解決策について聞いた後、多くの上級空軍高官が主導権を求めて国防総省のトップにロビー活動を始めた。多くの要望があった中で、攻撃の可能な無人航空機リーパーにシステムの搭載を主張するものもあった。

そうした高官の一人であるジェームズ・ポス少将（以前に空軍の監視から逃れるために必要なのは車の鍵だと述べた将校）は、ワミーの試作品のデモが軍事演習で行われているのを視察した。彼は、若い海兵隊の士官が、テロリスト役の兵士に近づいていく様子を眺めていた。尋問を受けたテロリスト役は無罪を主張したが、映像を巻き戻した解析者は実際には「過激化した」モスクから出てきたばかりだということを突き止めた。デモのオペレーターはポスに、爆発攻撃をした車を逆に追跡すれば、爆弾が積み込まれた武装勢力の安全な隠れ家まで追跡することができると言った。そのとき、「ティーボだな」と思ったことをポスは覚えている。ティーボは、テレビ番組を録画して再視聴するための民間の技術で、彼はその類似性について思いを巡らせたのだ。これは、戦闘用ティーボだ！

国防総省が広域空中監視カメラのプログラムを空軍に任せることに同意した後、内部の計画グループである共同要件監視諮問委員会は、新しいカメラの性能目標を略述した短い文書であるメモ１０６―08を発行した。当初、メモの正確な詳細はアメリカ連邦議会にも秘密にされていた。その後、軍事資金調達法案において、業績目標が「はっきりしていない」と言及された。しかし、空軍にとっては、それだけで十分だったのだ。メモを読んだ人たちによると、文書では従来のものより、もっと広い地表、つまり、もっと多くの車や人やネットワークを、より持続的かつ瞬（まばた）きもせずに監視できるカメラの必要性について書いてあっただけなのだ。

空軍の最先端技術開発チーム「ビッグサファリ」

イラクでの状況はかつてないほど悪かった。新しいワミーのプログラムが空軍に任されてから数日後の二〇〇七年七月、自爆テロ犯はアジアカップで自国のチームが韓国に勝利したのを祝って、イラクの民間人五〇人を殺害した。この事件があって、プログラムは即応能力対応案件となり、技術の開発と配備への迅速な取り組みが決定した。共同要件監視諮問委員会が発行したガイドラインに基づき、期限は十八カ月に設定された。

多くの空軍関係者は、前例のないスパイ航空機を短期間で構築できる唯一の組織はビッグサファリだけだと信じていた。空軍の最先端技術開発チームで、緊急の秘密工作や軍事機密ミッションのために偵察航空機の改良などを行う。軍当局者がこの最高機密部隊を公の場で話すときには、実際の名前を使うのを躊躇（ちゅうちょ）して「空軍のある組織」と呼んだりする。

二〇〇〇年のアフガニスタンのビン・ラディンに対する中央情報局のミッションで、プレデターを改良し操作したのはビッグサファリだった。その翌年、ビッグサファリはアルカイダのリーダーを殺害するためにアフガニスタンに戻る可能性のあったプレデターに、レーザー誘導ミサイルを取りつけた。

そうした取り組みの一環として、ビッグサファリに勤務する民間の技術請負業者は、空軍パイロットが米国の地上局からリモートでプレデターを操縦できる大西洋横断制御システムを単独で設計した。この遠隔制御システムは、ちょっとした法的問題に対処する一時的な修正だった。二〇〇〇年に米国の非武装作戦のパイロットを受け入れたドイツは、自国の土地で法的に認められない殺害が行われることを許可したくなかった。こうした状況が結果的に、私たちが今日知っているような現代の遠隔ドローンによる戦争行為が生まれるきっかけとなった。

ビッグサファリは驚異的なスピードで作業することが多く、プレデターのプログラムについても例外ではなかった。請負業者は数週間かけて遠隔操作システムを設計し、装置全体はそれから一カ月足らずで配備された。二つの脳を持つ男というあだ名の請負業者は、結束の固いビッグサファリの世界から尊敬され、恐れられている。彼の身元は厳重に守られている極秘情報だった。二〇一五年に私がワイヤードという雑誌で彼にインタビューしたとき、その会話を録音することは許されなかった。着席する前に、彼は黒い小さな装置を使って、私が録音用のマイクを持っていないことを確認した。

ビッグサファリが迅速に対応できるのは、主に技術者たちが「八〇％解決」と呼ぶ開発哲学のおかげだ。配備の進行を早めるために、ビッグサファリは航空機が八割ほど完成するまで作業を進める。これは、作業の最後の二割は最初の八割と同じくらいの時間がかかることが多いという論理だ。ビッグサファリの考え方では、「それで十分」と言う方が遅れるよりよいのだ。

スピードとリスクを重視しているので、ビッグサファリは、プログラムを慎重に細心の注意を払って開発し、何かを一つ修正するときも委員会やプログラムの上官によって厳しく吟味される通常の空軍とは摩擦を起こすこともよくある。プレデターの開発において、当時ビッグサファリの指揮官だったビル・グリムス大佐（彼もまた栄誉の殿堂）は、オハイオ州の技術者とネバダ州のテストパイロットの間に秘密の電話回線を設置し、空軍の指揮系統に決定を委ねることなく、技術者が航空機を改造できるようにした。チームの非公式なモットーは「それを行うことができないと言う人は、それを行う人の邪魔をしてはならない」というものだった。

他の部隊とは異なり、ビッグサファリでは大規模な契約の入札などは行われていなかった。代わりに、どの会社にでも、好きな価格で取引を許可する特別な権限を持っていた。ビッグサファリの正規の請負業者の一社は、ネバダ州リノに拠点を置く民間企業のシエラ・ネバダ・コーポレーションで、二〇〇〇年以来、空軍から数十億ドルの契約を獲得している。

新しい監視プロジェクトがビッグサファリに任される少し前に、ミアーマンズは連邦議会から引退し、シエラ・ネバダ社に就職していた。会社での初日、ミアーマンズは、彼の古い雇用主である空軍が、彼が考えていた広域監視システムの主要な請負業者としてシエラ・ネバダと契約したことを知った。彼は自分の新しい仕事がシステムのかじを取ることになるとは知らなかったと言ったが、そのような結果になってうれしそうであった。

極秘プロジェクトではあったが、ビッグサファリは伝統に従ってプロジェクトに、迷子のガチョウ、コブラ・ボール、愛しのスー、かわいいアナグマなど、快活で、ときにおかしなコードネームをつけていた。「広域空中監視システム」という名前は一時的に呼ばれているだけであった。そこで、誰かが（ミアーマンズはそれが退官した上級曹長だったと考えているが）カメラにゴルゴーン・ステアという新しい名前をつけた。

その名前を初めて聞いたとき、ミアーマンズは「一体、何のことだ？」と考えた。ギリシャ神話の伝説では、ゴルゴーンは地下世界の三匹の怪物だ。歴史家スティーブン・Ｒ・ウィルクの著書『メデューサ：ゴルゴーンの謎を解く』によると、この神話上の生き物は「厳しく、動かない、突き刺すような、瞬き(まばた)をしないような凝視」が特徴だ。『イーリアス』では、ゴルゴーンについて「燃えるような目」と「鋭い、立ちすくむ恐怖」と表現されている。最も有名なゴルゴーンは髪の毛がヘビのメドゥーサで、文字通り身がすくむような姿をしており、彼女を見たものはすぐに石に変えられてしまう。

この本を執筆中、「ゴルゴーン・ステア」という単語を聞くと、私がインタビューしたほぼすべての軍関係者と航空業界の従業員は、同じように石みたいに固まってしまった。私が会話の中でこのプロジェクトについて言及すると、誤って機密情報を漏らす危険を冒さないために、さっと姿を消してしまったのは一度きりではなかった。その場に残って話を続けた人でさえ、本当の名前で呼ぶことをためらっていたほどだ。

『オデッセイ』では、オデッセウスは「恐ろしいペルセポネ女王がモンスターの頭、ゴルゴーンをハデスの外に送り出すかもしれない」という「冷酷な恐怖」に襲われている。結局のところ、それが本来の考えだった。ミアーマンズは言った。

「突き詰めてみれば、まったく理に叶(かな)う名前ではないか」

すべてを見通す目に向かって「ダルパ・ハード」

プロジェクトをできるだけ早く完了するために、ビッグサファリの新しい技術は社内で開発されることはめったになかった。代わりに、技術者は既存の部品を利用する。これは、スポーツチームが選手を引き抜くのによく似たプロセスだ。しかし、ゴルゴーン・ステアとなったプログラムを議会が考案したとき、そのようなカメラ、ましてやそれを操作するコンピューターも存在しなかった。誰かがどうにかしてその技術を創り出さなければならなかった。しかし、実際には、ある軍事研究所に進行中のプロジェクトがあったのだ。

防衛界には、「ダルパ・ハード」という用語がある。これは国防高等研究計画局（ＤＡＲＰＡ・ダルパ）で扱うエンジニアリングについて表す言葉だ。ダルパは他の政府機関なら手ごわすぎるとか危険すぎると二の足を踏むようなプロジェクト、音速の五倍の速度で飛ぶ極超音速巡航ミサイル、プログラム可能な微生物、諜報ドローンの一群など、非現実的な科学や工学に挑む軍事開発部署だ。

ダルパのプログラム管理者のポジションに就くことは非常に難しい。ブライアン・レイニンガーが二〇〇六年にそのポジションに応募しようと決めたとき、国防総省では秘密裏に新しく統合された広域カメラの開発を進めているところであった。レイニンガーは自分がその仕事を得るためには、ダルパの所長だったアンソニー・テザーに「ダルパ・ハード」なアイデアを売り込むしかないと考えた。

レイニンガーは、ロッキード・マーティン社で二十五年間働き、一時は、年間四〇億ドル規模の事業である海洋システムおよびセンサー部門を監督していた。彼はシリコン設計、光ファイバー、レーダー技術、およびその他の新しい技術に精通していた。コンスタント・ホークについて聞いた後、レイニンガーは、広域カメラプログラムを強化するためのアイデアについてテザーにアプローチすることを決めた。ダルパの所長との面談でレイニンガーは、既存の広域監視カメラは、車両よりも小さいものを追跡するには十分な効果を持ち合わせていないことを指摘した。そして、ネットワークは車ではなく人で構成されているとし、有効なカメラは歩いている個人を追跡できなくてはならないと説いた。

レイニンガーはまた、カメラは既存のカメラよりもはるかに広い範囲をカバーすべきであると信じていた。確かに、コンスタント・ホークが記録した三〇平方キロメートルは、国防総省の兵器庫にある他の空中ビデオシステムの被覆領域よりもはるかに大きかった。

しかし、最も困難な戦争となっていた大規模な拡散ネットワークをつぶす綿密な計画を立てるためには、まだまだ十分ではなかったのだ。解析者が映像を追跡した関連性のある車両の五〇%が、地上部隊が捜索することができる場所に停止する前に視界から消えた。

地上の個人を追跡するために、詳細なより広い視野を確保するには、非常に多数のピクセルが必要になる。一〇〇メガピクセルのカメラ（まだ存在していなかった）でも、力不足であった。また、徒歩の人間は予測しにくい動きをするため（車とは異なり、〇・五秒の間に立ち止まって向きを変えることができる）、カメラのフレーム率も高速にする必要があった。

ジョン・マリオンやダン・クレスを含む多くの技術者や当局者は、長年にわたってダルパに独自の広域監視プログラムを採用、または開発するように求めていた。それはダルパにとって斬新で、複雑で、時間的制約の中で挑戦する理想的な技術だったのだ。しかしながら、テザーは彼らの嘆願を受け入れようとしなかった。おそらく、テザーには彼らがダルパ・ハードに取り組んでいるようには見えていなかったのだろう。

レイニンガーの提案は「ハードではなかった」と誰も断言できず、二〇〇六年三月に彼はダルパに採用された。レイニンガーはすぐさま詳細でなかなか手ごわい企画書を作成した。彼の考えるカメラは8の字の軌道を高度二万フィートで飛行するものだった。五〇平方キロメートルをカバーしながら、十分な解像度で毎秒十分な数のフレームを撮影し、動きの速い個人も追跡する。

そんなカメラだとしたら、地上の各兵士に送信する情報はあまりにも多すぎる。友人に毎秒四万枚の写真をメールで送信するようなものだ。そんなことはせずに、カメラは六十五個ほどのソーダ水のストローライブ映像のみを送信する。映像全体から「切り取られた画像」は地上の解析者に送られ、解析者はそれぞれプレデターのような視野で、カメラの視界の中のある区域を操縦することができる。レイニンガーはまた、システムは無人航空機に収まるように十分に小さくする必要があると決めた。

レイニンガーがこうした技術的要件を、元陸軍の歩兵で、新しく雇われたリチャード・ニコルス副官に説明したとき、ニコルスは「狂っている」と思った。懐疑的だったのは、ニコルス一人ではなかった。ジョン・マリオンとの数回の会合で、コンスタント・ホークの技術者だったマリオンは、レイニンガーに野心を抑えるように諭した。マリオンは、レイニンガーが要求しているカメラは、技術的な悪夢になるだろうと言った。フレーム率が高くなれば、巨大で膨大な量のコンピューティングパワーが必要となり、それに伴い、高速なコンピューターと多くのオンボードメモリが必要になるのだ。しかし、そこはビッグサファリのやり方で、レイニンガーはそれを行うことができないと言った人々が、それをやろうとしている人の邪魔は決してさせなかった。彼は反対論には耳を傾けたが、それらをすべて無視したのである。

ダルパは二〇〇六年十一月にすべての提案を承認した。ダルパはこれを自立型リアルタイム地上ユビキタス監視イメージングシステム、略してARGUS—ISと呼んだ。多くの場合、単にアルゴスと呼ばれている。

ギリシャ神話では、アルゴスは恐ろしい巨人であり、女神ヘーラーから巫女(みこ)で牝牛に変身したイーオーを守るように命じられた。パノプテース（意味はすべてを見る、普見者）とも呼ばれるアルゴスは、頭を覆う百の目があるおかげで、この仕事に特に向いていた。アルゴスの典型的な描写が、詩人エリザベス・ブラウニング訳『縛られたプロメテウス』にある。

牛飼いのアルゴス、最も逃れることができない
怒りによって、私を見つけて、私を追跡した
無数の目で、私の足元をじっと凝視している

このようにアルゴスは、これまで製造されたどんなカメラよりもすべてを見通すことが

できたので、ぴったりの名前であった。しかしながら、ダルパが正式に取り組みを開始した後も、多くの当局者は提案されたシステムについて、百目の巨人と同じように、ただの空想の存在だとして受け入れようとはしなかった。レイニンガーは国防総省を訪問して、彼のコンセプトに賛同してお金を出し戦場で使ってくれそうな部隊を探した。完成した形を見たら、そんな技術が可能だと信じようじゃないかと言う人もいた。他の人たちはただ首を横に振って、レイニンガーが本気でそんなアイデアを提案しているとは信じることができなかった。

ポケットの中にすべてを見通す目

レイニンガーの提案の中でより明確な課題の一つだったのは、カメラに必要な膨大なピクセル数を達成することだった。コンスタント・ホーク用のコンピューターを構築した後、マサチューセッツ工科大学リンカーン研究所の監視技術チームはこの問題についてずっと取り組んでいた。チームリーダーであるビル・ロスは、重量が増えすぎてしまうので、個々のビデオカメラをただ何個も取りつけるだけではだめだということはわかっていた。

デジタルカメラの心臓部はチップだ。レンズを介して入射する光を吸収して画像に変換するセンサーのフラットパネルであり、各ピクセルは、捉えられるフレーム内の場所に対応する光の正確な色と強度を表す。また、別のプログラムで、リンカーン研究所チームが携帯電話のカメラチップの実験を行っていた。カメラチップは近年、最小、最軽量、そして最も洗練されたコンパクトな道具の製造をめざすメーカー間の激しい競争のおかげで劇的に小さくなった。そこで彼らは、五ミリ幅の携帯電話のカメラチップを使用して、高解像度の画像を実現しながら、単一のバッテリーで長時間作動できる小さな監視装置を構築することに成功した。ロスは、装置がどの政府機関のために作られたのかについてはあいまいな表現しか使わなかった。それはまるで、誰かの居間の煙探知器の中に何かを隠しているような感じがした。

ロスと彼の同僚たちは、チップを小型の隠しスパイカメラ用にした同じ特性が、特大カメラの構築にも役立つかもしれないと考えた。各チップには数メガピクセルしかなかったが、一つのレンズの後ろの大きなモザイク面にまとめることができた。理論上、十分なチップを搭載したカメラは、コンスタント・ホークやエンジェル・ファイアよりもはるかに大きな画像を撮ることができる。

コンスタント・ホークとなるプログラムの初期開発に中央情報局と提携していた緊急対応技術局からの資金提供により、ロスのチームは、五ミリの携帯電話用カメラチップのうち一七六個を四つのレンズの同一グリッドにそれぞれ配置した。出来上がったカメラは、フレームあたり八億八千万ピクセルを収集できるようになった。これは、コンスタント・ホークの一〇倍、最高品質携帯電話の一七六倍だ。チームはそのカメラをマルチ・アパチャー・スパース・イメージビデオシステム、略してＭＡＳＩＶＳと呼んでいた。

二〇〇七年、レイニンガーはＭＡＳＩＶＳが開発中であることを確認するために、自らリンカーン研究所を訪問した。試作品に対する技術者の無頓着さには意欲をそがれたが（彼らは繊細な電子機器を保護するために使用される帯電防止装置を着用していなかった）、彼らの携帯電話チップのアイデアには可能性があった。監視技術に関する限り、ピクセル数の大幅な増加は飛躍的な進歩を意味した。そして、研究所のチームはそれを達成するために順調に進んでいると、レイニンガーは確信することができたのだ。

携帯電話用チップ、コンピューターゲーム機が「具体化」を後押しした

二〇〇七年十一月、エンジェル・ファイアがコンスタント・ホークのイラク展開に参加してから数カ月後、ダルパはアルゴス用の携帯電話ベースの監視カメラを構築するために、防衛大手のＢＡＥシステムズに一八五〇万ドル（当時の相場で約二二億円）を与えた。Ｂ

ＡＥ社での開発は、ふさふさした口ひげを生やした、黒い縮れ毛の、皮肉めいたユーモアのセンスが光るギリシャ人の技術者ヤニス・アントニアデスが主導した。レイニンガーは二年でシステムを完成させるように依頼していた。

アルゴスが当初の提案どおりに機能した場合、それはビッグサファリがまさに求めていたものになる。そのため、二〇〇八年の秋、空軍長官ノートン・シュワルツとダルパのディレクターだったアンソニー・テザーは、連邦議会を通さず、大部分が仲介された取引で、ダルパはアルゴスカメラが完成次第直ちにゴルゴーン・ステアプログラムに提供することに合意する覚書に署名した。

カメラの開発を始めたとき、ＢＡＥ社はマイクロンと呼ばれる会社が製造した携帯電話用チップを採用した。アイフォーン用のチップも生産する会社だ。世界中でスマートフォンを購入するために並んでいる何百万人もの消費者のおかげで、チップの価格は約一五ドルほどである。ＢＡＥ社は、それぞれのレンズの後ろに一つあるパネル四個にチップをまとめることを提案した。リンカーン研究所のカメラに似たデザインだ。しかし、ＢＡＥ社のデザインの方がより多くのチップを使う。つまり、フルカメラは三六八個のイメージセンサーで構成され、ＭＡＳＩＶＳの二倍以上になるわけだ。

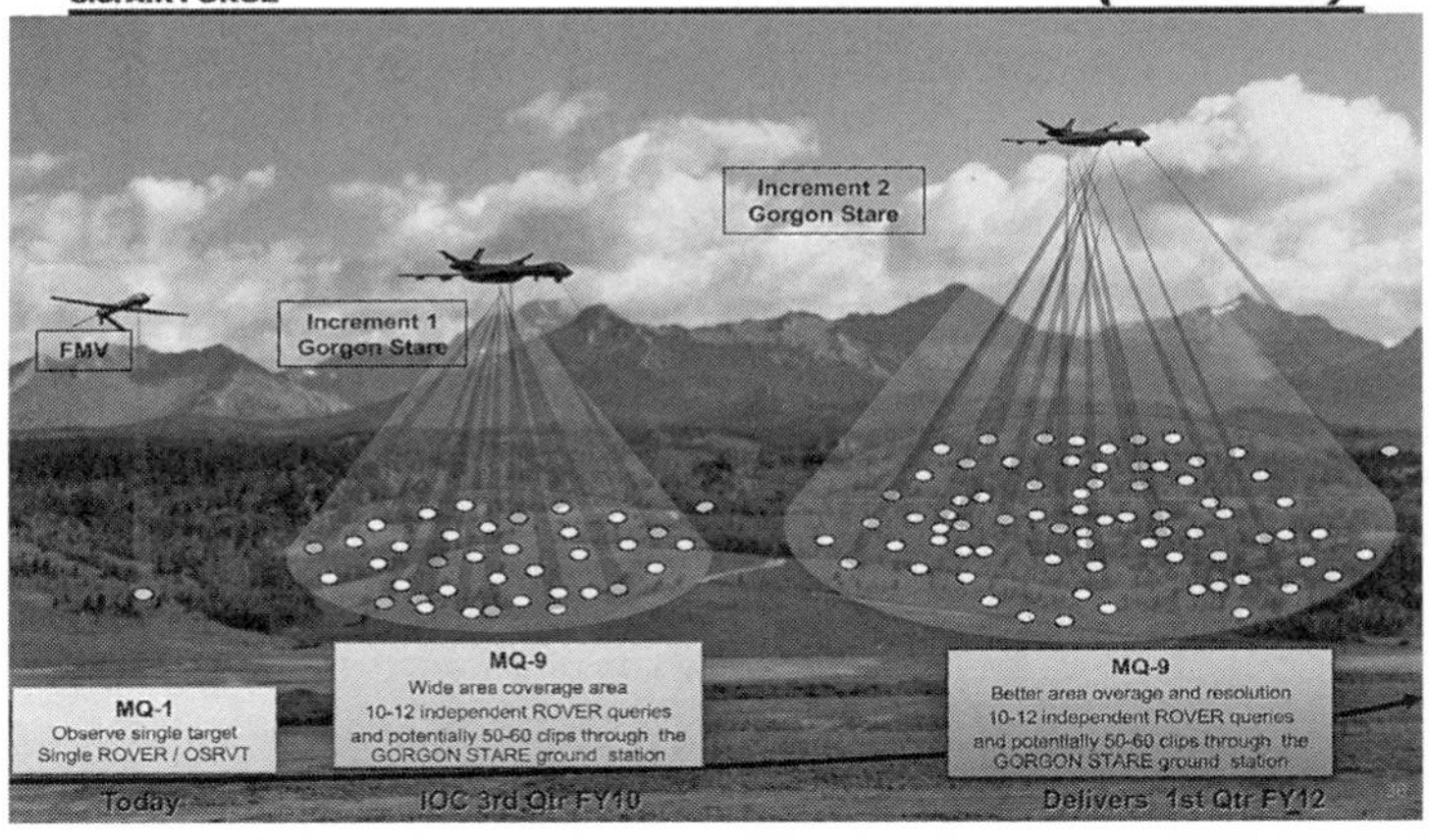

2010年の米空軍上級将校によるプレゼンテーションで、ソーダ水のストロー監視（左）と計画された二つのゴルゴーン・ステア・システムの違いを説明したスライド。アメリカ空軍　デイビッド・デプチュラ提供。

　そうなると、コンピューターの問題が残った。コンピューターは、三六八個のカメラフィードをつなぎ合わせ、画像の向きを調整し、平滑化するために、スーパーコンピューターレベルの電力が必要になってくる。その課題に対する解決策は、思いもよらない別の商業界からもたらされた。コンピューターゲーム業界だ。

　広域カメラと同様に、コンピューターゲームはデータを処理してまとまりのあるイメージに組み立てるために、何千ものピクセルを必要とする。ここ数年、コンピューターゲーム業界は、最も強力なグラフィックス処理ユニット（略してＧＰＵ）を開発するために激しく競争してきた。二〇〇二年までに、エヌビディアという会社は、六カ月ごとにGPUの容量を二倍に増やし、ムーアの法則による推定よりも三倍速くなった。正確に言えば、その法則は、単一のコンピューターチップに搭載できるトランジスタの数、さらにはそのチップの能力が十八カ月ごとに二倍になることを予測した理論である。

MASIVSの動画配信をスムーズに実行するために、リンカーン研究所はプレイステーションのグラフィックチップを使用して処理ユニットを構築した。一方、ローレンス・リバモア国立研究所では、コンピューターゲーム業界の最近の進歩を監視システムに利用する方法を模索するプロジェクトを率いていたシーラ・バイジャという研究者が、Xボックスの内部を使って同様のユニットを構築した。

ムーアの法則を上回った結果、これらのコンピューターはコンスタント・ホークやエンジェル・ファイアよりもはるかに強力であり、さらに小型で軽量だった。広域空中監視処理システムにGPUを使用することは、すぐに業界標準になった。それからの十年、またそれ以降も、戦場で稼働したシステムの多くは、家庭にあるようなゲーム機のコンソールのコンピューター的「遺伝子」を共有している。

これらの設計をもとに、BAE社は三万三千個の処理要素が詰め込まれた靴箱のサイズとほぼ同じ大きさのコンピューターを二つ構築した。アントニアデスによると、無人航空機に収まるほど小さくて頑丈な装置に、これほど多くの処理能力が詰め込まれたことはかつてなかったそうだ。

二〇〇九年の初め、最終的なシステムで何ができるかを理解するために、技術者たちはマサチューセッツ州アクトンにあるＢＡＥ施設の外に、携帯電話チップの単一パネルを設置した。四五〇ピクセルのこのカメラは、技術的にはフルサイズのアルゴスの四分の一の性能で、当時としてはすでに二番目に大きいシステムだった。技術者たちはテスト画像をスクロールしながら、一二〇メートルほど離れた隣接する施設の駐車場に目を向けた。一台の車にズームインすると、そのナンバープレートだけでなく、駐車場内のすべてのナンバープレートも読み取れることに気づいた。

衝撃的な「画像化力」はこうして現実となった

二〇〇九年八月、ＢＡＥ社は予定通り、最初のカメラの構築を完了した。アルゴスの最終的な仕様は、一八億五千四二九万六〇六四ピクセルで、一フレームにマンハッタンの二倍の面積を捉えることができ、高度二万五千フィートから幅九センチの物体を見つけるのに十分な画像化力を備えていた。それは毎秒六枚のＤＶＤを埋めるのに十分な二七・八ギガバイトの生ピクセルデータが作成されるということである。生データをリアルタイムでダウンロードするには、二〇一七年に米国で利用できた最速のワイヤレスインターネットサービスよりも一万六千倍高速なインターネット接続が必要だった。すべてのピクセルを処理するだけで、Xボックス形式のコンピューターの三万三千の処理要素を毎秒七〇兆回操作することになる。

BAE社は、バージニア州の陸軍基地であるフォートA・P・ヒルにおいて、ブラックホークヘリコプターに搭載されたカメラのテストを開始した。ブラックホークが地面から一万七〇〇フィート上に浮かんでいる状態で、技術開発チームは施設の離れた場所にある乾いた芝生をぐるぐると、のんびり進む芝刈りトラクターを追跡した。それから彼らは二人の通行人が道を歩いていくのを確認した。映像は非常に鮮明で、地面から放射される熱気や車のフロントガラスのワイパーを見ることもできた。

二カ月後、チームは同じくバージニア州の海兵隊基地クアンティコで別のテスト飛行を行った。ヤニス・アントニアデスは、駐車場の隅にある白いテントから演習を見守っていた。操縦士がカメラの電源を入れると、基地全体とその周辺のポトマック川の対岸に至るまでの四〇平方キロメートルの土地が、彼の目の前のスクリーンに映し出された。スタッフの一人が駐車場に足を踏み入れた。頭上五キロから撮影されていたにもかかわらず、ビ

2009年10月、海兵隊基地クアンティコの上空から撮られた、国防高等研究計画局のアルゴスISテストのスクリーンショット。カメラが17,500フィートの軌道から記録した総面積の約1万分の1の画像には、駐車場でストレッチをしている従業員が見える。米国国防高等研究計画局　ブライアン・レイニンガー提供。

デオの画像は非常に鮮明で、少し丸まった背中までよく見えた。アントニアデスは言った。

「素晴らしいではないか。我々はやると宣言したことをやり遂げた」

七年後、私はフォート・A・P・ヒルとクアンティコのテスト飛行の同じ映像を見た。そのときでさえ、私は未来を見ているように感じた。クアンティコの映像では、途中二人が駐車場で出会う。片方がブリーフケースをもう片方に渡してから、それぞれ別の方向に進んでいく。カメラは二人の後を追う。二人がどの方向に四キロ以上歩いたとしても、カメラはその姿を捉えていただろう。

私は夢中で映像を見た。アリのように小さくスクリーンに映った人物の行動に物語を投影しないわけにはいかない。一台の車が駐車場を斜めに横切る。運転手は急いでいるのだろうかと考える。建物の外で二人が出会って、少しの間話をする。偶然会っただけなのか。それとも違法な何かを企んでいるのか。見たかぎりでは何の理由もなく、ピックアップトラックが突然Ｕターンする。もしかすると運転手は見張られていることを知っていて、反監視技術の要領で対応しているのかもしれない。

クアンティコでのテスト飛行の後に、ダルパは国防総省と諜報当局者から数十人の関係者を基地でのデモに招待した。デモが予定されていた日、悪天候のため、ダルパは飛行の実演をすることができなかった。その日の趣旨は、出席者一人ひとりが施設に入ってくるところを追跡するというものだった。代わりに、チームは私が二〇一六年に見た映像を再生した。その効果は同じだった。何人かの話によると、映像を見た多くの関係者が、私の考え方がまるっきり変わってしまったのと同じような衝撃を受けたそうだ。

アフガニスタンの戦場で実戦配備（一万時間の監視）

アフガニスタンでの戦争は再び激化し、即席爆発物と奇襲攻撃は今や、紛争における連合軍と民間人の両方の死傷者の主な原因となっていた。二〇〇九年だけでも、七千件を超える爆弾テロがあった。アフガニスタンでの危機を考えると、ビッグサファリは、ダルパが完全なアルゴスカメラの構築を完了するまで待ちたくなかった。したがって、ＢＡＥ社がアルゴスを実稼働できるようになるまでの間、そこまで野心的なスペックではないゴルゴーン・ステアⅠ（八〇％完成）を投入するように主張した。

ゴルゴーン・ステアは財政的に決してビッグサファリの大きなプログラムではなかったが、二〇一〇年に部隊の司令官となったエド・トップス大佐は、それを彼の最優先事項の一つと見なしていた。彼は私に言った。

「地上で死んでいく兵士たちの命を守ることができそうなシステムは、どの部隊もまだ完成させていないではないか」

カメラを搭載して戦場を飛んでいたトップスは私にメールを送ってきた。

「工場、倉庫、爆弾の製造場所を見つけることができたよ。そして、関与していた奴らも」

ビッグサファリの評判を考えると、ゴルゴーン・ステアに対する期待は非常に高かったため、海兵隊と空軍は五機のエンジェル・ファイアの注文をキャンセルし、その数は非公開だったが数機のゴルゴーン・ステアを発注した。しかし、システムの内容が公開されると、批判を抑え込むのに苦労した。ＩＴＴコーポレーション社が開発した昼光用および赤外線カメラは、リバモア研究所の試作品カメラであるソノマとほぼ同じピクセル数だった。つまり、地上部隊が待ち望んでいたカメラの優先事項であった、より複雑で敏感な操作に必要な解像度を持ち合わせていなかったのである。

カメラとそれに付随するプロセッサーの総重量は五〇〇キロだったが、空軍はゴルゴーン・ステア無人航空機にはカメラに加えてミサイルを搭載することを主張しており、すべてを一つの機体に収めようとすると、時間と費用がかかった。二〇〇九年、プロジェクトに対して七九〇〇万ドル（当時の相場にして約九五億円）の追加資金を要請したのに対して、上院軍事委員会はプロジェクトを終了することを勧めた。

二〇一〇年、ゴルゴーン・ステアの配備の準備状況を評価するために派遣された空軍テスト飛行隊は、準備状況は非常に不足しているとした。カメラの全体画像から、小さく分けたセクションしか空中から地上に送信することができなかったのだ。フレームを飛ばしてしまうことが多く、車両の追跡が困難だった。また、人々を追跡できないことは、大きな欠点として指摘された。地上局は一度に一機のゴルゴーン・ステアにしかリンクできず、これは、空軍が通常の無人偵察機で二十四時間毎日ずっと監視する体制と同じようにはできないことを意味していた。一回の飛行で見つかる技術的な障害は平均して三・七件だった。

「スピードの出し過ぎだ」

トップスはテスト飛行隊から言われた。漏洩（ろうえい）した十二月三十日の文書には、問題が解決するまで「戦場には出すな」と書かれていた。

空軍の広報担当官は、漏洩（ろうえい）した文書は単なる草案であることを指摘し、テストチームが発見した三つの問題がすでに解決されているという声明を出した。それにもかかわらず、空軍司令部はプロジェクトを完全に抹殺すると圧力をかけていた。ある推定によると、空軍はその時点までに開発と研究に五億ドル（当時の相場で約六〇〇億円）以上を費やしていた。

プロジェクトの有効性をアピールする必要性を感じた多くの空軍将軍たちが、報道陣に対して宣伝活動を始めた。ワシントンポストの記者と話をしたときには、システムの目覚ましい能力について説明した。ジム・ポス少将は言った。

「敵は私たちが何を見ているのかを知る方法はない。そして我々はすべてを見ることができる」

その記事が書かれた五年後の二〇一六年、私がそのことについてポスに尋ねると、彼は少し恥ずかしそうにしていた。しかし、やや誇らしげに、レバノンの政治組織で、国務省にテロリストグループと指定されたヒズボラが、発行した新聞で引用されていたと教えてくれた。

数週間後、プロジェクトが終了寸前の危うい立場に立たされていたので、合同参謀本部長のジェームズ・カートライト将軍は、ネバダ州のクリーチ空軍基地で最終テストを行っていたゴルゴーン・ステア部隊を訪問した。地上管制局で、トップスは将軍にゴルゴーン・ステアを装備したリーパーが頭上を飛んでいる様子を映したライブ監視映像を見せた。「それで十分だ」とカートライト将軍が言ったことをトップスは覚えている（カートライトはこの件に関する事実確認を拒否した）。そう言われて、そうなった。トップスの説明では、たったそれだけでプロジェクトの存続が決まったという。

ゴルゴーン・ステアを搭載した最初の四機のリーパーは、三カ月後の二〇一一年の春にアフガニスタンに配備された。戦場での活躍はさまざまな結果であった。初期の映像のいくつかを確認したある技術者は、「まったくひどい」と表現した。しかし、ゴルゴーン・ステアは四キロメートル幅以上の領域を監視し、全体画像から一〇個の個別の切り取り画像を地上のユニットに直接送信することができたので、地上ユニットも全視界からどこでも好きな場所に画像を操作することができた。その結果、四機のゴルゴーン・ステアリーパーは採用されることになった。作戦の最初の三年間で、四機はアフガニスタンを一万時間監視した。

ネバダに駐留していた搭乗員が無人航空機を操縦し、戦場のチームがカメラを制御した。米中央軍は航空機を「大規模な人口の中心」に集中させたが、それでも作戦の正確な場所についてはいまだに明らかにしていない。画像分析の責任は、第４９７と第５４８の情報・監視・偵察（ＩＳＲ）グループに割り当てられた。両方とも第４８０のＩＳＲ航空師団に所属する（彼らのモットーは「隠れるなんてできないぞ」）。各飛行の後、解析グループは映像をダウンロードし、武装勢力のネットワークの動きを調べ、それを前の作戦の映像と比較して、ネットワークの「神の目による視界」を構築した。空軍は常時、作戦基地で三十日分のデータをアーカイブに保存していた。その後、バージニア州とカリフォルニア州の諜報機関でより詳細な分析が行われたのだった。

エドワード・トップスは、ゴルゴーン・ステアが配備されて作戦基地に到着した直後にアフガニスタンへ向かった。彼は、映像解析者の隣に座った。解析者は街の通りを運転する一台の車を選び、それがどこから来たのかを確認するために、映像を巻き戻していた。トップスにはそれが逆再生された映画のように見えた。

永遠に警戒する目「オクルス・センパー・ヴィジランス」

ゴルゴーンⅠが配備された翌年の二〇一二年、ビッグサファリに、ダルパから完成したアルゴスカメラが一〇台納入された。戦場の司令官からの好意的な評価のおかげで、プログラムは妨げられることなく進めることができた。そしてゴルゴーン・ステアの第二型は十八カ月後に完成した。合計九機の無人航空機が製造された。

ゴルゴーン・ステアⅡに関する技術的な詳細のほとんどは、国家機密として厳重に守られている。私たちが知りうる情報は、各システムが、通常は爆弾とミサイルが存在する場所にリーパーの翼があり、そこに二つの長いポッドが取り付けられているということだけだ。ポッドには、アルゴスと請負業者のエグゼリス社が開発した小型の広域赤外線カメラが収容されている。二〇一四年の未発表の空軍報告書には、ゴルゴーン・ステアにも信号知能センサーが装備されていることが言及されている。これにより、おそらく国家安全保障局に報告するために、オペレーターは敵のラジオや電話を傍受できたはずだが、誰に尋ねてもこのレポートの存在について認める者も否定する者もいなかった。

ゴルゴーン・ステアⅡは、二〇一四年にアフガニスタンに配備された。シエラ・ネバダ

2015年に、アフガニスタンのカンダハール飛行場から出航するゴルゴーン・ステアを装備したMQ―9リーパー。国防総省の視覚情報は、国防総省の承認を意味したり、与えるものではない。アメリカ空軍技術　ロバート・クロイズ軍曹提供。

のウェブサイトに短期間掲載されたプログラムの軍事紋章には、二人の小さな人物のシルエットを上からじっと眺めるメデューサの頭が描かれていた。ギリシャ神話の姿と同じように、彼女の髪はヘビなのだ。その歯は長くて鋭い。彼女の片方の目は緑色で、昼間のアルゴスカメラを表し、もう片方は赤外線センサー用の赤色だ。この紋章には、オクルス・センパー・ヴィジランスというモットーが書かれている。「永遠に警戒する目」という意味だ。

カメラ自体の技術仕様と同様に、ゴルゴーン・ステアが現場でどのように使用されているかについてのすべての情報は厳密に言えば極秘情報だ。ゴルゴーン・ステアⅡを運用するバグラム空軍基地の部隊は、アフガニスタンのすべての都市全体を統括していた。一機の無人航空機は四〇平方キロメートルにわたって撮影できる。つまり、カンダハール市のほぼすべてをカバーできるのだ。さらに、もっと高い高度で飛行した場合、最大一〇〇平方キロメートルまでカバーできる。おそらく、一度に地上を三十ほどのユニットに分けて、撮影することができるのだろう。ゴルゴーン・ステアの配備に向けて空軍のＩＳＲプログラムを統括したラリー・ジェームズ将軍は、これを「総観的な視界」と表現した。

ゴルゴーン・ステアの画像分析を担当する部隊の指揮官を務めたマーク・クーター大佐によると、映像を分析している間、チームは味方の部隊に目を配りながら、同時に一連の容疑者を追跡することができるということだった。航空機が数機あれば、一つの区域を永遠に監視することができる。

しかし、この技術には問題がないわけではなかった。ダルパの技術者にまったく説明されなかった何らかの理由により、シエラ・ネバダ社はダルパのスーパーコンピューターの使用を却下し、代わりに毎秒二つの白黒フレームのみを捉えるプロセッサーを選択した。これは非公式の話になるが、そのプロセッサーについて信頼性の問題をぼやく者もあったという。

それでも、プログラムは多くのファンを獲得した。ダルパのブライアン・レイニンガーの手法が野心的過ぎると言っていた技術者のジョン・マリオンは、「驚くほどすばらしい」と言った。システムの開発に少し関わっただけと謙遜するだろう二つの脳を持つ男は、ゴルゴーン・ステアを「監視を別の次元へと導く直交展開」と呼んだ。

また、広域監視カメラはすぐに本来の使命をはるかに超える役割を担うようになった。武装勢力と即席爆発物を探し出す仕事に加えて、カメラのティーボ機能は、地上部隊や基地を攻撃する迫撃砲チームの場所を特定したり、地上攻撃に至るまでの現場を調査したり、国境沿い（おそらくパキスタン）の密輸業者を発見するためにも使用されるようになったようだ。解析者が興味を引く動きを見つけた場合、彼らはその部分を切り離し、ほんの数分のうちに電子メールで指揮系統に知らせることができる。諜報司令官のマーク・クーターは、プログラムの構築者でさえ想定していなかった特定の任務を行ったことをほのめかした。アフガニスタン南部では、暴動鎮圧、テロ対策、そして麻薬対策の境界は必ずしも明確ではなかったと、クーターは言った。

最初の展開から数カ月以内に、システムとの連携をはかる諜報組織が航空機の追加を要求し、プログラムは「即応能力（全速力の取り組み）」の立場から「永続的能力」に改めて指定された。翌年の二〇一五年、空軍はイスラム国に対する作戦の一環として、ゴルゴーン・ステアをシリアに配備している。

それ以来、国防総省はシステムの継続的な開発に数千万ドルを投資してきた。「緊急な作戦上の必要」に対応するため、二〇一五年に国防総省は一千万ドル（当時の相場で約一二億円）を割り当て、ゴルゴーン・ステアが操縦士から八〇〇キロ以上離れた場所を飛行できるようにする視程範囲外通信システムを開発した。その取り組みは二〇一八年の時点でも続いている。空軍はまた、監視対象エリア内の多数の通信装置の位置を特定できる、ほぼ垂直方向探知センサーと呼ばれる装置をシステムに統合するために数年間取り組んだ。

二〇一七年に下院軍事委員会はゴルゴーン・ステアを「極めて有益」と表現した。同じ議会の報告にも、その活躍を「重要な意味を持つ」システムと呼んだ「多数の」戦闘部隊があったと言及している。空軍が広域監視に関する記録について正式に私と話すことを許可した唯一の現役軍人であった諜報担当官マイケル・J・カナーンは、ゴルゴーン・ステアのようなシステムの需要は将来的に増加するだろうと述べた。しかし、彼もまたその正式名を口にすることは拒否した。

パンテオン（目を見張る監視力）

広域動画システムが始まってから二十年も経たない頃は、ハリウッドの脚本家の過大な想像力に過ぎなかったが、今はまさに現実のものとなっている。

初期の開発プロジェクトに参加して間もなく、中央情報局の役人であるダン・クレスは、年に一回、広域空中監視会議を開催するようになった。さまざまなグループが砂漠に集まり、プログラムについて話し合い、デモを行い、協力体制を築いた。当初はほんの小さな集まりだったが、ゴルゴーン・ステアが配備されるようになると、会議には一〇〇を超える企業、研究所、および組織が集まるようになった。マリオンによれば、彼らは皆「あなたがどこにいて、何を食べていたかわかる」機密広域監視システムに関わっている人々であった。

諜報機関の世界では、すべてを見通すビデオについての制度化が整った。宅配業者が戦場からハードドライブでいっぱいのスーツケースを運ぶ日々は過去のものとなった。空中監視および偵察活動を担当するスパイ機関である国家地球空間情報局は、全世界の監視映像を米国の解析者に直接配信している。ピクシア社が開発したハイパー・スレアと呼ばれるプログラムにより、解析者は政府の広域ビデオのアーカイブに世界中のどこからでもアクセスできるようになった。ソフトウェアを開発した技術者の一人であるラーフル・タカールは、『シュレック』を含む多くの人気映画のコンピューターグラフィックスにおいてオスカーを受賞している。

他の広域システムもゴルゴーン・ステアと並行して開発され、それらも広く使用されている。二〇〇七年、即席爆発物の地下組織と関連する可能性があるすべてのイラクの電子通信を傍受するために、リアルタイム地域ゲートウェイとして知られる野心的な取り組みを進めていた中央情報局と国家安全保障局は、国家安全保障局の多くの機密電子監視センサーと広域監視カメラを組み合わせたシステムの開発を後援した。トライデントスペクターと呼ばれる軍事および諜報活動の大規模な演習において、航空機が印象的な飛行を行うと、空軍はこのアイデアを採用し、完成したシステムはブルー・デビルと名付けられ、一般的な双発プロペラ機に搭載された。

ブルー・デビルは二〇一〇年十二月にアフガニスタンへ行った。これは、空軍が正式にプログラムに取り組み始めてからわずか二八〇日後のことだった。その後まもなく、リンカーン研究所の八〇〇メガピクセルMASIVSを搭載した陸軍の改良されたコンスタント・ホークが加わった。

報道によると、同時に陸軍は中央情報局の支援を得て、アフガニスタンの前線作戦基地をタリバンの迫撃砲攻撃や地上攻撃から守る目的で、飛行船に広域カメラを設置するため、ロゴス・テクノロジー社と契約した。契約から数週間のうちに、同社はこれまでに開発されたどんな広域カメラよりも広く使用されることとなる、四四〇メガピクセルのケストラルを設計した。

二〇一一年八月に、初めて配備された陸軍の38ケストラル監視飛行船の飛行時間は、二〇万時間を超えた。二〇一八年現在、アフガニスタンの二つの拠点とイラクの一つの拠点で引き続き使用されている。ケストラルは主に防御的な監視に使用されるが、疑わしい武装勢力を特定するための攻撃的な諜報収集装置としても使用されている。私が説明を受けたある作戦では、米国の解析者がこのシステムを使用して、タリバンの疑いのあるリーダーの葬式を監視し、参列者たちを自宅まで追跡したという。

ダルパでは、アルゴスのプログラム管理者のブライアン・レイニンガーが、昼光用と同じ被覆領域と解像度の赤外線カメラ、アルゴス—ＩＲを開発する取り組みを主導していた。当時、設計に必要な材料と冷却システムは、実験的技術レベルでしかなかったが、レイニンガーの元雇用主であるロッキード・マーティン社は二〇一四年に作業を完了し、驚異的な複雑さの二台のカメラを製造した。クアンティコ上空で撮影されたという映像の断片から判断すると、それは目を見張るような監視力だった。

アルゴスＩＳと同様に、赤外線センサーを使用して戦闘に参加したいという顧客を見つけるのにそれほど時間はかからなかった。国防総省の部隊である統合特殊作戦コマンドは、すぐにアルゴスＩＳと、ある関係者よるとアルゴスＩＲを搭載した監視航空機の建造を開始したという。統合特殊作戦コマンドは、重要度の高いターゲットに対する無人航空機の攻撃や奇襲などを含む、機密テロ対策作戦の責任者であった。それらが配備されれば、昼夜を問わず航空機は同等の鋭さで都市全体を凝視することができるのだ。

確かに、すべてのワミープログラムが成功しているわけではない。二〇一二年、陸軍はアルゴスをＡ１６０ハミングバードと呼ばれる実験用無人ヘリコプターに搭載しようとしたが、配備前の飛行テストで墜落したため、プロジェクトは中止された。翌年、さらに陸軍は、七階建ての小型飛行船に広域監視システムを搭載するというばかげたプログラムを取りやめた。また、国防総省は、ある試作航空機を三〇万ドル（約三六〇〇万円）ほどでメーカーに売り戻すことを余儀なくされた。これは、開発に費やした二億七七〇〇万ドル（約三六五億円）の一〇〇〇分の一だ。したがって、空軍が同様に巨大な飛行船に載せるための、さらに大きく複雑なブルー・デビルの第二号機を構築しようとした試みは、莫大な予算のかかる大失敗であったのも当然のことである。

しかし、こうした費用のかかる失敗があっても、国防総省の広域監視に対する野望を弱めることはできなかった。二〇一八年、国防総省がその存在すら認めたがらなかった小さな極秘部隊である空軍の第４２７特殊作戦中隊は、機体の左側に取り付けられた全方位監視カメラを搭載した改造CN—235貨物機を配備した。彼らはシリアへ向かい、ゴルゴーン・ステアと共に空から監視した。おそらく空軍は表向き、第427部隊は潜入と脱出に特化しているとだけ言うだろう。しかし、この部隊は中央情報局と緊密に連携していることでも知られている。

一方、陸軍は、主に戦争地域以外の特殊作戦ミッションで使用するために、強化高度偵察監視システム（EMARSS）として知られる一連の偵察機を構築している。その一部には広域センサーが装備された。二〇一七年の時点で、陸軍はすでにアフリカと南アメリカに四機を配備したが、実際に何に使用されているのかという詳細はわかっていない。

陸軍はまた、R0—6Aと呼ばれるマルチセンサー偵察機隊を準備している。これには、地上四キロから、すべてのサッカー選手のユニフォームの背番号を読み取ることができる一七四メガピクセルの六レンズカメラが装備されている。二〇二〇年までに、配備の準備が整う予定だ。

二〇一七年、国防総省は、陸軍特殊作戦軍のために新しい「すべてを見通す」システムの構築を開始した。これは、単純に「高度な広域動画」と呼ばれ、既存のカメラよりも小型で軽量だが、より強力である。国防総省はまた、陸軍版のプレデターであるグレイ・イーグルに使用される広域センサーの開発の検討を示唆する一連の技術調査を行っている。

さらに空軍は、ゴルゴーン・ステアの代わりとなるアイデアさえも検討するようになった。この件に関する二〇一八年の内部調査では、密集した森林地帯にいる部隊や都市部を歩いている個人など、この新しいシステムでより効果的に追跡したい十一のタイプのターゲットが示された。

これらはすべて知られているプロジェクトだけだ。私がビッグサファリ、リバモア研究所、中央情報局、陸軍、空軍などから話を聞いた関係者は皆、その他にも検討されているシステムがあることをほのめかしていたが、それらの詳細については彼らが議論することは許可されていないと述べていた。

「すべてを見通す目」はビッグ・ブラザーの創作者となるのか⁉

すべてを見通す目の話は、実に注目に値する。しかし、それは未完成だ。そもそも防衛および諜報機関がこれらの巨大なカメラをなぜ構築しようとしたのかは明らかである。即席爆発物を防ぎ、テロリストのネットワークを攻撃し、命を救うためだ。しかし、これらのシステムが実際に計画された任務に使われたときに何が起こったかという具体的な情報については公開されていない。効果はあったのだろうか？

ビッグサファリのエドワード・トップスなど、関係者の多くは、他のシステムと同様にゴルゴーン・ステアは多くの命を救ったと主張している。しかし、それが正確にはどのように行われたかを明かそうとする人は誰もいない。広域監視システムの技術に対する熱狂的で継続的な投資は、それが何らかの影響を与えたことを示唆してはいるようだが、空軍はワミーの戦場への効果に関する概算でさえ、繰り返しの要求を拒否した。これらの詳細は、極秘作戦情報と見なされている。それらが機密解除されるまで、すべてを見通す目を早急に開発したことが、果たして崇高な大志をかけたプロジェクトだったのかどうかを判断することはできない。

入手可能な証拠がほとんどないということは、ワミーのこれまでの短い歴史が暴力的なものであったことを示唆する。二〇一四年の秋に、誰もが熱望する国防総省の「四半期の科学者」賞を受賞した空軍技術者を称賛するウェブサイトには、彼が取り組んできた空軍のブルー・デビルが一二〇〇人以上の武装勢力の捕獲または殺害に「貢献」したと紹介されていた。ページ自体が掲載されたとき、ブルー・デビル隊は四機で構成され、わずか三年間しか運用されていなかったこと考えると、それは驚く数字だ。

空軍関係者の一人によると、ブルー・デビルは地上部隊が即席爆発物ネットワークに関与する「多数」の重要人物を探し出すのを助けたが、一二〇〇人の大多数は下っ端の工作員であったということだ。ゴルゴーン・ステア搭載のリーパーと第427部隊のCN―235によって直接サポートされているシリアでの米空軍の作戦も、同様にイスラム国のリーダーや上層部を全滅させたが、その際の民間人の犠牲もまた重いものだった。ワミーがこれらの武装勢力や民間人の命を奪った作戦に関与したり、あるいは、また別の人の命を救う任務に関与したりしたとしても、国防総省は何も話すことはないだろう。

いずれにせよ、国民には知る権利があり、戦争の武器としての「すべてを見通す目」のメリットとデメリットを私たちが評価できるようにするためだけでなく、同じくらい重要なこととして、平和な時代にそのような道具をどう活用していくのかというビジョンの構築にしっかりと取り組むことができるようにしなければならない。初代の「すべてを見通す目」を開発した技術者たちが内輪で話していた冗談は、「我々はビッグ・ブラザー（ジョージ・オーウェル作のSF小説『1984年』に登場する支配者）の創作者として、歴史に残るかもしれない」だった。今日、それはもう冗談ではなくなっている。

［注1］　一九八三年に、元空軍諜報員の同窓会組織によって設立された栄誉の殿堂は、空軍のスパイ技術において優れた功績を残し、格段に貢献をした個人に敬意を表することを目的としている。二〇一八年の時点で、一九二名の軍人が殿堂入りしている。

第2部

過度に監視される私たちの未来

第４章　誰もが、常に、上から観察される

国内向けの監視サービスが販売される

二〇一四年八月十七日の夜中、私は兄夫婦と出かけた後、ブルックリンのラファイエットアベニューを自転車で進んでいた。午前二時四十三分、ルイスアベニューを渡ったとき、右手からポンという音が聞こえ、四人組のグループが静かに暗闇の中に消えていった。そして、五人目が崩れ落ちて膝をつき、通りの真ん中にうつ伏せに倒れこんだ。

たった今目撃したのは発砲だと気づくのに少し時間がかかった。来た道を戻って被害者の方へ向かうと、サイレンの音が近づいてきた。若い男が地面に横たわっており、動かない。数メートル離れた場所に十代の少女が立っており、両手で口を覆い見開いた目には涙が浮かんでいた。攻撃者たちは、すでにいなくなっていた。

二日後、私は何とか事件の捜査をしている刑事に連絡を取ると、いくつか質問があるので警察署まで来てほしいと言われた。テコン・ハートという名前の犠牲者は重傷を負っていた。年は十九歳だった。

取調室で、刑事は交差点と周辺のいくつかの道路の地図を描き、襲撃者たちがどのように逃げたか示してほしいと言った。私は地図を取ると、北が上になるように回転させ、ヴァンビューレンに向かって西の方角に矢印を描いた。それ以上のことはわからなかった。また、加害者たちの服装や外見についてもわからなかった。

数日後、私は刑事に電話をかけ、ハートの様子を聞いた。彼はどうにか助かりそうだったが、捜査は行き詰まっていた。今回の銃撃事件は、ニューヨーク市で毎年未解決のままになっている何千もの暴力犯罪事件の仲間入りをしただけであった。

発砲の瞬間、ゴルゴーン・ステアのようなすべてを見通すカメラがブルックリン上空を飛行していたなら、ハートを襲った犯人たちは自由に動き回っていられなかっただろう。襲われた数分後に、警察は加害者の逃げ道、あるいは来た道を追跡することができたはずだ。たとえ警察がその日に彼らに追いつくことができなかったとしても、一連の重要な手がかりをつかんでいたことだろう。広域監視の簡単な理論は、収集する情報が多いほど、敵を見つける可能性が高くなるということで、戦場と同じように住宅街にも適用される。

米軍と同様に、法執行機関はさまざまな監視航空機を運用しているが、従来の軍用スパイ航空機と同じ欠点を抱えている。例えば、ほとんどの警察のヘリコプターに装備されたソーダ水のストローセンサーは、ロサンゼルスの高速道路で一台のフォード車を追跡するには最適だ。ただし、同時に複数の事故を監視することはできない。

また、警察のヘリコプターは非常に高価であるため、一つのシステムの購入に一千万ドル（約一一億円）、一時間の操縦で、数千ドルの費用がかかる場合もある。大規模な部門でも、優先度の高い犯罪のために確保されている航空機はわずかしかない。従って、ほとんどの警察の仕事は、空からの目を使わずに行われている。一方、単一のワミーシステムなら、フォード車を追跡し、町の中を移動するＳＷＡＴの出動を監視しながら、同時に優先度の低い多くの犯罪のすべてを追跡することができる。

また、法執行機関の航空機は、テコン・ハートを襲った犯人を見つけるための捜査活動にそれほど役には立たない。ニューヨーク市警察のヘリコプターは、通常、サービスを要請してから現場に到着するまでに少なくとも一〇分ほどかかる。たとえ、銃撃の夜にヘリコプターが出動していたとしても（私の知る限りそれはなかったが）、現場に到着する前に襲撃者たちは逃げていた。ワミーなら、ずっと監視することができただろう。

この空からの広域監視は、テロ攻撃に必要となるような大規模で複雑なセキュリティ対策にも役立つ。例えば、車両が突撃してきた場合、解析者は車が来た場所を逆追跡して、もっと大きい組織によるさらなる攻撃が同じ日にあるのかどうかを判断することができる。そして、渋滞が起きそうな場所を確認し、現場で対応にあたる部隊に指示して人々を安全な場所に誘導させることもできるのだ。

ワミーを開発してきた研究所と企業は、当初から国内での使用の可能性を認識していた。二〇〇二年の秋、最初の広域システムの試作品を構築してから数カ月後、リバモア研究所チームは、首都ワシントンに送るために、このシステムを備えた飛行船を組み立てようとしていた。都市とその周辺地域を脅かす一連の狙撃事件の犯人を見つけ出す援護をするためだった。

最終的に、狙撃者たちは飛行船の準備が整う前に捕まった。しかし、彼らの動きを完全に抑えられたわけではなかった。二〇〇六年に作成された報告書には、後にコンスタント・ホークに進化するカメラであるソノマが、いかに八千余りのターゲットを同時に追跡できるかを説明しており、「どこからでも永続的に監視」できる完璧なシステムとしてアメリカ同時多発テロ事件以降必要とされるだろうと言及していた。

その後の数年間、数十の防衛およびセキュリティ請負業者が、これらのシステムを政府のあらゆるレベルの法執行機関に提供するように働きかけた。イラクとアフガニスタンでた。

の戦争が終結し、国防総省からの需要が鈍化したため、これらの取り組みは加速していっ

　ゴルゴーン・ステアを製造した請負業者であるシエラ・ネバダ社は、平時バージョンのカメラであるビジラント・ステアを連邦捜査局およびシークレットサービス、その他の連邦政府機関に売り込んだ。ＢＡＥシステムズ社は、二〇一五年六月にアルゴスのデモを税関・国境警備局に対して行った。他にもデモを行った政府機関はあったが、ＢＡＥも政府関係者もその名前を明かすことはなかった。こうしてＢＡＥは、「港湾の安全、大きなスポーツのイベント、そして、人々の命や商品を守るために必要とされる広域監視」のために、一〇〇メガピクセルの空中広域監視システムを売り込んでいる。

　ゴルゴーン・ステアの赤外線センサーを製造した会社を買収し、最近コルブスアイ１５００と呼ばれる広域カメラを発表した防衛企業ハリス社は、そのマーケティング活動に特に積極的だった。二〇一五年八月、同社は、サンフランシスコ湾岸地域で毎年行われる大規模な法執行機関および緊急事態準備演習であるアーバンシールドに、ワミーの航空機の一機を提供した。地元の水供給の妨害工作をする架空のテロリスト計画を想定して、航空機は広大な郊外の映像を映し出し、同時に、ダンスミュア貯水池の近くを歩き回っている「テロリストたち」と数キロ離れた場所からテロリストに迫る対応部隊の動きを追跡した。

統合リソースイメージング社のワミー監視システムを備えたGA8シングルプロペラ機。
統合リソースイメージング社　ネイサン・クロウフォード提供。

このアーバンシールドに続いて、ハリス社はイベントを主催した地元の保安官にロビー活動を行い、二〇一六年のスーパーボウルを主催する近隣のサンタクララの役人を紹介してもらった（この取り組みは失敗した）。

バージニア州を拠点とし、さまざまな広域カメラを製造する請負業者ロゴス・テクノロジー社は、国内代理店向けに数カ月ごとに宣伝用のテスト飛行を行っている。一方、国防総省向けにさまざまな特殊作戦機を運営するオクラホマ州を拠点とする請負業者コミューター・エア・テクノロジーは、三〇〇メガピクセルのワミーカメラを搭載した航空機を、国内の施設の一つで常に出動できる態勢で保管している。同社は緊急時に対応しており、二十四時間以内に米国本土のどこにでも行けると断言している。

ＭＡＧエアロスペース社は、航空画像および監視サービスを提供する会社で、広報資料によると、軍隊のために三四〇〇万平方キロメートル以上の領土を監視しており、同様に最新のロゴス社のカメラを備えたセスナを提供しており、顧客の要望があれば米国内のどこにでも緊急配備できる。統合リソースイメージング社は、イラクでコンスタント・ホークを運営していた会社で、ＧＡ８シングルプロペラ航空機を使い同じようなサービスを提供している。すべての国内のワミー航空機と同様に、訓練を受けていない人から見れば、ＧＡ８は普通の民間航空機と区別するための外観的な標識などはほとんどついていない。

米国のすべての主要都市が監視される未来へ

防衛請負業者Ｌ―３は、特に国内の空域での使用を認められている広域監視システムを設定することができる、特殊な諜報航空機であるＳＰＹＤＲを販売している。この会社のキャッチフレーズは、「あなたの標的はＳＰＹＤＲから逃れることはできない」（二〇一八年の秋、Ｌ―３はハリスとの合併を発表し、世界で六番目に大きな防衛会社を設立した。さまざまなワミーの機種を持つ会社である）。

これらキャンペーンの宣伝用資料の多くはオンラインで入手でき、とても目を引くものだ。コルブスアイ社のプロモーションビデオでは、いかついナレーターが、都市全体を監視するカメラは「国境、注目を集めるイベント、重要なインフラなどにまつわる違法、または危険な行為」に立ち向かうには最適なシステムだと語っている。ロゴス社のウェブサイトには、「ワミーとは何か?」というわかりやすい陽気な入門書が載せられている。二〇〇メガピクセルのホークアイを製造するノースロップ・グラマン社のプロモーションビデオには、航空機が空の上から監視する中、武装した警察が建物を急襲する様子が映し出される。ビデオクリップは、製作費の高い洗練されたアクション映画のようだ。

国内向けの監視サービスに関する広域スパイ技術を積極的に売り込み販売していると思われる他の企業には、特殊作戦ソリューション、スティーブンス・アビエーション、アヴコン・インダストリーズ、ヴァレア・アビエーション、サポートシステム・アソシエーション、およびアルゴスを設計した技術者ヤニス・アントニアデスによって設立された会社パノプスがある（アントニアデスと話したとき、彼は詳細を語ることはなかったが、会社のキャッチフレーズは「おなじみのワミープロジェクト」なのではないかと思っている）。

これらの企業は、できるだけ多くの法執行機関に「すべてを見通す目」を普及させる決意をしており、最終的な成功はおそらく確実だろう。いつの日か、米国のすべての主要都市は広域監視システムによって監視されることになる。問題は、私たち市民が果たしてその犠牲を払うことになるかということだ。

持続監視システムを売り歩く男

広域監視界のヘンリー・フォードと呼ばれる人物がいるとするなら、それは、引退した空軍大佐のロス・マクナットに他ならない。彼は、背が高く堂々とした風貌ながら、叔父のような親しみやすさがあり、監視技術を発明したわけではないが、他の誰よりも主流の技術へと押し上げた人物だ。エンジェル・ファイアとコンスタント・ホークのプロジェクトに携わった多くの同僚と同じように、マクナットは広域監視のアイデアに熱中した。まだ空軍にいた頃、彼はエンジェル・ファイアのさらなる開発を進める斬新な計画を策定し、映像で特定されたターゲットを攻撃する爆弾が搭載された24レンズカメラを開発した。

他の人と同様に、マクナットはワミーが戦場を超えて国内という領域にも広がる可能性について常に理解していた。エンジェル・ファイアのプロジェクトが空軍研究所に移管され、二〇〇七年に空軍を去った直後、マクナットはエンジェル・ファイアをモデルにした8レンズカメラを構築し、広域監視サービスを国内の法執行機関へ提供することを目的として持続監視システムズという会社を設立した。数年もしないうちに、マクナットは米国史上最も大規模な国内広域監視プログラムを運営するようになった。彼と彼の技術は多大な注目を集め（すべてが好意的ではなかったが）、現代のアメリカ主要都市を取り巻く多くの問題の解決策になるとマクナットは固く信じていたのだ。

マクナットは、持続監視システムズを設立したとき、国内の広域監視の運用コンセプトに関する戦略を練った。カメラと同じように、海外での軍隊の手法を反映するものにしたのだ。それは、小型の民間飛行機が都市の上空を高高度軌道で進むとき、搭載されたカメラからリアルタイムで地上の司令室にいる訓練を受けた解析者にビデオを送るというものだった。

空からの視点が捜査に役に立つような犯罪が発生した場合、緊急呼び出しに対応するために監視を続けている解析者は、事件の場所にズームインし、前方および後方の両方から事件に関与した人物の追跡を開始することができる。捜査官が事件に取りかかる頃には、同社は容疑者が事件の前後、何時間どこにいて、誰と対話し、そして、理想的にはどこに住んでいるのかを示す詳細な地図を作成している。

マクナットが注目を集めるようになるまでに、あまり時間はかからなかった。彼の最初の顧客はフィラデルフィア警察で、二〇〇八年二月にいくつかの飛行テストを実施する契約を交わした。三カ月後、マクナットはシークレットサービスと連邦捜査局に対して、ライブの監視飛行デモをボルチモアの上空で行った。

麻薬カルテルに苦しむメキシコのファアレスで採用される

その年の秋、マクナットはサンディエゴで開催された国際警察署長協会の年次総会に出席し、メキシコのファアレスの市長であるホセ・レイエス・エストラーダ・フェリスに会った。ファアレスはメキシコの麻薬戦争の震源地となっていた。ある推定によると、ファアレスの住民は、統計的にアフガニスタンやイラクの民間人よりも暴力で死亡する可能性が高いという。フェリス市長は持続監視システムズがまさにファアレスに必要なものだと感じ、常時監視プログラムを確立するために同社を雇うことにした。

二〇〇九年の初めに、持続監視システムズ社がファアレス上空を飛行してから二時間も経たないうちに、路地で頭を撃たれた男性がカメラに記録された。マクナットによれば、警察が現場に到着したとき、同社の解析者が射撃の現場近くに五、六人の人物がいるのを確認しているのに、目撃者の誰も何があったのか話そうとはしなかったという。引き金を引いたと思われる人物は、近くにエンジンがかかったままで停まっていた車に乗って逃亡した。その後、車は遠回りしながら、街中の脱出ルートを長いこと走り、その途中三つの場所に立ち寄った。

また、持続監視システムズは、犯罪現場の周りを二度回った後、スピードを出して町の反対にある家に向かった二台目の車と、発砲直後に逃げ出した三台目の車を追跡した。解析者はグーグルマップを使用して、それぞれの車がその後数時間内に立ち寄った住所のリストを捜査員に提供することができた。

すぐに、同社には多くの事件が殺到した。別の殺人が起こった数週間後、解析者のチームは、加害者の可能性のある二人が、地方警察署に向かった車の運転手と接触していることを突き止めた。チームは、加害者の協力をしている可能性が高いのは警官であることに気づいた。後に私に画像を見せながら、マクナットはその警官に向かって言った。

「もうおしまいだな。まったくなんてことだ」

ファレスの麻薬カルテルの一つが監視業務を妨害しようとするのではないかと恐れて、マクナットと彼の雇用主は漏洩（ろうえい）の危険性を最小限に抑えるための措置をとっていた。メキシコ政府のほんの一握りの役人にしか、プログラムのことは知らされておらず、同社はしばしば調査結果は同じ法執行担当者にしか送らなかった。マクナットはまた、表面上は保険という形で、米国麻薬取締局および他の米国機関に秘密裏に情報を提供していた。解析者が常駐したホテルは厳重なセキュリティ下に置かれ、チームはできるだけ外に出ないように指示されていた。

その年、ファレスでは合計で二六四三人が亡くなった。後にマクナットは私に、作戦中に彼のチームが観察、調査した犯罪のリストを見せてくれた。「橋からの死体遺棄、処刑の試み、市職員の処刑、路上での処刑、二重殺人、ショッピングセンター駐車場の殺人」などである。また、車で仕事に向かう警官が撃たれて死亡するというショッキングで心が痛む瞬間を捉えた映像を見せてくれた。その中で加害者は、海軍特殊部隊のように、冷静で正確な腕を見せていた。

持続監視システムズのプログラムは、始まってから六カ月後に、市役所の突然の人事異動によって、急に終了することになった。それでも、当時、同社の解析者たちは三〇人以上の殺人事件の捜査に関する情報を捜査官にもたらした。

解決できない犯罪、ボルチモア警察での取り組み

マクナットはファレスに長く滞在し、街の殺人率を大幅に下げることこそできなかったが、アメリカ国内で注目されるようになった。そんな中、二〇一五年の秋、マクナットは、

エネルギーに基づくテキサスのヘッジファンドであるケンタウルス・アドバイザーズを設立した、メディアにはほとんど顔を出さない億万長者、ジョン・D・アーノルドの代理人から連絡を受けた。アーノルドは個人的な財団であるジョン・アンド・ローラ・アーノルド財団を通じて、データ上の十数個の点を元に、犯罪者の再犯のリスクを計算する公共安全評価と呼ばれる犯罪判決コンピューター・プログラムなど、数多くの新しい犯罪対策技術の開発に資金を提供してきた。アーノルドはポッドキャストを通じて、持続監視システムズについて知り、マクナットの取り組みを後援したいと考えるようになっていた。

米国の都市との長期的な契約を結ぶことができていなかったマクナットにとって、それは願ってもない申し出だった。法執行機関の仕事の間に、会社はモンサントのトウモロコシ畑の調査のような地味なプロジェクトに取り組んでいたが、マクナットは広域監視技術を警察に採用してもらうことをあきらめてはいなかったのだ。ロサンゼルス市とデイトン市との契約の話が進んでいたが、ロサンゼルスは最終的に技術が当時の街の特定のニーズに合わないということになり、デイトンが提案したプログラムは地元住民の反対にあって中止に追い込まれていた。

アーノルド財団の代理人はマクナットに、大規模な監視プログラムの導入によって技術の信用性を確立できそうな都市を挙げるように依頼した。マクナットは一〇分後に返信し、メリーランド州のボルチモア市を提案した。

多くの点で、ボルチモアは理にかなった選択だった。この街は戦争と同じようなスケールで犯罪の波と戦っていた。前の年には、流血事件の件数は史上最悪を記録し、二〇一五年はさらに悪化する見通しだった。また、市の最近の殺人事件の六〇%は未解決のままであった。

ボルチモア警察はすでに、それが新しく実験的で、また、議論が起こるような技術だったにもかかわらず、反対する様子は見せなかった。ボルチモア警察は最近、シティ・ウオッチと呼ばれるクローズド・サーキット・テレビ（CCTV監視）カメラの、大規模で最新式のネットワークの設置も完了していた。これにより、市内の犯罪率が着実に低下していた。また、二〇〇七年以降、容疑者の携帯電話を追跡するために使われるスティングレイ・セルサイトシミュレーターを採用し、四千件以上を運用していた。

ボルチモア警察は、中央情報局のベンチャーキャピタル企業であるインキューテルからの資金で開発されたソフトウェア・プログラムであるジオフィーディアを早期から導入していた。このプログラムは、何千もの地域のソーシャルメディアのアカウントを監視し、過去の犯罪につながる内容や、人々の投稿の内容と彼らの社会的つながりを元に、将来犯罪を起こす可能性が高いと思われる人物を特定する。

二〇一五年、ボルチモア警察はジオフィーディアを使い、拘禁中に重傷を負った二十五歳の黒人フレディ・グレイの死に対する抗議活動の画像をソーシャルメディアから集めた。ジオフィーディアのレポートによると、解析者たちは画像を顔認識システムに通し、「抗議者の中から」逮捕状が出ている者たちを特定した。翌年、同じ手法で米国内の他の都市において抗議活動から犯罪者を見つけていることが露呈し、主要なソーシャルメディアが、ジオフィーディアによるデータへのアクセスを取り消し、ボルチモア警察はプログラムを終了した。

ボルチモア市はまた、まだ試験段階の無料の監視サービスを受け入れる用意もあったようだ。フレディ・グレイの抗議の際、ボルチモア警察は地元のソーシャルメディア監視会社であるゼロフォックスによって新たに開発されたソフトウェアを導入することに同意した。このソフトウェアは危険人物、つまり抗議者の中にいて暴力を招いたりあおったりしそうな個人を特定する。無償でサービスを提供し、ゼロフォックスは二人の著名なブラック・ライブズ・マター（黒人の命は大切）の主催者を含む、多くの平和活動家を危険人物として指定した。

何年もの間、マクナットはボルチモアのクローズド・サーキット・テレビのディレクターにラブコールを送っており、ディレクターもマクナットの仕事に強い関心を持っていたが、会社を雇うための資金を確保することができなかった。アーノルド財団からの連絡の後、マクナットは関係者に連絡し、そのお金はボルチモア市のために投入されることを説明した。

提案はすぐにボルチモア警察の上層部に上がった。一カ月内に、ボルチモア警察署長であるケビン・デイビスがプログラムを承認し、ジョン・アーノルドは三六万ドル（当時の相場で約四三〇〇万円）を市に寄付した（アーノルド財団の広報担当者は本書に対するコメントを拒否している）。二〇一六年一月までに、ボルチモア警察はボルチモア上空を飛行するようになった。当初「コミュニティー・サポート・プログラム」というわざと味気ない名前が与えられていたこの新しい取り組みは、二〇一六年の秋に終了するパイロットプロジェクトとして提案された。終了の時点で、契約のときには関与しなかった市にプロジェクトを正式に提示し、永続的な運用の承認を得るということで話が進んだ。

警察との合意条件の下で、持続監視システムズは天候が許す限り、一九二メガピクセルのカメラを装備した警察のマークのないセスナ機を、午前十一時から午後八時までの間、円軌道で飛行させた。途中、燃料補給のために三〇分の休憩を取った。ボルチモア警察は、二つの軌道を指定した。一つは都市の西部を網羅し、もう一つは北東に少し離れた位置にあった。そして、どんな日でも特定の場所に犯罪活動が集中することが予想される場合は、その辺りを飛ぶように会社に要請した。カメラは一秒間に一フレーム約八三平方キロメートルを映し出す。一回の飛行で、殺人、三、四件の暴力事件、数十件の路上強盗、そして数百件の麻薬取引の現場を捉える可能性があった。通常、地上約一万フィートで操作されるため、航空機を肉眼で見つけるのは困難だ。マクナットは、「解決できない犯罪」と呼ばれるものに集中するように指示を受けた。目撃者のいない重大な暴力事件だ。

ゲーマーが優秀な解析者となる

私が二〇一六年の春に、ロス・マクナットと初めて電話で話したとき、彼の口調には、戦闘中の軍事指揮官のように落ち着いた、そしてゆっくりとめらめら燃えるような強さがあった。

「私は殺人、強盗、そして四〇台あまりのダートバイクと戦っているよ」

と彼は言った。

「ところでどんな用件だね？」

私が広域監視についての本を書いていると説明すると、幸運なことに彼は監視プログラムを実施している最中だと言った。そして、彼が何をしているのか、どこで行っているのかを秘密にすることを約束するなら、また、私の本が秋までに出版される予定がないのなら、彼を訪ねて実際に見学してもよいと言ってくれたのだった。

七月中旬のどんよりとした曇りの朝、私はボルチモアに到着した。マクナットはダウンタウンにある平凡なオフィスビルで私に会うと、重金属のドアを通ってかなり殺風景な部屋に通してくれた。ドアには「コミュニティー・サポート・プログラム」と書かれた紙がテープで貼ってあった。大きな会議室で、マクナットは二つのプロジェクターの電源を入れると、キーボードでいくつかのコマンドを入力した。数分後、壁全体に、ボルチモア市の東側のダウンタウンから西に隣接するエドモンドソン村までの空撮映像が映し出された。

それは前日に撮影された映像だった。そのとき街は、低く垂れこめた雲に覆われており、航空機は地上にあった。解析者たちには、かなり溜まった映像の解析作業を進める時間が与えられていたのだ。

マクナットはマウスをクリックし始めた。クリックするたびに、映像は一フレームずつ進む。数万台の車が映し出され、一秒間隔で街の通りや路地を走っている。そして、マクナットはズームインした。小さな単一ピクセルの影が歩道に沿って浮かんでいるように見える。マクナットはそれらが人だと説明した。

マクナットと私が話を続けていると、一人の職員が会議室までやって来て、ドアのところで立ち止まった。マクナットは彼の方を見て尋ねた。

「何かありましたか？」

「殺人です」

男は答えた。

「私は行かなければならない」

そうマクナットは言うと、神業のようなボルチモアの映像の前に私を置き去りにして出て行った。彼が戻ってきたとき、隣の部屋でどんなことが話し合われたのかはわからないが、別に動揺しているようには見えなかった。

マクナットは、元軍事諜報解析者を雇うより、ビデオゲームをよくやる若い民間人を雇う方を好むと話していた。持続監視システムズ社のソフトウェアは、特定のコマンドに、ゲームでよく使うキーストロークを使用している。優秀な解析者なら、車自体が道路を移動するよりも三、四倍速く車を追跡することができる。ある事件で、解析者は警察官への暴行に関与したとされるオートバイが街中を走る姿を一時間以上にわたって追跡した。二時間後、容疑者は逮捕された。場合によっては、解析者たちは最大四時間、車両を追跡することができた。

解析者たちは、暴力犯罪に関与した車両は、街中を走る傾向があることを突き止めた。

それは、おそらく彼らが超高層ビルに紛れて、追跡するヘリコプターが自分たちを見失うことを願っているからだった。一件の殺人事件の後、解析者が追跡していた一台の車両は、二二カ所の異なる場所に立ち寄った。事件を担当していた刑事は、監視カメラの映像だけでは、容疑者の動きをそのような詳細な物語にまとめるには数週間はかかったであろうと言った。

また、別の事件では、銃撃の現場から近くのマンションまで容疑者を追跡した後、捜査官はその住所がここ数年、警察にかかってくる電話でよく聞く場所であることを突き止めた。彼らはそれらの事件に関与していた男性たちの名前を精査し、監視カメラの映像から容疑者の顔写真を探した。数分で、容疑者が特定された。ほんの数分前まで、容疑者は一瞬のピクセルにすぎなかったが、すぐに名前がついた。その日のうちに、男は逮捕された（ボルチモア警察の報道担当官に何度かコメントを求めたが、回答を得ることはなかった）。

容疑者に関する最も貴重な情報は、犯罪現場から逃走する彼らを追跡するのではなく、犯罪に至るまでの時間をさかのぼることで集められる場合がある。ワミーの技術を国内で利用する取り組みを推進している、エンジェル・ファイアの技術者スティーブ・サダースは、次のように述べている。

「銀行強盗は、犯罪後の脱出方法や隠れ家について綿密な計画を練る。しかしながら、犯罪を行う前の予防策を講じる犯人は比較的に少ないものだ」

犯罪を行う前の容疑者の動きは、彼らの自宅住所を明らかにし、捜査官が共犯者や仲間にたどり着く手がかりとなる。容疑者の日常生活についてのありふれた情報でも十分に役に立つ。ファレスでは、捜査官は犯罪に至るまでの容疑者の所在に関する情報を使って、共犯者が捜査官に協力していると信じ込ませるために彼をだますこともあった。容疑者は仲間が自分に背を向けたと考えて、罪の軽減と引き換えに自白をすることもあるからだ。

広域監視システムは、暴力犯罪の後、解析者が現場に居合わせた人々を特定することにも利用できる。自ら進み出ることはないが、事件の情報を持っている目撃者だ。解析者は、加害者自身を追跡するのと同じように、目撃者の追跡に追われていることがよくある。マクナットのチームは、近くにいた二人の高齢者が発砲によって負傷した後、目撃情報を話してくれる人物を探し出すために、同じ時間に現場にいた二十数台の車両を追跡した。

また、持続監視システムズ社は、海外で活動する中央情報局のような機関に採用されたものと類似する持続的監視のための技術を開発した。特に、ある地域の、つなぎ目のない画像を提供することにより、カメラは、地上からは簡単に識別できなかったかもしれない複雑な物語をつなぎ合わせることができる。マクナットは市を監視することによって、システムのこうした能力を実証する多くの機会を得た。ボルチモアでの数カ月にわたる監視運用を通して、マクナットの解析者たちは、監視している車両が、連携したパターンで街中を移動していることに気づいた。それは、メキシコの麻薬カルテルがフアレスで用いていた戦術を思い起こさせるものだった。

　私がマクナットを訪問していたとき、チームはある場所をマークしていた。それは荒廃した小さなコンビニで、大規模な犯罪組織に関係していると信じられていた。毎日一二台以上の車が店を訪れ、場合によっては、たった二分停まるだけなのに、近くの高速道路からわざわざ寄る車両もあった。これらすべての人々がジュースを購入するためだけに、遠くまで車を運転してきているとは思えなかったのだ。店に出入りする車両の中には、後に発砲や殺傷事件や刺殺につながるものもあった。

　ボルチモア警察の監視カメラデータの保管規則により、公開調査に直接関係のない映像を、市は四十五日以内に破棄する必要があった。この規則は、マクナットのチームの活動（その時点では正式な調査ではなかった）の障害になってしまう。しかし、マクナットが私に語った話によると、カメラは常にフレームのどこかで進行中の調査に関連する証拠を捉えているので、警察はいつでも無期限にすべてのデータを保持する理由を見つけることができたという（私の訪問後、七月末までに、同社はそのような特別な任務および調査を行った）。

マクナットは、コンビニがヘロインに混ぜる材料を販売していると信じていた。路上で転売するためだ。警察が踏み込めば、一挙に少なくとも十五の転売者を捕まえることができると確信していた。警察の責任者は空中からの張り込みを認めたが、令状は取れず、現場で捜査を続けている刑事たちとうまく連携を図ることができなかった。警察の規則やしがらみのため、マクナットは一人で犯罪に取り組んでいたこともあったのだ。

法律は空中スパイ活動を規制できない

私がこれまで書いてきた国内の空中スパイ活動を、米国連邦法で禁止することはできない。ワミーのオペレーターが人口の多い地域で軍用の監視カメラを飛行させるとき、私と共にアルバカーキの上空を飛んだスティーブ・サダースのように、「写真の任務」を行っていると当局に知らせることはある。しかし、こうした無難な説明さえ、法的な観点からは必要ないのだ。

なぜそうなのか？　例えば、あなたが民間の飛行機でボルチモアの上空を通過するとしよう。あなたは携帯電話を取り出して、窓から写真を撮る。あなたが撮影した地域の多くは私有地だが、それで誰かのプライバシーを侵害しただろうか？　あなたはおそらくそんなことはない、と答えるだろうし、それは正しい。

しかし、携帯電話の代わりに、庭に立っている個人を一人ひとり映し出すために、十分な強度を持つ望遠レンズを備えたプロ用のカメラを使用したらどうなるだろうか。あなたの行動に同乗者たちは眉をひそめるかもしれないが、法的な観点から言えば、これも最初の例と同じでプライバシーの侵害にはならない。

さらに、もう一歩踏み込むとしよう。あなたは街から一〇〇〇フィート上空をヘリコプターで飛んでいる。望遠カメラを使えば、フレームの中に映る人々の顕著な特徴を見つけることができる。これが合法なわけがない、とあなたは言うかもしれない。飛行機の窓から携帯電話で撮った写真と、望遠レンズを使って誰かの裏庭を数百フィートのところから眺めるのとでは、はっきりとした境界線があるはずだと思うかもしれない。望遠レンズに焦点を合わせれば、確かに映った画像には大きな違いがあるはずだ。

しかし、何も違わない。裏庭で日光浴をしている人を記録したとしても、それはあなたのせいではない。空中観察から自分たちの身の安全における予防策を講じていない彼らの責任なのだ［注1］。

なぜ法に触れないかと言えば、アメリカの空域が歩道、道路、公園、ビーチなどその他の公共スペースと同じ法的な区分に分類されるためであり、公共スペースから私有地や市民の写真を撮ることは違法ではないのだ。したがって、私たちのプライバシーが上から尊重されることは期待できない（特に機密性の高い画像を公開すると、あなたに厄介な問題が発生する可能性はあるが、ここではそのデータを取得する行為そのものについてのみ説明している）。

国家安全保障局も撮影を阻止できなかった

米国政府の最高機密組織でさえ、必ずしも空中観察から安全とは言い切れない。一九九八年の春、チービーというニックネームで知られる国家安全保障局の職員は、機首の下に奇妙な丸い物体がついた民間ヘリコプター（彼は、カメラではないかとぞっとした）が真上を通ったとき、メリーランド州の保障局の駐車場に立っていた。建物内の職員たちは、ヘリコプターの乗組員が日よけの下がっていなかったオフィスの中を見ることができたのではないかと心配した。

後でわかったことだが、信じられないかもしれないが、ヘリコプターには『エネミー・オブ・アメリカ』を撮影していた映画のスタッフが乗っていた。彼らは、国家安全保障局のなめらかなガラス張りの外観を撮影していたのだ。

「政府はヘリコプターの飛行を阻止することはできなかったのか？」

チービーや他の職員たちは保障局の管理部門に尋ねた。答えは、何もなかった。問い合わせに応じた広報担当者はこう説明した。

「信じてほしい。我々はどうにか阻止しようとしたのですよ」

その数日前に、映画の製作チームは保障局の職員たちと会い、翌週から施設の周囲を飛行する予定だと説明していた。職員たちはその考えに抗議したが、法的に言えば、彼らに阻止できる根拠がなかった。施設の上空はパブリック・スペースだからだ。『エネミー・オブ・アメリカ』の映画スタッフはただ飛行計画書を提出し、写真の任務と言えばよかったのだ。

プライバシー法との隙間をうまく利用していると言う人もいるかもしれないが、広域カメラの製造者や使用者は、気づかれることなく、すべてを見通す目を米国やその他の地域で平和に過ごしている人々に向けている。シエラ・ネバダ社は、テスト飛行のためにゴルゴーン・ステアをコロラド州の郊外で飛ばしている。カナダの会社であるＰＶラボは、三〇〇メガピクセルのカメラを、シャーロット、ウィルミントン、ノースカロライナ、オンタリオなど、米国とカナダのさまざまな都市の上空に飛ばしている。オーストラリア国防総省は、アデレードとオタワでの演習で、広域カメラのテスト飛行を行っている。マサチューセッツ工科大学リンカーン国立研究所は、ボストンのダウンタウンに巨大な監視システムを飛行させた。ハリス社はロチェスターの街を広範囲にわたって監視し、空軍はコロンバス市にあるオハイオ州立大学のキャンパスを、何時間にもわたって記録している。スティーブ・サダースのアルバカーキ上空のさまざまな飛行における記録は、ミズーリ大学の研究者が車両追跡アルゴリズムを調べるために使用されている。また彼はパサデナで、二〇一六年のローズボウルにおいて、何万人もの人々で埋まるスタジアムの上空をテスト飛行している。

こうした中で、おそらく最も警戒するべきなのは、中央情報局と国家安全保障局が支援した四〇〇〇万ドル（同時の相場で約五億円）の演習プログラム、ブルーグラスの一環として、二〇〇七年九月にテキサス州ラボックの住民が監視されたことであろう。監視された日数はいまだにわかっていない。これには、二台のすべてを見通す目が搭載されたカメラ、同時に何千人もの動くターゲットを検出できる二台のレーダー、そして、ソーダ水ストロー航空機が上空を飛んだ。この演習の目的は、複数の監視体制を戦場において一つの視界として融合する方法を考案することだった（このテーマについては、後ほど別の章で説明する）。このときの映像を保管している陸軍研究所は、それを「大きな」データ・セットと表現している。また、詳細なデータ・セットとも呼ぶ。私が見せてもらったビデオクリップの一部には、静かな住宅街のフリント通りの数台の車が追跡されていた。

中央情報局は、二〇一四年に、ブルーグラスの追跡演習を未公表の都市で実施することを提案した。これは、従来の情報源とソーシャルメディアから得られる情報をうまく照らし合わせる手法を考えるためだったが、演習は実現されなかった。あるいは、公表されなかったようだ。

監視のための飛行は今日まで続いている。二〇一七年の夏、シリアに配備される直前に、空軍第427特殊作戦飛行小隊の最高機密であったワミー航空機がシアトルの上空を五〇時間以上飛行した。場合によっては、特定の地域（ベルビューとレントンがお気に入りだったようだ）を、ときには四、五時間にわたって、監視していたという。

私自身も知らないうちに、あやうく広域監視のカメラに収まりそうになった。二〇一四年に、私はミシガン州のグランドラピッズで開催されたアートフェアに行った。その一週間前に、グランドラピッズに拠点を置く統合リソースイメージングは、すべてを見通す目が大規模な公共イベントにどう利用できるかを検証するために、市の上空を模擬監視飛行したのだ。

合衆国憲法修正第四条に抵触しない

法執行に関して言えば、警察も同様に令状や特別な許可なしに空中ビデオ監視を自由に行える。現在のプライバシー法の下では、これらの運用は、警察官が街中を歩いたり運転したりしているときに違法な活動を取り締まるのと同じように合法だ。たとえば、警察官が家の開いている窓からマリファナの植木鉢を見たとする。警察官は公共の場所、つまり道路や歩道に立っているので、違法な植物を見るための「許可」、またはその状況を撮影するための令状は必要ないのだ。

警察による空中監視活動において唯一注意しなければならないことは、「公にアクセス可能な技術」を採用しなければならないことである。この用語は、いささか漠然としているが、少数の裁判事件で定義されたことがある。一九八〇年代、警察が低空飛行航空機に搭載された昼用のカメラを使用して、空からマリファナの栽培地を発見した調査に関する二つの事件について、最高裁判所はヘリコプターと商業用の昼用カメラは一般的に使用されているものであるから（簡単に手に入るものでないとしても）、合衆国憲法修正第四条に抵触するものではないという判決を出した。

カイロ対米国と呼ばれる別裁判では、オレゴン州で起こった事件が事の発端だった。屋内で栽培されているマリファナを捜査していた警察が、見晴らしのよい公共の場所から原告の車庫に赤外線カメラを向けた。裁判所は、赤外線カメラは一般的に利用できる技術ではないため、令状のない警察の行動は不当なものであると判断した。

裁判所はまだ、都市全体を一度に観察することができる二〇〇メガピクセルのカメラが、「公にアクセス可能か」どうかを判断する決定を下していないが、今のところ、ワミーを使用する法執行機関は法的問題に直面していない。ボルチモアでこのような問題が発生した場合に備えて、マクナットは米国における広域空中監視の法的根拠を概説した文書を作成していた。実際、ボルチモアでの持続監視システムズの運用は、犯罪の写真による証拠を警察に提出する民間人（マクナットは「カメラを持った男」と呼んだ）と法的に変わりなかったのだ。

「それはかなり簡単なことだ」

マクナットはそう言って、文書のコピーを私に手渡した。持続監視システムズのカメラは、人々の家をのぞき込んでいるわけではないし、カメラを通して見えるものは何でも公共のスペースである上空から見えるので、少なくとも当面の間、彼らの仕事に支障はないと、彼は説明したのだ。

上を見ろ！　空中監視飛行の実行者は連邦捜査局のダミー会社

空に関する米国のプライバシー法の緩慢（かんまん）さについて、法執行機関が気づいていないわけではなかった。また、ここ数年間に、国内の持続的な空中監視が驚くほど急増している。高機能な警察ヘリコプター、空軍のプレデターのようにターゲットに照準を合わせて継続的に周回するソーダ水のストロー監視航空機、そして、小型無人航空機などが、実際に空を飛行している。これは、誰もが、常に、上から観察される未来を示唆しているのだ。

二〇一四年七月二十三日、レディットというウェブサイトのユーザーで、「ジーンドゥブルリー」というハンドルネームの人物が、チャットボードに書き込みをした。バージニア州のマクリーンとラングレーの上空を、謎めいたいくつものシングルプロペラの民間飛行機が小さな円を描くように飛んでいたという。その飛行機の中の一つの尾翼に、ＮＧリサーチという会社名が書かれていたが、グーグルで検索しても会社の情報はほとんど得られなかったそうだ。

レディットの他のユーザーたちとその件についてチャットしていると、他の仲間たちが、同じ作戦に関与していると思われる少なくとも別の五つの尾翼番号を見つけた。その中の一機は、連邦捜査局が監視活動に使用することで知られているトランスポンダコード（航空管制官が航空機を識別するために使用）を送信していた。別の航空機（尾翼番号N859JA）は、前年にも似たようなパターンで数日かけてマサチューセッツ州クインシー上空を飛行していた。いずれの場合も、監視の範囲または意図について公式な説明はなされなかった。

翌年、二〇一五年五月、ボルチモアでのフレディ・グレイの抗議活動の真っ最中に、ベンジャミン・シェインという名前の男性が、何時間も街を旋回している小さな民間飛行機を目撃していた。

「ここ数日、誰が街の上空で小型飛行機を飛ばしているのか知っている人はいる？」と、彼はツイッターで尋ねた。七分後、ピート・シンボリックという名前のツイッターのユーザーが、飛行追跡ウェブサイトで、その飛行機を見つけたと返信した。それもNGリサーチ社に登録されていた。

米国自由人権協会の職員であるシンボリックは、まもなく別の小型の社用ジェット機が、街の西側上空の軌道を飛行していることに気づいた。彼はこの情報を米国自由人権協会に転送し、米国自由人権協会は連邦捜査局、麻薬取締局、そして、連邦保安局に情報公開を要求した。

情報公開要求に応じて公表された証拠記録は、連邦捜査局が背後で関与していることを示していた。ボルチモアで空中監視飛行が始まったのは四月二十八日だった。最初の激しい抗議が始まってから三日後のことだ。その後、数週間にわたって三六時間の監視が行われた。昼用赤外線カメラと電子監視システムが使用されたが、連邦保安局は詳細を開示することを拒否した。そして、NGリサーチ社は連邦捜査局のダミー会社であることが判明したのだった。

また連邦捜査局は、情報公開要求に応じて、「国内調査および運用ガイド」の抜粋資料も提供した。その中で、マクナットや他の関係者と同じように、合衆国憲法修正第四条における保護は、公共の空域から市民を監視することには及ばないと主張した。

フレディ・グレイの事件における監視活動は、決して特別に異例の出来事ではなかった。特殊作戦グループを統括していた元連邦捜査局の工作員は、空中偵察は捜査局が長いこと行っているやり方だと、私に説明してくれた。その年の秋の下院司法委員会での証言において、連邦捜査局長官だったジェームズ・コミーは、捜査官が車や徒歩でターゲットを追跡できない場合には、空中監視に頼ることが多いと説明している。こうした空中活動の規模について尋ねられたコミーは、捜査局は「少数の航空機」しか運営していないことを委員会に断言している。

コミーの「少数の航空機」の数は、おそらく私や読者の感覚とは異なるだろう。二〇一六年四月、バズフィードニュースは、連邦捜査局が前年の秋から冬にかけての四カ月間に、百機以上の航空機を使い一九五〇件の監視飛行を行ったと報道した。これらの飛行のほとんどは、ＮＧリサーチ社のような一連のダミー会社によって運営されており、そのすべてに似たような一般的な名前（ＮＢＲ航空、ＰＸＷサービスなど）がついていた。

連邦捜査局は、「テロリスト、スパイ、重大な犯罪者」など優先度の高い容疑者を追跡するために航空機を使用していると説明していた。そして、その証拠に、航空機の飛行経路は、プレデターの操縦士が中東の武装勢力の指導者を追跡するために採用した軌道によく似ていた（連邦捜査局の報道官クリストファー・アレンがバズフィードに語ったところによると、航空機は長いこと街の上空を旋回していることがあるが、それは容疑者が建物から出てくるのをただ待っているからだという）。

それでも、週末の飛行数は七〇％以上減少した。そうなると、ターゲットの多くが必ずしも毎日二十四時間の監視を必要とする最重要容疑者ではないことを示唆しているのかもしれない。感謝祭の日は、飛行がほぼ完全に停止した。また、運用の多くは、サンフランシスコのリトルカブールやミネアポリスのリトルモガディシュなど、イスラム教徒の多い地域で行われていた。

連邦法執行機関の中で、空中監視の使用を拡大しているのは連邦捜査局だけではない。国土安全保障省は多数の監視機を運用しており、その多くは他の州や地方の関連機関を支援する任務に使用されているようだ。

国土安全保障省内の機関である税関・国境警備局は、日常業務のためにワミーを購入した最初の米国連邦機関だと思われる。国境や港湾を監視するために非武装のリーパーを数機保有している保障省は、リバモア研究所チームが南部の国境で初期の監視カメラのデモを行って以来、広域監視に強い関心を抱いてきた。国土安全保障省の代表者たちは、連邦捜査局の定期的な広域監視会議にも何度か出席している。

二〇一二年、国土安全保障省の担当者がこうした会議の一つでジョン・マリオンに会った後、保障省はノガレスでロゴス監視飛行船の試験的なデモを主催した。デモ初日の夜、監視カメラによって三五人の密輸業者と不法移民が捕まった。一週間後には、カメラから収集した情報を使って、八〇人以上の違法者を逮捕した。さらに重要なのは、試験期間中に、その地域を移動する人々の流れが徐々にまばらになっていったことだ。主催していた国土安全保障省は、国境の向こう側にいる人々が飛行船を避けるために別のルートを使うようになったのだと結論づけた。

税関・国境警備局の二つのリーパーには、すでに車両降車活用レーダー（ＶＡＤＥＲ）

が搭載されていた。ワミーのように、国防総省の対即席爆発物プロジェクトの一環として、地方を車や徒歩で移動する武装勢力を追跡するために開発された広域地上監視システムである。税関・国境警備局の関係者によると、このレーダーもまた、米国の空域を離れることなく、メキシコ領土をじっくりと観察することができるので、これまで三万人以上の不法入国者を見つけ、五五〇〇キロ以上のコカインを押収している。税関・国境警備局は、すでに広域監視システムから得たデータを解析するさまざまな取り組みを行っており、遅かれ早かれワミーを購入することになるだろう（まだ購入していない場合：二〇一三年の国土安全保障省の公文書の中に、同じくアリゾナ州シエラビスタを拠点とする「広域監視システム」を装備した無人航空機について言及している。その他の公文書にこのシステムについて書かれた箇所はなく、この「広域監視システム」は幅六キロメートルのエリアを見通すことができると説明している）。

国土安全保障省と連邦捜査局のほかに、連邦保安局は、機密の特別部隊である空中監視部門を抱えている。連邦保安局のウェブサイトによると、そこは「国家にとって最も危険な逃亡者の調査と逮捕における不可欠な情報」を提供するところだ。

州や地方の警察署でさえ、地域社会をますます上空から監視するようになっている。二〇一七年、バズフィードの記者たちは、例えば、一つの場所で繰り返し使われる軌道など、監視活動に共通している飛行パターンを検出するために、米国の航空交通データのアルゴリズム解析を行い、これまで未報告だった数十件の新しいプログラムを発見した。また、チームは、カリフォルニア州のロサンゼルスやオレンジ、アリゾナ州フェニックスなど、さまざまな都市で使われている持続的な監視プログラムを発見している。

テキサスオブザーバーという雑誌が二〇一八年に発表した調査で、二〇一五年一月から二〇一七年七月の間に、テキサス州公安局が州の都市部を何百回も飛行していたことがわかった。これらには、メキシコの国境を越えた、あるいは少なくとも国境を越えたように見えた数多くの任務、オースティン上空への三八回の出撃、そして人口一万人ほどの町ローマの上空で行われた二七四回の飛行が含まれる。

これらの飛行を承認した当局は、その事実を広く公表しておらず、逆に隠蔽（いんぺい）されたケースもいくつかある。フロリダ州のパームビーチ郡保安官事務所は、数年間、ファイブ・ポイント航空調査というペーパー会社を使って、少なくとも一つの極秘監視航空機を飛ばしていたことが判明している。

商業用無人偵察機の登場により、最小規模の警察署でさえ空に目を向けることができるようになった。二〇一八年半ばの時点で、米国の空域で六百を超える州および地方の法執行機関がドローンを運用している。これらの小型無人航空機の耐久性と撮影技術は、有人航空機に比べるとほんのわずかでしかないが、それでも、強力な監視ツールとして機能することができる。そして、まもなく安価なドローンでさえ、法執行機関が必要とする大都市圏全体を捉える広域監視網を実現できるかもしれない。この可能性については、この後説明しよう。

また、やがて米国の空は、軍事レベルの監視を行うことができるさらに大きな無人航空機の本拠地となるに違いない。すでに、プレデターとリーパーは、国内の運用において驚くほど有用であることが証明されている。二〇一一年の夏、国土安全保障省は、ノースダコタ州ラコタの遠隔牧場が悩まされていた、四人組の牛泥棒との長期にわたる戦いを解決する支援を行った。ドローンが撮影した監視映像を使用して、スワットチームが空から農場に降り、無事に泥棒たちを逮捕することができたのだ。今度はカリフォルニア州警備隊が、山火事を食い止めるために、プレデターとリーパーを配備した。また、エルドラド国有林で行方不明になった男性を捜索するために、航空機が出動したこともある。

これらの作戦は、無人偵察機と有人航空機の衝突の危険性を最小限にするために、厳重に管理された空域で行われた。しかし、さらに連邦航空局、航空宇宙局、国防総省、および大規模な軍事防衛請負業者とその業界団体は、衝突回避技術、航空交通管理システム、そして国防総省の計画書に描かれていたように、大型ドローンも民間の航空機が使用する同じ空域に「定期的に」アクセスできる方針を構築しようとしていた。

防衛請負業者のジェネラル・アトミックス・エアロノーティカル・システムズは、民間用空域での使用のために、すでに所有する数機のリーパーの最適化を行っており、同社の関係者は、二〇二五年までに国内の空で無制限に飛行できるリーパーの完全認証を実現する計画であると述べている。二〇一八年には、リーパーの変形機種であるスカイ・ガーディアンが完全に公共の空域を使って大西洋を横断した。スカイ・ガーディアンはゴルゴーン・ステアほどの大きさのカメラを運ぶ収容能力があり、三〇時間以上空中にとどまることが可能だ。読者の地元の警察署がこんな航空機で何をすることができるか、少し想像してみてほしい。

解析者たちの犯人追跡：発砲、はっきりと見える

ボルチモアでの最後の日、マクナットは、最近起こった殺人事件を捜査しているボルチモア警察署の三人の刑事のチームのために、コミュニティー・サポート・プログラムが準備した説明会に私を招待してくれた。七月十日の午後四時半頃、警察は、マディソンパークという静かな住宅街において、数回撃たれたロバート・マッキントッシュという三十一

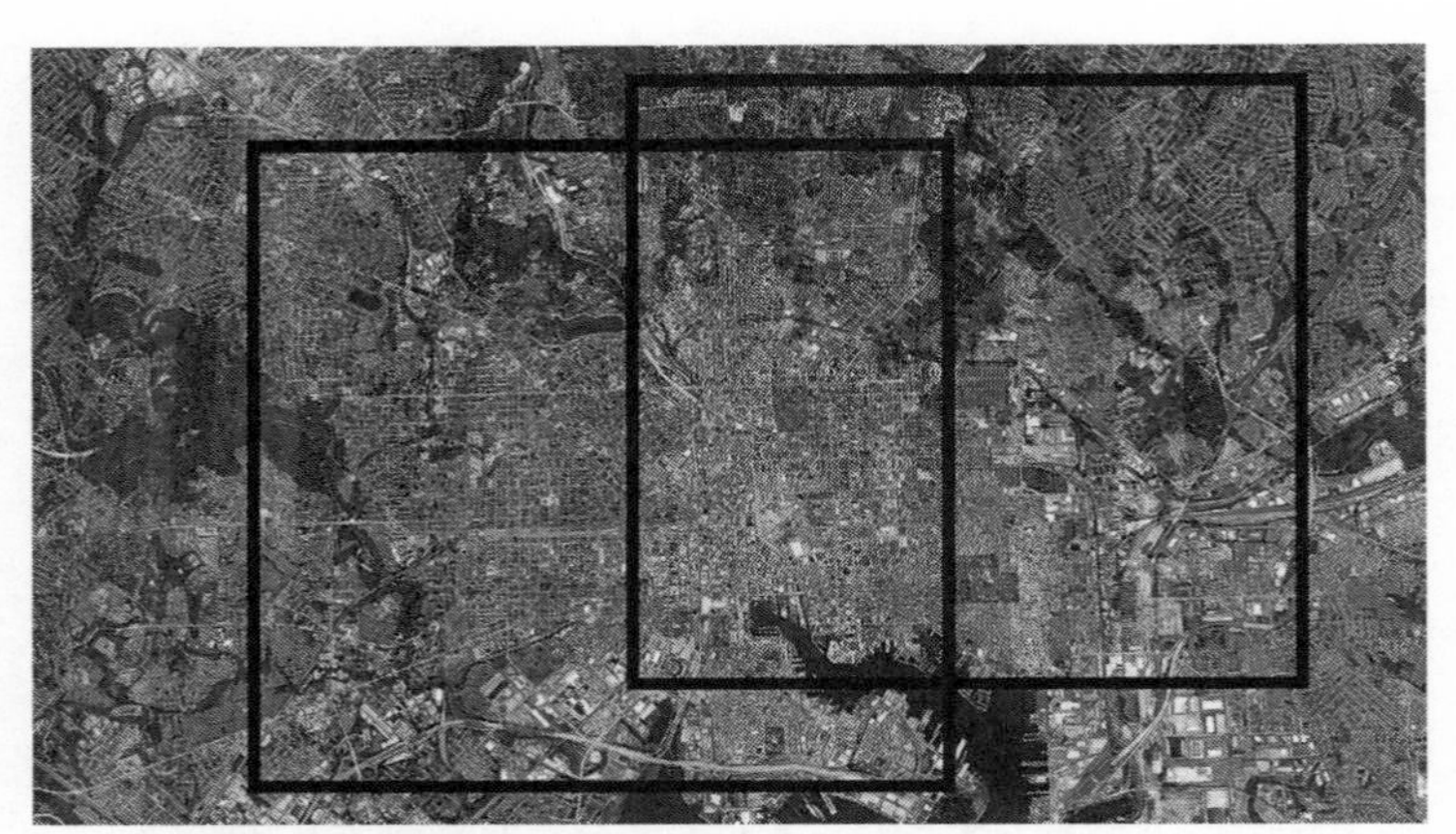

ボルチモア上空の監視軌道から捉えたコミュニティー・サポート・プログラムの衛星画像。ボルチモア警察は、日によって、より多くの犯罪が予想される場所に応じて、持続監視システムを東軌道に載せるか、または西軌道にするか判断している。それぞれの軌道から83平方キロメートルほどの市の映像を撮ることができる。グーグルアース提供。

歳の男性を発見した。マッキントッシュは病院に行く途中で亡くなり、犯行時の目撃者はまだ見つかっていなかった。しかし、カメラは見ていたのである。

マクナットの航空機の映像では、マッキントッシュが五人組の男たちと歩道に立っているのが見える。突然、マッキントッシュは地面に倒れ、男たちは散り散りに逃げていく。実際に撃ったと思われる男は脇道を走っていき、他の三人は落ち着いた様子で南東方向に歩いていく。五人目の男が銀色のセダンに乗り込み、周囲を一周して、近くの路地で撃った男を拾った。

時間をさかのぼってセダンを追跡したところ、解析者によって、事件は発砲の四五分前に、公立学校の前から始まったことがわかった。銀色のセダンはその辺りの曲がりくねった道を進み、それから行き止まりになっている道に入ると、黒いＳＵＶが停まっていた。そのまま、セダンはマッキントッシュを撃った男が待っている駐車場へと進んだ。その後、二人は一ブロック先の歩道で、マッキントッシュと他の三人と合流したのだ。

発砲後、運転手と撃った男は、何度か来た道を戻ったりしながら、街の中を長いこと走っていた。解析者たちは、犯行現場から逃走する車がよくやる行動だと気づいたと、マクナットは説明した。最終的に、彼らはダウンタウンを横切る主要道路ウェストプラット通りに近いラッシュアワーの交通渋滞に紛れ込んだ。数分後、セダンは私にもわかる道路に入った。説明会が行われているコミュニティー・サポート・センターからほんの数十メートルの通りだったのだ。

解析者たちは、空中画像を補足するために必要な、ボルチモアネットワークの防犯カメラの映像に自由にアクセスできた。もし、空から車の姿を見失ったら、その辺りを記録した地上の映像を確認して車を探す。防犯カメラの映像から、刑事の一人がセダンは最新モデルのシェビークルスだと突き止めた。チームはまた、映像をマディソンパーク周辺の防犯カメラの映像と照らし合わせ、マッキントッシュが撃たれたときに一緒にいた残りの男たちの顔をアップで映し出した。

解析者が、ウェストプラット通りの交通渋滞に紛れているセダンが映るスライドを見せていたとき、別の刑事が、最近防犯カメラを取りつけた市バスがその横に停まっていることに気づいた。刑事は、市の交通局に問い合わせて車のナンバープレートがはっきりと映っている映像がないか確認するよう解析者に提案した［注2］。

最終的に、持続監視システムズは、捜査官たちに、容疑者の車の型、モデル、製造年、数名の住所、そして、大まかな発砲時の状況についての説明などを提供した。別の手段だったら、これらの情報をつなぎ合わせるまでにはるかに長い時間がかかったことであろう。

「この二十五年間で、私はこれほどすばらしいプレゼンテーションを見たことはないよ。これは本当に大きな収穫だ」

と、一人の刑事が言った。彼はなぜアメリカのすべての都市でこうしたシステムが使われていないのかと尋ねた。

「政治的意志の欠如」とマクナットは言い、刑事たちに警察の上層部にシステムの成果を伝えるように求めた。

こうして刑事たちは部屋を出るために立ち上がった。後でわかったことだが、ボルチモア警察の別の捜査官たちが、マクナットのチームが収集した証拠に基づいて動くことを拒否したという。これは、州の検事がプログラムの存在を知らされておらず、それゆえに裁判所に提出される航空写真は証拠として使えないと判断される可能性があったからだ。しかし、マッキントッシュ事件の捜査官たちは、マクナットの説明で提示された手がかりを使いたがっていたようだ。

「あの映画みたいだな」

セダンを特定した刑事が言い、その名前を思い出そうとして立ち止まった。すると、彼の顔がぱっと明るくなった。

「『エネミー・オブ・アメリカ』だ！」

ありふれた風景に潜む

刑事たちが去った後、マクナットはプロジェクターに新しいビデオを流した。航空機はその日空中にあり、私たちが観たのはライブ映像だった。マクナットは彼や解析者たちがその日の午後ずっと観察を続けていた、問題の多い地域にズームインした。私はその映像を観て驚いた。一見、ボルチモアの別の場所とあまり変わらなかったからだ。コミュニティー・サポート・プログラムが注目している場所と、していない場所の違いとは何なのだろう。世界を上から眺めるというのは面白いことだ。特に疑わしいものは何もないように見える。しかし、同じように、すべてが何か疑わしいようにも見える。それからマクナットは、コミュニティー・サポート・プログラムが入っているビルに移動し、数分の間、私たちは一万フィートの空の上からビルの屋上を眺めていた。

実際のところ、ボルチモアに住むほとんどの人々は、スパイ航空機が六カ月にわたって、すべての動きを監視していることなど知りもしなかった。プロジェクトはボルチモア市の予算から資金を得ていたわけではないので、コミュニティー・サポート・プログラムは市の通常の事業として承認を受ける対象ではなかったのだ。そのために、ボルチモア警察は、プログラムの存在を市政府、メリーランド州議会、または公選弁護人に開示していなかった。ボルチモア警察は後に、これらの飛行はＣＣＴＶ監視カメラシステムの延長にすぎないと主張した。監視カメラは市政府によって数年前にすでに承認されていたため、空中監視プロジェクトを警察以外の市職員が運営する必要もなかったのだ。このように、それはどこか『エネミー・オブ・アメリカ』の中で国家安全保障局の独房に入れられた悪党と重なる部分があるように思われた。実際のところ、市長でさえプロジェクトについては知らされていなかったのである。

議論を呼ぶような新しい監視技術を試験運用する都市が、こうした取り組みを一般に公表しないことは珍しいことではない。二〇一六年には、フィラデルフィア市が、自動でナンバープレートを読み取る機器を、多数のSUVに装備していたことが明らかになった。これらのSUVはグーグルマップ社の車両と同様、その正体をうまく隠せていなかった。極秘となっているプログラムを隠す方法としてよく使われるようになっているのは、「並列構造」と呼ばれる手法だ。捜査官は未公表の監視ツールを使って犯罪を暴き、その後、裁判所で自由に議論ができる既存の監視ツールを使用して証拠を「再発見」するのだ（ヒューマン・ライツ・ウオッチおよびその他の権利擁護団体は、このやり方が公正な裁判の原則や基本的な人権に違反していると主張している）。場合によっては、警察署は容疑者に対する告訴を取り下げることさえ選択する。コミュニティー・サポート・プログラムのような極秘プロジェクトの存在を、公表するように要求する可能性のある裁判官の前に立つのを避けるためだ。

さらに、コミュニティー・サポート・プログラムと同じように、ワミーを国内で使用するための初期の取り組みでは、スパイのような慎重さで進められた。二〇一二年に行われた、ロサンゼルスでの一週間にわたる広域監視パイロットプログラムは、調査報告センターによって二〇一四年まで公開されなかった。それが公表されたとき、プログラムを指揮した巡査部長は、もし警察がその時点で飛行テストの存在を明らかにしていれば、市民の反発によってプログラムの有効性を証明する機会さえないままに、打ち切りに追い込まれていたかもしれないと説明した。二〇一八年、統合リソース・イメージング社は州政府機関から、大きなイベント、軍事作戦、そして、緊急事態が発生したときには、呼び出しにすぐに対応する広域システムの契約を取りつけた。同社は、どの州と契約したかについては明らかにしなかった。また、契約した州も自ら名乗ることはなかった。比較的安全なワミーの運用さえ、不必要に公表されていないのである。

マクナットは、「政治家」、つまりボルチモア警察の上層部は、「六、七件」の殺人事件を解決したことを発表できるまで、コミュニティー・サポート・プログラムの存在を明らかにしたくなかったと語った。彼としては、自分の仕事を隠しておくという決定に反対していたと言った。街の暴力的犯罪者に、頭上には航空機が見張っていること、そして、月の初めに警察官を襲撃したバイクの男を追跡するのに、彼のチームが要したのはたった二時間だったということを、知らしめてやりたいと彼は思ったのだ。空の上から一九二万ピクセルのカメラが街を見張っていることを知ったら、人々は犯罪を行う前によく考えるはずだ。彼はまた、ボルチモアの住民の「九〇％」がコミュニティー・サポート・プログラムを承認し、残りの一〇％についてもプログラムの利点について理解してくれるはずだと確信していた。

そうは言ったものの、訪問を終えて私が帰るとき、マクナットはプログラムについては誰にも話さないようにと念を押した。ビルから表に出ると、私はマッキントッシュが殺害された日に、銀色のセダンが走っていた通りにそって数ブロック歩いた。ちょうどお昼頃で、空には雲一つなかった。持続監視システムズの航空機は見えなかったが、きっと向こうはこちらを見ているのだと思った。その存在を強く感じていた。しかしながら、それよりずっと心が重く感じるのは、自分たちの日常を何気なく送っている、通りのすべての人々が、空から監視されているということを知らないことであった。

［注1］確認しておくと、もし彼らが予防策を講じていて、あなたが故意にそれを無視すれば、それは彼らのプライバシーを侵害することになる。

［注2］ナンバープレートは、広域監視カメラからは見えない。二〇三〇年までに、自動車の屋根には三番目のナンバープレートを取りつけることが義務化されるようになるかもしれない。

第5章
ピクセルがもたらす平和：この技術を前向きな目的のために！

広域カメラは災害時に投入される

すべてを見通す目の下で、ボルチモアの街を歩いていると、軍事用として開発されたこの恐ろしい技術が、いつか消防車や救急車やヘリコプターと同じように無条件で、国民から賛同を得るかもしれないと想像するのは難しい。しかしながら、広域監視カメラの可能性が考案されたその瞬間から、その存在の陰で、まだ一滴の血も戦場に流れていないころから、製作者たちは、それが世界に善をもたらすものになるべきで、なりえるもので、なるであろうと主張した。

請負業者のネイサン・クロウフォードによれば、コンスタント・ホークとエンジェル・ファイアの技術者たちは、二〇〇五年の共同開発の作業でフロリダのビーチに座っていたとき、「この技術は前向きな目的」のために使われなくてはならないと語り合っていたという。

この技術があれば、自然災害のときに被災者を探し、森林火災と戦い、朝の通勤ラッシュを改善し、保険料を削減することさえできる。実際、バグダッドの武装勢力のネットワークを解明したり、ボルチモアの殺人容疑者を追跡したように、これらすべての任務に適していることがすでに証明されている。要するに、人々の空中監視に対する恐怖や不信を払拭できるだけの、多くの正当な理由があるのだ。

実際のところ、米国内の広域監視に関する初期のいくつかの事例は、まったく無害なものだった。二〇〇八年の夏、最初のカメラの開発が完了してから数カ月後、持続監視システムズは、フォート・レオナード・ウッドで行われた独立記念日のお祝いで、その目を空から光らせた。それはオハイオ州のいくつかの大学のフットボールチームが競技するイベントで、またその日は、サラ・ペイリンが副大統領候補の指名を受け入れるスピーチを行った日なのだ。

二〇一〇年、コンスタント・リソース・イメージング（コンスタント・ホークの請負業者）は、ディープウォーター・ホライズンで起こった原油流出事故の際、メキシコ湾上空に広域監視システムを飛ばした。カメラは数十隻の対応船と油流出封じ込めフェンスを同時に追跡した。作戦後、沿岸警備隊が伝えたところによると、コンスタント・リソース・イメージング社の、狭域（ソーダ水ストロー）カメラを搭載した航空機一機で、ヘリコプター十機分の仕事をこなしたと評価したという。

これが災害時の救助活動で何を意味するかを想像するのは難しくないだろう。ハリケーン・カトリーナへの対応の過程で、救助ヘリコプターは数千の飛行時間を記録し、動けなくなって辛抱強く救出を待っていた推定六万人の生存者を探し出す作業にあたった。一台の広域カメラなら一度で近隣全体を検索できた可能性がある。二〇一六年に、スコットランド沿岸沖で行われた演習では、広域カメラを搭載した監視用無人航空機を小さなカタパルトから発射し、わずか五五時間でウェールズ全体を三センチ四方ごとに詳細に調べることができたという。

生存者を検索する一方で、広域カメラのデータは他の目的にも活用することができる。二〇一三年、シエラ・ネバダ社は、コロラド州の歴史上最も深刻な洪水の被害に遭った地域にゴルゴーン・ステアの試作品を飛ばした。同社の重役であるマイク・ミアーマンズによると、米連邦緊急事態管理局は、被害に遭った地域を正確に地図に記すためにこの画像を使用した。持続監視システムズ社は、二〇〇八年にアイオワ州、そして、二〇一二年のハリケーンサンディによるニュージャージー州とペンシルベニア州の洪水に対して、同様の調査を行った。

二〇一八年、インディアナ州警備隊は、ハリケーン・フローレンスによるノースカロライナでの救援活動の一環としてゴルゴーン・ステアを投入するという短いニュースをオンライン上で発表した。これはアメリカ国内で、ゴルゴーン・ステアが作戦に積極的に使用されることを初めて公に認めた事例だった。インディアナ州警備隊が発表した限られた情報によると、システムがその役割を立派に果たし、戦争の目的で使用した人々にとっては思いもよらない技術の側面を示すこととなった。ゴルゴーン・ステアの画像を使用した情報戦隊の指揮官によると、重要なインフラの状態の確認、遮断された道路の特定、および危険にさらされている生存者への救助隊の誘導に使用されたという。

山火事を空から広域に監視する

自国の沿岸地帯に同じようなシステムを必要としていたオーストラリア国防省は、最初の広域監視航空機を採用した。米空軍のエンジェル・ファイアの変種が搭載された、民間の真っ白なターボジェットだった。災害対策に加えて、もちろんテロ対策に活用される（米国のカウンターパートとは異なり、オーストラリアの当局者は敵に恐怖心を与えるような名前には、あまり興味がなかったようだ。彼らのワミープログラムは「広域監視活動を基盤とする情報」と名づけられた。略してワサビ（ワサビだ）。

自然災害の中で、オーストラリアにとってワサビによる継続的なデータの収集において特に役に立つのは山火事であろう。米国森林局は積極的な広域監視を継続しており、その技術の有効性は、年々増え続け、より深刻なものになっている山火事の消火活動において実証されている。

森林局の職員で、ワミープログラムを管理するザッカリー・ホルダーは、消火活動についてよく戦争の用語を使って表現する。彼の世界観では、消火剤を投下する航空機は攻撃機と同じで、正しいターゲットに命中させる必要があるというわけだ。防火服を着た消火隊は地上で戦う兵士と同じで、身動きが取れなくなる危険性がある。火そのものはまさに生きており、呼吸する敵だ。「命のパターン」を解読した場合にのみ、火について本当に理解できる。広域カメラを使用すると、ホルダーの消火隊はこれらすべての側面に対して、同時に対応することができるのだ。広域カメラは、火炎抑制剤を目印の場所に落下させ、防火服に目を光らせ、武装勢力のネットワークを見張るごとく、消防士たちの行動を予測する。消火活動の最後に、チームの消防戦略の向上のために、事後評価を兼ねて映像を確認する。ホルダーは「変化をもたらす」技術と呼んでいた。

二〇一七年、米国森林局はコンスタント・リソース・イメージング社から、テストに使用したものよりも一〇倍大きい新しい赤外線カメラを借りるために、四〇〇万ドル（当時の相場で約五億円）で契約を交わした。ホルダーは、それぞれ特定の季節に、米国内のすべての山火事を空から広域に監視するために、新しい赤外線カメラを搭載した航空機は五機あれば足りると見積もっていた。もしホルダーが正しければ、消防士は言うまでもなく、数千ヘクタールの土地が燃えさかる破壊を免れることだろう。

駐車場での誘導、道路の混雑解消、交通違反、ひき逃げ事件などへの応用

ワミーの他の活用については、それほど壮大ではないが、かといって地上や空での利用と比べて役に立たないというわけでもない。二〇〇八年にノースカロライナ州で行われたコカ・コーラ600ナスカー・レースを空から監視していたマクナットとチームは、思っていたほど忙しくなかった。その日のハイライトは、ラジオがブーンと鳴って、警察官と口論していたゴルフカートに乗った男を見なかったかという依頼が入ってきたときだった。映像をズームインして、解析者は犯人が自分のトレーラーに戻っていくところを追跡した。そこで、警備員が彼を見つけ、彼に立ち去るように依頼した。

そうして一日は過ぎていき、他にやるべきことを探していたチームは、空いているスペースを探して、会場の広大な駐車場をあてもなくゆっくりと進んでいる数百台の車を追跡することにした。一人の不運なドライバーは、空いている場所を探して二時間近くさまよっていた。

ドライバーからはあまり見晴らしがよくなかったが、対照的に、空から駐車場の空いているスポットを見つけるのはとても簡単だった。マクナットは、この情報を利用すれば入ってくる車を空いている場所に誘導できることに気づいた。彼は計算した。そうなれば、一時間以上探している何千台もの車の時間を節約することができる。節約した時間で、他の施設で買うはずだったジュースを観客一人ひとりが購入すれば、レース施設は追加で二五万ドル（当時の相場で約三千万円）の利益を得ることができる。マクナットの三日間のイベントの監視料は、その一〇分の一程度であった。

マクナットの計算はやや楽観的かもしれないが、ワミーが地上の交通状況に鳥のような目を向けることができたら、道路の混雑の解消に役に立つ可能性があるという考えは信頼できる。これまで交通の研究および管理を行ってきた人々は、ドライバーの行動を説明するために複雑な理論モデルに頼ってきた。例えば、ドライバーが車線を変更する頻度を考慮したパークウェイの設計方法や、それぞれの方向から進んでくる交通量に対応して信号機の時間を設定するなど、これらのモデルは、あらゆる種類の厄介な質問に対応するために重要となっている。また、通常、大規模な調査ではなく、小規模なサンプル調査に基づいているため、完全ではないことがよくある。これは一億二千万人の投票の傾向を、いまだに固定電話を使用している五百人から得た回答から研究して予測する政治調査に似ている。

この問題に対処するために、バージニア工科大学の二人の研究者、キャスリーン・ハンコックとラウフル・イスラームは、広く使用されている多数の交通モデルをさらに標準化するために、何千もの車両が覆い尽くすオンタリオ州ハミルトンのダウンタウンの広域映像を活用してきた。これまでのところ、彼らの研究の成果は期待できるものになっている。研究者たちよると、調査サンプルと比較してみると、広域の映像は国勢調査のようなものだという。街を移動する何千もの車の一台一台がどのような経路を選ぶのかという正確で物語のような概要によって、交通局は問題が起こりそうな場所を特定し、交差点でのドライバーの振る舞いが別の場所の交通状況にどう影響するかを正確に把握し、そして、道路閉鎖や新しい建設プロジェクトなどによる交通規制による影響を正しく予測することができる。

他にもまだまだ利点はある。空の上から監視すると、交通違反は非常に見つけやすい。

私が観た中都市の三分間の映像クリップでは、交差点で曲がったときにドライバーが間違った車線に合流するなど、他の方法では検出されなかったはずの多くの違反を確認した。オンタリオ州ハミルトンの映像は、赤信号や一時停止の標識を無視した車であふれていたという。ボルチモアで行われた監視プログラムでも、持続監視システムズ社は四二件の交通事故を分析し、七件以外はすべて事故の責任がある車両を特定することができた。

悪いことをした人が裁きを受けるという意味では、交通違反の反則金が自治体の収益になることは明らかだ。言うまでもなく、事故の当事者同士がもめたときにも迅速に解決することができる。また、一〇件のひき逃げの事故において、解析者は現場から逃げたドライバーを探し出した。

「空の目」はたった一つですべての人に、あらゆる場面で何かを提供可能

誤解のないように説明しておくと、ワミーは安価ではないため、多くの人にとっては手の届かない技術だ。ボルチモアでの運営費は月額一二万ドル（当時の相場で約一四〇〇万円）だったが、これは割引料金であった。ロス・マクナットの正規の月額料金は、クライアントに百時間の日中監視を提供して、二〇万ドル（当時の相場で約二四〇〇万円）だっ

た。報道によれば、ハミルトン上空で行った交通監視飛行の費用は一時間あたり約五千ドル（当時の相場で約六〇万円）だった。米国のさまざまな機関の中でもとりわけ、連邦保安局、シークレットサービス、および連邦捜査局は、シエラ・ネバダ社の民間版のゴルゴーン・ステアであるビジラント・ステアに大きな関心を寄せたが、いずれの場合もカメラの費用が交渉を難航させた（ビジラント・ステアの価格は公開されていないが、おそらくゴルゴーン・ステアと同じくらいだろう。価格はカメラのユニットが約二千万ドル［約二四億円］で、カメラを搭載する航空機は含まれていない）。

しかし、ある都市が広域監視航空機を共有ツールとして使用するならば、警察署、消防署、交通局など、空からの目を必要とする関係当局が皆アクセスすることができ、そして、それにかかる費用を分担することができれば、それほど高価なものではなくなる。結局のところ、それこそがゴルゴーン・ステアが構築された理由でもある。一つの地上部隊のために動く代わりに、単独のリーパーが同時に数十カ所で展開する戦いをサポートしたのだ。消防士が複数の危険な山火事を監視している間、都市計画の職員は町の反対側の交通渋滞を調査し、また、一方では警察が市民のパレードを見守る。最終的には、皆が協力して、皆のためになるのだ。

また、もし自治体が、絶え間なく空から見つめる目にお金を出したくないということであれば、国土安全保障省が、政党会議などの主要な警備の必要があるイベントにヘリコプター隊を派遣するように、広域監視技術は州および連邦の組織によって所有および運用され、必要な場所にシステムを派遣することができるだろう。例えば、ビジラント・ステアは、一週間、フロリダの災害対応活動を支援し、その次には首都ワシントンで大統領就任式のために配備される、といった具合だ。

これは、森林局のザッカリー・ホルダーが思い描く将来のワミーの利用法であり、統合リソースイメージング社と契約して、航空機を常時稼働させている謎の政府機関のモデルのようにも思われる。業界に携わる多くの技術者や営業担当者は、そのようなことが現実になる未来の成功に懸けている。

そして、広域監視技術の活用が、公共部門に限定されているように思われているが、決してそうではない。すべてを見通す目の利用は、政府の枠を超えあらゆる可能性を秘めている。少なくとも実用的または法的な観点からいっても、民間部門は関係ないとする理由は何もない。すでに米国の大手保険会社は、自然災害で被災した保険者の家の損害を記録する目的で、被害のあった地域を撮影するために多くの会社と契約している。そうした事業の一つで、二〇一六年に、名前はわかっていない保険業者のために、エイコーン社がハリケーン・マシューの被害を受けたフロリダ州北部の広大な地域を調査している。

保険業界は統合リソースイメージング社と協力して、自動車事故の犠牲者に代わって保険金の請求を行うニセの診療所など、一般的な詐欺の計画を見つけ出すために、技術の活用を模索している。空の上から見ると、被害者が来るのを待っている合法的な医療機関と、詐欺に加担しそうな被害者が見つかることを願って、事故現場に社員を派遣するニセの診療所を区別するのは比較的簡単だ。これらの事件には組織的な犯罪グループが関わっていることが多いため、統合リソースイメージング社も保険会社も、すでにいくつかの「犯罪多発地域」で実施したパイロットプログラムについて詳しく説明するつもりはないらしい。誰も犯罪組織に目をつけられることは望んでいないものだ。

また、広域監視は、強力なビジネスの情報ツールになる可能性がある。例えば、二〇一六年六月、ノースカロライナ州ウィルミントンの市民は、知らない間に、エイコーン社が三週間にわたって行った広域監視テストの対象となった。同社は軍事的な結びつきの強い請負業者で、小売業者の周辺を行きかう交通のパターンをデータ化することによって、ビジネスに活用できることを実証しようとしていた。顧客の住まいや勤務先を知りたがっている小売業者に、これらの情報を売り込むことが可能だと信じているのだ。私が本書を書いている現時点では、同社はウィルミントンでプログラムの運営は開始しておらず、ただのテストであったとしている。

一方、大規模なエネルギー会社や公益事業会社は、埋設されたインフラの近くを掘っている可能性のある建設機械を確認するために、統合リソースイメージング社やその他の広域監視会社などに、特定の地下パイプラインに沿って毎日飛行してもらうことを希望している。デイトン大学の研究所は、これを自動的に実行できるコンピューターの画像解析アルゴリズムを開発中だ。

エイコーン社などの空中監視会社は、一台のカメラからさまざまな顧客に画像を提供することができる。不動産開発者が商業施設の客の出足を確認している間、保険会社はある交差点で誰が誰にぶつけたかという口論を解決することが可能なのだ。銀行は同じ客の出足に関するデータを分析して、その開発者にローンを提供するかどうかを決定できる。

それ以上に、誰もまだ想像もしていない、すべてを見通す目を活用する方法を考え出す企業や人々が現れるだろう。さまざまな会話の中で、ワミーはグーグルマップやアイフォーンのようなものだという人々の声を私は聞いた。この技術は、それを生み出した人々の想像をはるかに超える多くの用途があるはずなのだ。最終的な用途の中には、危険で有害なものもあるかもしれない。しかし、業界の多くが、間違いなく社会に大きな利益をもたらす技術であると確信している。一部は大きな利益を生み出すかもしれない。人命救助に使われる、と言う人たちもいる。そんな日が来れば、これまでワミーをこの世に送り出すために、何年にもわたって知られざる労苦を費やしてきた人々も、堂々と太陽の下で喜び合うことができるのではないだろうか。

第６章　将来の空の目について「広域監視の今後」

技術はより高度になっていく！

これまで、すべてを見通す目の平和的な、また、それほど平和的ではない可能性について考えてきたが、これまで見てきたものはまだ始まりに過ぎず、今後、信じられないような、そして、恐ろしくさえある方向に進化していく技術だということを念頭に置く必要がある。

ゴルゴーン・ステアが完成したとき、プログラムの立ち上げを支援したシエラ・ネバダ社の幹部であるマイク・ミアーマンズは、彼のチームが「壊したわけではなく、物理学の境界を限界まで推し進めた」ということを誇りに感じていると、私に話してくれた。しかし、彼は言った。

「いつか、それが終わる日がくるだろうか？　答えはノーだ。世界が情報を集め、知識を蓄積していくようになったら、それを止めることはできない」

さらにもっと多くのターゲットをより持続的に、より鮮明に、そして、より忠実に監視せずにはいられなくなるだろう。監視とは長い道のりなのだ。

次に何が起こるかというと、カメラ自体がより強力になってくるということだ。このようなカメラを所有する国や関連組織が増加する一方で、そのサイズと費用が年々縮小化している。

ただし、最も重要なことは、技術がより高度になっているということである。

ピクセル、チップの進化「より良く、大きく、賢く、小さく」

すべてを見通す目の初期の提案者たちは、国防総省の対テロ対策監視においては一〇〇万ピクセルで十分だと考えていた政府の役人たちとしばしば激論を交わしていた。

「なぜ一億ピクセルも必要になるのか？」

役人たちは尋ねた。二〇一八年の指揮官もほぼ間違いなく、ゴルゴーン・ステアについて同じことを言っていたに違いない。

「二〇億ピクセル？　もちろん、それで十分だろう！　だが、それを実現するのは容易ではないだろう……」

確かに、アルゴスによって達成されたピクセル数の記録はすでに抜かれている。アウェア（AWARE―画像再構成および活用のための高度広範視野構造の略）と呼ばれる国防高等研究計画局の別のプログラムにおいて、デューク大学の研究者やその他多くの研究所が、一連の革新的なより強力なカメラを構築した。それは、四〇ギガピクセルと人間の目の二七倍の視力を持つアウェア40と呼ばれるカメラだ。

より強力なカメラを作るには、多くの要素が絡んでくる。最も重要な要素の一つは、写真用チップの上の各ピクセルセンサーのサイズだ。ピクセルが小さいほど、チップを大きくすることなく、そして同様にカメラをさらに大きくすることなく、より高い解像度の画像を収集することができる。

将来の空の目にとって、それが何を意味するのかを説明するために、ここで少し数学の話をしよう。アルゴスとゴルゴーン・ステアで使用されている携帯電話チップの個々のピクセルは、幅二・二ミクロンだ。そして、五〇〇万ピクセルのチップの幅は約五ミリである。アイフォーン8のカメラと同じサイズ程度に、ピクセルを一・二二マイクロメートルまで小さくすることができれば、理論的にはゴルゴーン・ステアを構築することができる。

これは最初のモデルとほぼ同じサイズであるが、五倍強力［注１］だ。これらのピクセルを処理するコンピューターも、より安く、より小さくなっている。二〇一二年には、ゴルゴーン・ステアのソフトウェアを処理するために、リバモア研究所の有名なスーパーコンピューターを必要とした。現在では、アップルコンピューター一台あれば処理できるようになった。

このような進歩の結果、ワミーシステムは縮小している。コンピューターやジンバルなどのサポート的部品を除き、最初の広域監視カメラだけで重量は四五から九〇キロだった。コンスタント・ホークの最初のモデルは非常に大きく、搭乗者三九人用に設計された飛行機にはほとんど搭載することはできなかった。また、ゴルゴーン・ステアは非常に重かったため、リーパーは、通常の精密ミサイルと爆弾を装備することはできなかった。搭乗員は画像から見つかったターゲットの攻撃には、別の航空機に頼らなければならなかったのである。

それと比較すると、最新のワミーカメラは小さい。海兵隊は、小さな「戦術的」無人航空機ＲＱ―21ブラックジャックのために、おそらくコード名カードカウンターと呼ばれるワミーシステムを準備している。このカメラは、最初のゴルゴーン・ステアと同じように、昼夜を問わず一六平方キロメートルのエリアを見ることができるが、リーパーの重量の四〇分の一の重さの無人航空機に載せることができる。ロゴス・テクノロジー社のレッドカイトは、一二平方キロメートルを監視できる七〇メガピクセルのカメラで、重量はわずか一〇キロだ。

しかしながら、ピクセルをさらに小さくしようとする動きは、少なくとも個々の光子を吸収するためにある程度の大きさが必要になるため、最終的には壁にぶち当たるに違いない。そのため、研究者たちはカメラの可能性を広げるために、別の角度から取り組もうとしている。一つのオプションは、スマートフォンでパノラマ写真を撮るように、低解像度カメラを使用して各フレーム間の監視領域全体を撮影し、合成画像を作成することだ。ロゴス社が設計した三・二メガピクセルのユニットであるアジャルスポッターは、毎秒三五枚の隣接する画像を撮影し、比較的質の低いセンサーでも、広い範囲をカバーする一一五メガピクセルのつなぎ目のないモザイク映像を作ることができる。

空中を飛ぶ弾丸さえも⁉　現実に存在する「超解像ツール」

画像フレームのぼやけや粒子の粗さを補正するために、コンピューター画像のアルゴリズムを使用する「超解像」と呼ばれるもう一つのテクニックは、低解像度の航空ビデオの判読できない小さな塊を、はっきりとした車、建物、人に変えることができる。この効果は、アクション映画やテレビ番組でよくある、写真などの解像度を上げる動作に似ている。登場人物（たいていオタクのような人だが）が、数回キーボードを打つと、粒子の粗い画像が魔法のように鮮明になるあれだ。デイトン大学のコンピューター画像および広域監視研究所で開発された現実の超解像ツールは、四〇ピクセルから六四〇ピクセルに変えることができる。画面上のただの汚れにしか見えないものが、突然、鮮明な車の姿に変わるのだ。

また、デイトン・ヴィジョン・ラボや他のグループは、空中映像の影を自動的に鮮明にするソフトウェアを作成している。これにより、画像の鮮明さがさらに向上する。その効果はあまり慣れていない人間の目にも明らかだ。ターゲットは追跡しやすくなり、敵を見つけやすくなる。

さらに、もっと過激な取り組みは、各ピクセルに実際に小さな脳を与えてしまおうというものだ。これは、デジタル画像焦点面アレイと呼ばれるものの背景にある考え方である。すべてのピクセルがコンバーターに接続されており、入射光をその場でデジタル化する赤外線ビデオチップだ（対照的に、従来のカメラは、一つのコンバーターで画像全体をデジタル化する）。

現時点では、このデジタル画像焦点面アレイは赤外線カメラにのみ使用できる。技術者のビル・ロスによれば、これこそが一〇ミクロンの目標に挑戦して、自分たち自身が小型化の壁にぶつかるということだそうだ。しかし、コンバーターが小型化されていけば、この技術は昼光カメラにも採用されるようになり、最終的には、通常のスマートフォンの機能になる可能性さえある。

各ピクセルは見えているものをより迅速にデジタル化できるため、アジャイルスポッターのように、しかも非常に大きな規模で、各フレーム間の視野全体を回転させる高速回転台にカメラを置くことができる。リンカーン研究所が中央情報局の支援を得て開発したデジタル画像焦点面アレイカメラ・赤外線エアＷＩＳＰは、一分間に一千回回転し、ピッツバーグと同じサイズの領域を一つのフレームで監視できる。同じサイズと重さの赤外線カメラよりはるかに広いエリアをカバーできるのだ。

初めて人類を月に導いたシステムとほぼ同じ計算能力で、各ピクセルは、さもなければ画像をぼかしてしまう動きを修正し、速い動きをよりうまく捉えるために画像の背景を取り除く。あるテストでは、空中を飛んでいる弾丸を捉えたという。そして、通常のピクセルには見えなかったはずの非常に微弱な信号を拾う。これらはすべて、何千もの捉えどころのないターゲットが広い領域をすばやく移動する様子を、何千フィート離れた空から観察するのに非常に役に立つのである。

「広域監視能力」はグローバル化している

二〇一七年、レッドカイトセンサーが、ボーイング・インシツ社の無人航空機インテグレーター（ブラックジャック）に無事に搭載され、オレゴン州の雪に覆われた飛行場から飛行したことをロゴス社が公表してから数カ月後、レッドカイトは『アビエーション・ウィーク・アンド・スペース・テクノロジー』（航空宇宙専門誌）から「最優秀製品」に選ばれた。これは、航空宇宙産業におけるオスカーのようなものだ。業界がレッドカイトの快挙を喜ぶのも無理はない。ワミーを運ぶために従来必要とされていた大型で高価な無人航空機とは異なり、インテグレーターは小さく（そして比較的に）、安価だった。カタパルトで発射できるため、滑走路が不要で、船や遠隔地からも操作できた。

何よりインテグレーターは、慎重に扱うべき（そして致死性の）技術を搭載した大きなリーパーなどに比べて比較的安全であるため、米国はたとえ遠く離れている同盟国にも喜んでこのシステムを販売する。すでに、カナダ、オランダ、ポーランド、アラブ首長国連

カタパルトから発射されたボーイング・インシツ社のインテグレーター無人航空機。小型のワミーシステムであるレッドカイトを搭載。2017年にオレゴン州ボードマンでテスト中。レッドカイトの重量は初期のワミーユニットの40分の１であるが、とてもパワーがある。インシツ・コミュニケーション提供。

邦では、インテグレーターが稼働している。アフガニスタン、カメルーン、チェコ共和国、イラク、ケニア、レバノン、フィリピン、パキスタン、チュニジアなど、リーパーの購入が決して許可されない国々は、同じ会社が製造するインテグレーターに類似した無人航空機スキャン・イーグルを購入している。以前なら、これらの国の軍事組織がワミーを手に入れることなどできなかった。今は、もうそんなことはない。

広域監視分野への参入に対する障壁が低くなりつつある今、国際的な需要はますます高まっている。使い道のすべてが平和的というわけにはいかないだろうが、明らかに、この技術を獲得できる機会を歓迎する国々が減ることは決してないだろう。

フィリピンはシステムを使って、イスラム主義組織アブ・サヤフのメンバーを捕らえることができた。ミャンマーは、ロヒンギャ難民を追跡することができた。トルコの政府は、イスタンブールのデモ隊を監視するか、あるいは、クルディスタンの非合法の過激派グループＰＫＫに空爆を行うために、すべてを見通す目を望んでいるかもしれない。ハンガリーは中東での暴力から逃れてくる移民を国境で監視するためにそれを採用するかもしれない。「広域監視能力」は、新しいスパイ航空機の軍事入札においても、標準的な要件としてますます求められている。

主な広域監視システムの会社は、米国市場だけではなく世界の需要に対応するために長い間自らの役割を位置づけてきた。二〇一八年春の時点で、ロゴス社はサウジアラビアとアラブ首長国連邦が購入する監視飛行船にセンサーを提供することを積極的に売り込んでいる。遅くとも二〇一五年以降から、ハリス社はコルブスアイ１５００を欧州連合の国と法執行機関に売り込みをかけている。コルブスアイは、米国政府が機密の軍事技術に課している輸出規制の対象だが、それでも最大四十七の外国政府が購入することができた（その間、カナダの企業であるＰＶラボは、三〇〇メガピクセルのカメラを販売しており、同社は米国の輸出制限をまったく受けていないと述べている）。少なくとも、ヨーロッパでは一社、オランダの空中監視会社ビジランスが、コルブスアイを搭載した航空機を維持し、

「緊急事態に迅速に対応」できる体制を整えている。

イスラエルの防衛会社、エルビットシステムズは、広域監視市場に比較的最近参入したが、八〇平方キロメートルのエリアを、瞬き一つせず何時間にもわたってカバーできるというスカアイと呼ばれるユニットを販売している。そして、それらはすでにいくつかの未公表の軍隊によって使用されていると言われている。二〇一七年春に起きた英国でのテロ攻撃の直後に、エルビットシステムズ社は強い売り込みをかけ、スカアイのようなシステムがこうした事件の調査に適していることを報道機関に伝えた。「広域監視」は、この分野の流行語になり、従来のソーダ水のストローカメラのマーケティングにおいても、キャッチコピーとして使用されている。

さまざまな政府も、自国の広域空中監視機能を開発するための準備を進めている。英国国防省は広域監視技術への投資をひそかに開始した。広域監視データから自動的に生活のパターンをまとめることができる、コンピューターによる画像解析プログラムのために、M1のような主要道路に沿って車を追跡する多数のテスト飛行（非公開）にすでに出資を始めている。

ドイツ航空宇宙センターは、おそらく偶然ではないと思われるが、四八メガピクセルのカメラアレイであるアルゴスという広域空中監視システムを開発している。これは、交通調査や自然災害や大規模なイベントの監視に使用される。また、ドイツとオランダの政府は、広域映像の画像処理における独自の研究戦略を後援している。シンガポールは、世界初の主要なスマートシティになるための都市計画に、空中広域監視を活用している。

南の方では、オーストラリア国防総省がワサビ航空機を保有している。災害対応の可能性を探るほか、技術者たちはこのシステムを使って画像処理ソフトウェアを開発し、戦闘部隊は都市型戦闘作戦に対応する技術の訓練を行っている。二〇一七年と二〇一八年に、オーストラリアはこの航空機をコンテステッド・アーバン・エンバイロメントに持ち込んだ。これは、ファイブアイズ情報同盟の加盟国である米国、英国、カナダ、オーストラリア、ニュージーランドが毎年開催するテロ対策演習だ（米国国防総省もプロジェクト・メイブンに関する作業を、ファイブアイズの加盟国と共有しているようだ。プロジェクト・メイブンの詳細は第8章を参照）。

ロシアによるハッキング

一方、この本の執筆時点で、アメリカの無人航空機メーカーであるジェネラル・アトミックス・エアロノーティカル・システムズは、オーストラリア国防総省のために構築しているリーパー艦隊に、センティエント・ヴィジョン・システムズ社製の広域センサーを装備しようとしている。ゴルゴーン・ステアとは異なり、センティエント・ヴィジョンのカメラの重量はわずか一キロ強であり、航空機にはミサイルを運ぶための十分なスペースが確保できる。これは、初めて作られた戦闘用のすべてを見通す目だ。

米国とこうした友好な関係にない国々は、あまり合法とは呼べない手段で広域監視システムを模倣しようとするだろう。二〇一六年の米国大統領選挙への侵入でよく知られているロシアのハッキンググループ、ファンシーベアは、二〇一五年に、空中監視技術の開発に携わっていた国防総省の現役および元防衛関係者の十数名を標的に選んだ。その中には、ジム・ポス将軍が含まれており、彼はパリの航空ショーに出席しているときに、偽のグーグルセキュリティ通知メールを開いて、ハッキングされてしまった。ロシアによるハッキングのもう一つのターゲットは、プロジェクト・メイブンのスタートアップソフトウェアであるクラリファイだった。盗まれた資料のほとんどは極秘案件なため、標的となった組織や個人は、盗まれた可能性がある状況について開示する意思はない。

ロシアの組織的活動は、ゼネラル・アトミックス社を含む多くのアメリカ最大の防衛請負業者から機密情報を盗もうとする中国の執拗（しつよう）な企てを反映している。こうした動きがワミーの技術にも及んでいるという直接の証拠はないが、いずれにせよ、中国は経済スパイ活動を行っても、行わなくても、この分野の世界的なリーダーになる立場にある。

中国が開発する「すべてを見通す目」

中国の監視技術セクターはすでに、業界の歴史において前例のない成長を遂げている。政府との結びつきの強い中国企業で、人工知能を持つＣＣＴＶカメラを開発するハンジョウ・ハイクビジョン・デジタル・テクノロジーは、高解像度広角地上センサーを含む監視システムを、米国を含む百カ国以上の顧客にすでに販売している。北京の政府研究所である、中国科学院の自動化研究所のパターン認識部門は、広域監視映像の自律分析システムについて大々的に公開しており、国がまもなく独自の広域監視システムを構築する計画(すでに秘密裏に進んでいなければ)であることを明確に示している。

中国には確かに、すべてを見通す目に対してかなりの国内需要があるだろう。過去十年間で、共産党は二億台を超えるＣＣＴＶカメラと他の監視システムを国中に設置した。ゴルゴーン・ステアなどを購入できない海外の軍隊や政府からも相当の市場があると思われる。すでに、輸出規制の緩和によって、中国は急速に世界最大の軍用無人航空機の輸出国になりつつある。中国の企業はすでに、ワミーセンサーを搭載できる大型武装無人偵察機をトルコ、パキスタン、ナイジェリア、アラブ首長国連邦、サウジアラビア、イラク、ヨルダンなどに販売している。

　実際、ヨルダンは、イスラム国との戦いのために開発されたアメリカのプレデターの購入を希望したが拒否され、そうなって初めて中国に目を向けた。ヨルダンが次に購入する監視システムは、中国が開発するゴルゴーン・ステアの模造品かもしれない。

一つのカメラとして機能する「小さなカメラの群れ」

　いつか、読者のお隣さんがワミーのシステムを買うことができるような時代が来るかもしれない。そんなシステムはきっと、通常の商用ドローンに収まるほど小さくなり、数千ドルでオンライン購入でき、一〇分弱のトレーニングで飛ばせるようになる。

　そのような未来を予感させる不吉な前兆の一つは、リンカーン研究所によって構築された九〇メガピクセルの三六〇度カメラであるドラゴンフライだ。このカメラは、一般的に映画業界で空中撮影に使用される商用マルチコプターに搭載されている。この三六〇度カメラは、最大四・五キロの距離にある車両をどんな角度からも発見することができる。マルチコプター自体は細いロープで携帯地上局に接続されているため、無期限に空中にとどまることができる（ドラゴンフライは、二〇一七年十一月にアデレードで開催されたコンテステッド・アーバン・エンバイロメントの演習で、オーストラリアのワサビ航空機と一緒にテストされている）。

エンジェル・ファイアを開発した技術者のスティーブ・サダースは、さらに大掛かりなシステムの開発に取り組んでいる。彼はコンスタント・ホークの一〇〇〇分の一のサイズ、コスト、重量である無人航空機に搭載する三〇メガピクセルカメラを構築している。そして、アルゴスが三百六十八のカメラチップのアライから映像をつなぎ合わせて一つのビデオを作るのと同じ方法で、あるエリアに均等に広がる複数の無人航空機の映像をつなぎ合わせるソフトウェアを開発している。七六機の無人偵察機があれば、彼はマンハッタン全体をカバーできると推定している。

映像は複数の地点から撮影されるので、ソフトウェアは、単独の高高度カメラによって撮影されるあまり感覚的ではない地図のような画像ではなく、非常に詳細な3Dのビデオゲームのような地面の画像を映し出す。また、無人偵察機は雲の下を飛行するため、空が完全に曇っていても操作することが可能だ。

米国国防総省は、すでに同様の概念を、ペルディィックスと呼ばれるプログラムで実験している。ペルディィックス無人航空機は、ハムスターとほぼ同じサイズで、アルゴス内の単一画像チップと同じピクセル数のカメラを搭載している。しかも、一度に何百ものペルディックスを戦闘機の胴体から発射させることができ、動的で自動的に対応できる群れになって飛行するようにプログラムされている。そのような群れは、広大な領域をスキャンできる単一の巨大なカメラとして効果的に機能することができるのだ。

私が空軍の関係者に、広域監視システムとしてのこの群れの使い方について尋ねたとき、きっぱりと、しかし丁寧に、現在公表されている情報以外に何も話すことはないと言われた。しかしながら、その公表されているという情報はほとんど皆無だ。

［注1］　テッチングソフトウェアの登場とともに始まった、ハイパワーデジタル画像技術の低コスト化は、ウェブサイト、ギガパンが「ギガピクセル写真への情熱」と表現するように、コンピューターマニアの大規模なオンラインコミュニティを生み出した。サイトにアップロードされる画像の多くは、何百もの小さな高解像度画像をつなぎ合わせて一つの巨大なフレームとして作成され、現在では一〇〇ギガピクセルを超えている。中には一〇〇〇ギガピクセルのものもある。テラピクセルの世界、つまり一兆ピクセルの時代へようこそ。

第７章　百万人を観察するには百万人の目が必要だ

大量に集まるデータ

人間的要素が限界を作る

監視用のツールをどれだけ速く、鋭く、または軽くしても、それらはすべて一つの重要で不変な構成要素に依存している。人間である。

南北戦争の飛行船から対テロ戦争によって生まれた広域システムまで、最初の一五〇年間の空中監視において、スパイ技術によって生まれたピクセル、コード、およびパルスを知識に変えるには、常に人間が必要だった。空から密かに監視する機械的な方法はさまざまにあるが、タルナック農場を歩き回っている背の高い男が実際にウサマ・ビン・ラディンであり、彼に似ている民間人ではないという判断ができるのは人間だけなのだ。

こうした作業は、決して迅速に簡単にできることではなかった。冷戦時代には、米国政府のスパイ衛星の艦隊によって撮影された画像を、何千人もの写真解析者が解明しなくてはならなかった。ビデオ分析はさらに多くの人手を要するプロセスだ。ソーダ水のストローの画像を撮影する一機のリーパーでも、映像を絶えず確認するために八人の解析者が必要である。これらの解析者は、画面に全身全霊の注意を払わなければならない。空軍の上級科学研究員であるスティーブン・K・ロジャースによると、彼らはどんな理由であれ、くしゃみをするだけでも、目をそらす許可を取らなければならないそうだ。この分野を広く調査したある国防研究者は、私にこう言った。

「誰かがミスをすれば、誰かが殺される」

生成するピクセルとパルスの数が増えるほど、必要となる人間も増えていく。これまで構築された監視デバイスの中で、一つの作戦で広域動画ほど多くのデータが生成されるものはない。イラクでの最初の数カ月で、コンスタント・ホークはかなりの数の日立の大容量外付けハードドライブであるデスクスターを使ったので、それらを収容するために使用されていた輸送用コンテナは、その情報の重みでつぶれてしまった。陸軍がシカゴ郊外の卸売業者から数千のデスクスターを秘密裏に取得した後、ハードドライブの価格が全国的に数ドル上昇したという噂が広まったほどだ。

イラクの非公表の場所で撮影された、コンスタント・ホークの画像用である日立のデスクスターを整理するネイサン・クロウフォード。ドイツと米国のさまざまな極秘の解析者の元に宅配便で出荷された。統合リソースイメージング　ネイサン・クロウフォード提供。

それが純粋な陸軍の神話だとしても、コンスタント・ホークによって生成されたデータリポジトリは、国家地球空間情報局がこれまでに運営した中で最も密度の高いものの一つとなった。その後、より強力なシステムによって、さらに多くのデータを生成している。ゴルゴーン・ステアは、一回のミッションで数十テラバイトの映像を制作したようだ。これは数百台以上の最新のマックブックのメモリをいっぱいにするのに匹敵する。

イラクでのコンスタント・ホークの任務で配備された請負業者のネイサン・クロウフォードは、崩壊した輸送用コンテナにデスクスターのハードドライブを積んだ人物だった。同僚が（ジョージ・オーウェルの『１９８４年』の）ビッグ・ブラザーが具現化したようだと冗談で言ったとき、彼は同意しなかった。

「それは違う。百万人を観察するには、百万人が本当に必要だよ」

と彼は言った。

彼の言葉はそれほど誇張した表現でもなさそうだ。アイパッドでゴルゴーン・ステアのすべてのピクセルを表示するには、二三五八個のアイパッドが必要になる。かなりカフェイン漬けの二〇名の解析者からなるチームは、そのおよそ一〇分の一のデータしか処理できない。確かに、このような広い領域を記録する場合、必ずしもすべての映像がミッションに関連しているわけではない。しかし、おそらく大量の重要な情報が見過ごされて、編集室の床にこぼれ落ちるのを避けることはできないであろう。

国防総省は初めからこの問題について認識していた。二〇〇八年、最初のワミーシステムが導入された直後に、ジェイソンさえもそれについて指摘している。彼らの報告書には、国防総省が一連の「グランドチャレンジ（大課題）」としてこの問題に取り組むことを推奨した。これは、政府の最も難題な技術的目標のために用意される、ある種の自由競争である（二〇〇〇年代半ばのダルパグランドチャレンジは、自動運転車両を可能な領域へと発展させるというものだった［注1］）。

十一万七千人の解析者が必要!?

すべての映像を確認するために、ただ単にもっと多くのスタッフを雇うことは問題の解決にはならない。ジェイソンの報告書が出された翌年、大量に集まるデータに振り回されることなく業務を遂行する方法を検討するために、空軍が雇ったランド社の研究者たちは、ゴルゴーン・ステアの映像を隅々までくまなく精査するには、十一万七千人の解析者が必要だと見積もった。もちろん、空軍の諜報活動にそれだけの人数を雇うことなど到底不可能だ。そうでなくても、プレデターの操縦士によれば「世界の歴史の中で最も退屈なビデオゲーム」をプレーしているような任務なのだ。

国防総省は別の発想を求めて商業の世界に目を向けた。二〇一一年に、空軍と国家地球空間情報局は、主要なスポーツイベントを生中継している米国の大手放送局の技術者を雇った。匿名を希望する技術者は、諜報機関の職員のグループを、全米自動車競争協会主催のレースやフットボールの試合、また、ニューヨーク市にある放送局のスタジオに連れていった。多くの参加者にとってそれは大いに役に立つ体験となり、国防総省のビデオ送信および技術の保存テクニックがいくつか改善された。しかし、関係者全員がわかっていたことは、ワミーがもたらす課題に対処できるのは、彼ら自身しかいないということだった。

同時に、アメリカ統合戦力軍は、ロッキード・マーティン社と下請業者のグループに、米ESPNがスポーツの試合を放送する日の膨大な映像のアーカイブをカタログ化するために使用しているものと同じようなソフトウェアを開発してもらうために、二九〇〇万ドル（当時の相場で約三五億円）を支払った。このソフトウェアを使用すると、解析者は検索可能な監視映像の大規模なアーカイブにアクセスできるが、画像には手作業で細心の注意を払ってタグを付ける必要があり、これにも膨大な量の人的エネルギーが必要となる（テレビで野球の試合を観戦しているときに投手がダブルプレーに打ち取ると、画面にはすぐに五試合前の似たような映像が魔法のように流れると思ったことはないだろうか？　それは、メジャーリーグの画像解析者が、マンハッタンのチェルシー・マーケットにあるオフィスで同様のコンピューター・プログラムを使用して、すべてのプレーに手動でタグを付けているからだ。私が聞いたところ、それはまったく楽しい仕事ではないようだ）。

最終的に、優れた水平思考の賜物（たまもの）か、それとも単に切羽詰まっていたのか、ランド社の研究者たちはリアリティーテレビ番組の研究を始めた。彼らは、ハリウッドのテレビ番組の現場を訪問し、テレビ編集員が多数のカメラによって撮影された大量の非常に退屈なビデオ映像をどのように処理するかを見学した。そうすることによって、空軍がイラク・アフガニスタン戦争のその多くが退屈な、膨大なビデオ映像を管理するために役立ついくつかのヒントを、見つけることができるのではないかと考えたのだ。

ランド社は現場の見学を受け入れた制作会社と、機密保持契約に署名していた。しかし、後に研究チームによって発表された文書には、空軍がビッグ・ブラザーのようにどう空中監視ビデオを巧みに操作できるかを詳しく述べた中で、『ロック・オブ・ラブ：チャーム・スクール（ブレット・マイケルズ主演）』と『ブーブジョブズとイエス』を制作した二人の番組プロデューサーに感謝の言葉を記していた。しかしこのことは、二〇一二年にランド社チームが国防総省で行ったパワーポイントのプレゼンテーションでは、省略されたに違いない。当然のことながら、この研究は当初関心を集めたが、空軍はこのアイデアを見送った。

もちろん、他にも解決策はある。自分の目に脳を与えることだ。

結局のところ、私たちはすでにダーウィンが人間の視覚システムの多くの「比類なき機能」と表現したものを、恐ろしいほど真似することができる機械に囲まれている。グーグルのストリートビューのアルゴリズムは、フランスのすべての住居の番地を一時間以内に収集することができる。自動運転車両は、通常、歩行者と風に飛ばされているビニール袋を区別できる。安価な消費者向けドローンにさえ、コンピュータービジョンを使った「フォローミー」機能が付いているので、山を滑走する自分の写真を撮ったり、ジムに向かう隣人の後をつけたりすることもできるのだ。

確かに、コンピューターにこれだけのことができるなら、諜報解析者の作業の少なくとも一部を請け負うこともできるはずだ。訓練を受けた人間の解析者のように、コンピューターを使用してビデオを解析することができたら、空挺スパイ技術にとって重大な結果をもたらすことだろう。新しい要員を必要とせずに、収集する監視映像を大幅に増やすことができる。コンピューターは、瞬き一つしない人工知能の兵士たちのように、一度に何千ものビデオ画面を処理することができる。彼らは退屈したり、疲れたり、気が散ったりすることはない。くしゃみをすることも、トイレ休憩を取る必要もない。しかし、人間的要素を排除することは本当に可能だろうか？

異なる場所間の車両または人の経路「トラック」の識別

二〇一五年、ミシガン州とペンシルベニア州の二人の研究者が一九二二年から一九六〇年にかけて書かれた数千ページに及ぶ写真解析マニュアルを分析したところ、画像分析は本質的に二つの中核となる動作によって行われることを発見した。

最初の動作は識別だ。これは画像の中に何が見えるかを認識する単純な作業のことである。木が見えれば、それを木と呼ぶ。リスを見れば、リスと呼ぶ。二番目の動作は、識別したものの中にどんな重要性があるかを認識することだ。これはもっと複雑な作業で、次章で詳しく説明する。

識別は、二一世紀の空中スパイ技術における基本的な任務の一つとなっており、多くの場合、戦場を動き回ってあちこちに移動するターゲットを追跡するために必要だ。広域画像では、「トラック」(異なる場所間の車両または人の経路)は、国家安全保障局が電話の通話から収集するメタデータのようなものだ。メタデータと同様に、トラックは、第一印象では、ターゲットについてそれほど多くを伝えているようには見えない。車両のタイプ、車内にいる人、彼らが何を話しているかはわからない。しかし、車両がどこへ行ったのか、どのくらいの時間で、そして、どのようにそこに到着したのかを教えてくれる。この情報により、ターゲットと他にすでにわかっている戦闘員と関係、攻撃の準備をしている物理的な場所、そして、その後のノードなどがわかってくる。こうした情報は「ネットワークへの攻撃」に不可欠だ。

一台の車両を追跡するために、広域画像解析者は、映像のそれぞれのフレームを移動するターゲットをクリックする(フレームごとに一クリック)。映像を再生すると、車両の

インディアナ航空国家警備隊181番の諜報監視偵察グループに割り当てられた飛行士たち。ハリケーン・フローレンスに対応するために、ノースカロライナ上空から撮られたゴルゴーン・ステアの監視映像を分析している。特に広域監視に関しては、画像分析は難しく、面倒で、多くの人手を要し、間違うことは許されない。したがって、コーヒーを飲む量が増える。米国国防総省の視覚情報の表示は、国防総省の承認を意味したり、与えるものではない。米国空軍州兵の写真。ロニー・ウィラム軍曹提供。

経路が画像上に蛍光色のミミズのように明るい色で一つの線になって重なる。スパイの世界で知られている「ブルートフォーストラッキング」は、比較的簡単だ。アフガニスタンとシリアで武装勢力のブルートフォーストラッキングを行っているゴルゴーン・ステア画像解析者の多くは、高校を卒業したばかりの新人たちだ。

トラックの業務は極めて退屈で面倒である。しかし、大きな収穫をともなう。トラックの最後の車が、最初に追跡を開始した車と同じであることを確認する必要があるため、一つのクリックもスキップすることはできない。さもなければ、本当のターゲットが離れていく間に、無実の民間人を作戦に巻き込んでしまうかもしれない。ゴルゴーン・ステア映像で三〇分間移動した車両を追跡するには、三六〇〇の個々のフレームをクリックする必要がある。広域空中監視の一つのフレームには、数千台の動く車両と、数十台の対象となるターゲットに関係する車両が含まれる場合がある。その結果、作戦の映像分析には、多くの場合、作戦自体よりもはるかに長い時間がかかる。重要なターゲットが訪れるノードを突き止めるようなめったにないチャンスを捉えるのは、さらに骨の折れる作業なのだ。

車両とノードを自動的に追跡することが可能であった場合、ゴルゴーン・ステアの解析者が何日もかけて行った作業は、数秒のコンピューター処理で済むかもしれない。バーチャルな境界「ウォッチボックス（監視小屋）」を、疑わしい特定のノードに設定することができる。そして、誰かがそこを訪れることがあれば、自動的に解析者に警告をするようにしておくのだ。数千のターゲットとノードを同時に追跡できる。そうなれば、例えば、一台の車両が奇襲攻撃の現場から街の反対にある住宅に移動した意味を解読するなど、解析者はもっと複雑な作業に時間を割くことができるようになる。

自動分析ソフト、追跡アルゴリズム、パーシスティックス等の開発

リバモア研究所、ロスアラモス研究所、そして、ダルパのチームはみなカメラの構築を始めた直後から、自動分析ソフトウェアの開発を始めている。

元々、広域監視システムに関わってきた科学者の多くは、自動画像分析の経験があった。リンカーン研究所の技術者ビル・ロスは、機密空域およびミサイル防衛のための物体検出および追跡アルゴリズムの開発に何年も費やしていた。スティーブ・サダースは一九八〇年代中頃から、人工知能と機械視覚の分野に携わってきた。国防総省の交換プログラムでフランスに行ったときには、彼は、後にフェイスブックの上級研究者の職につくことになる、コンピュータービジョンの先駆的専門家であるヤン・ルカン博士とレオン・ボトゥ博士と共同研究を行った。その後、サダースは弾道ミサイル防衛局において、精緻な追跡アルゴリズムを使って、侵入してくる巡航ミサイルを識別する角砂糖サイズのコンピューターを構築する取り組みに参加した。エンジェル・ファイアの技術者であるグナ・シータラーマンは、初期の自動運転車両のプロトタイプを誘導するために開発したソフトウェアのアルゴリズムに基づいて、自動解析の研究を進めた。

最も画期的な初期の研究の中には、Xボックスのグラフィックスカードを使用して強力な画像処理コンピューターを構築した、リバモア研究所の技術者シーラ・ヴァイダヤのものがある。二〇〇〇年代半ばから五年間、ヴァイダヤは空軍と国家地球空間情報局が後援する「持続性」と「集積回路」（略して「ＩＣ」）を組み合わせた造語であるパーシスティックスと呼ばれるプログラムを実行した。広域監視チームの同僚たちが生成する画像から可能な限り多くの情報を抽出するために、このコンピューターを使用することを目的に取り組んだのだ。

ビデオゲームで巨大なバーチャルの世界を生成できるグラフィックチップの性質を活用して、ヴァイダヤのチームは、建物、樹木、地面そのものなどが動かない地形的特徴の正確な位置を確立し、その後でこれらの３Ｄモデルに映像を固定して、安定した周囲の眺めを作ることができるソフトウェアを開発した。

数年後、同様の方法を採用して、ロゴス社が構築したカメラは非常に安定した画像を生成した。画像があまりにも安定しているので、映像の中に何も動いているものがないとフリーズしているように見えるので、動いている時計を追加しなければならないほどだった［注2］。

画像が安定すると、パーシスティックスコンピューターは、動いている車両を探し出して追跡していくが、背景が動かないのではっきりと浮かび上がる。リバモア研究所発行の定期刊行物『サイエンス・アンド・テクノロジー・レビュー』の記事によると、この追跡機能を使用すると、解析者はただ「この車両を午後一時から二時の間に記録したフレームをすべて表示」、または「今日この場所に停車したすべての車両を表示」というように、システムに指示を出すだけでよいという。車両がウォッチボックスを通過した場合、ソフトウェアは自動的にその前と後の両方向に追跡を開始する（ソノマに関わった技術者は、以前に類似したツールを構築したことがある）。

また、それだけではなかった。ヴァイダヤのソフトウェアは、ビデオの解像度を上げて、解析者がより正確に不審な車両を追うことができるようにする。チームは、天候によって地表が部分的に覆い隠されている場合、彼らのアルゴリズムがときとして、立ちこめる蒸気の影響でターゲットのかすかな輪郭を捉え、それがかえって強調されることがあることを発見した。つまり、彼らは雲を通しても見ることができたのである。

追跡デバイスは、潜在的なターゲットを自動的に検出する！

二〇一一年にゴルゴーン・ステアIがアフガニスタンに配備されたとき、空軍は実際の戦場データでパーシスティックスをテストできるように、リバモア研究所の技術者たちに映像を提供するようになった。空軍が作戦ごとに、どうやってテラバイト単位のすべてのビデオをアフガニスタンからカリフォルニアまでの一万五〇〇〇キロを運んだのか、ヴァイダヤは話すことを拒否したが、彼女は一日もかからなかったとは言っていた。

画像がリバモア研究所に到着すると、チームはそれをプロセッサーに通して、研究所の自動追跡システムで実験を行った。これは単なる研究室の作業ではなかった。ソフトウェアが違法な情報を見つけた場合、技術者はその調査結果をビール空軍基地およびその他の多くの部隊に送信し、受け取った解析者たちはその情報を検証して、戦場にいる特殊作戦軍と諜報部隊に送り返す（リバモアの報道官はこれらの詳細の多くに異議を唱えたが、具体的なことは何も言わなかった。空軍はそもそもゴルゴーン・ステアの話は一切しない）。

ヴァイダヤの研究者たちは機密プロジェクトに取り組むことには慣れていたが、戦場での生死に関わるような任務に直接的に関与するのは珍しいことだった。彼らは関係がありそうな場所から車両を追跡し、交通のパターンを精査した。彼らは襲撃を行っている兵士たちを観察し、爆撃など大きな出来事の後で、都市はどのように変化するかを研究した。また、彼らは即席爆発物とその設置者を捜し続けた。場合によっては、彼らは人々が死んでいくのをスクリーンから見ることもあった。

ヴァイダヤは、そのような経験にゾクゾクしたと私に言った。

「ここには、リバモアの研究者たちがいて、映像を観て、〝ああ、神よ。彼らはあの男を撃ったよ！〟とか、〝男がどうやって爆発物を設置したのかじっくり調べる必要がある画像がここにあるよ〟と言っている。すごいでしょ？」

彼女は興奮していた。

「大学院を卒業したばかりの若者だっているのよ！」

プログラムの最盛期には、ヴァイダヤは約三〇人の技術者を統括していた。機密取扱者の人物調査チェックを受けていない研究者は、監視映像を一フレームも見ることはできず、アルゴリズム解析に取り組んだ。チェックを受けている中堅の技術者はデータを収集し、ヴァイダヤのようなトップレベルのチェックを受けているリバモアの上級技術者たちは、アルゴリズムによって解析されたトラックにおける解析を行っていた。

二〇一四年にパーシスティックスが縮小されるまで、リバモアのチームはアフガニスタンでの二千以上の作戦から集まったゴルゴーン・ステアの画像を処理していた。ソフトウエアはゴルゴーン・ステアを構築した国防請負業者のシエラ・ネバダ社に移行され、ヴァイダヤは北朝鮮から収集された機密情報に同様の自動分析技術を適用する新しいプロジェクトに移った。

当時、この種のプログラムはパーシスティックスだけではなかった。ダルパとリンカーン研究所の両者は、二〇〇〇年代半ばから後半にかけて、いくつかの請負業者と同様に、類似したツールを構築した。こうした初期の取り組みは、いつも受け入れられていたわけではない。一部の頭の固い司令官たちは、パーシスティックスのようなプログラムのために開発された高機能な分析ツールを受け入れる寛容さに欠け、戦場に足を踏み入れたことのない科学者たちが遠く離れた研究所で開発したアルゴリズムよりも、信頼できる兵士たちの目に頼るべきだと主張した。コンスタント・ホークにはウォッチボックス機能があったが、画像に取り組んだ解析者がそれを使用することはほとんどなかった。

しかし、プログラムが改善されるにつれて、トラックの人気も高まっている。二〇一八年現在、少なくとも十四の「最先端の」検出および追跡プログラムが存在し、そのほとんどは国防総省または諜報機関からの資金提供で開発された。本書を書いている時点で販売されているすべての軍事広域監視システムには、自動追跡機能がついている。ゴルゴーン・ステアの十代の解析者も、もはや退屈ではないかもしれない。二〇一七年に、空軍は数百万ドルを費やして、名前のない新しいアルゴリズム処理システムを艦隊全体に搭載して統合を図った（詳細は第8章を参照）。

信頼性の高い追跡デバイスは、単にターゲットをより効率的に追跡できるようにするだけでなく、熟練した分析者だけが実行できるような高度な分析手法を可能にする。例えば、一つのノードを観察しているとしよう。

「あれは武器の貯蔵庫を建てているのかしら？」

ヴァイダヤは言った。

「あるいは悪党たちが集まる場所？　それともただのパブかしら？」

ヴァイダヤのソフトウェアは、疑いのあるターゲットがノードと思われる場所に何回出入りしたか、そして、その時間を追跡することができた。つまりその建物がどんな機能を持つ場所なのかを示すパターンを追うことができる。空軍研究所が開発した類似するプログラムは、それを構築した技術者によると、よく知られている「麻薬ハウス」にやってくるすべての訪問者を追跡することができると言う。こうして、常用者と密売人のネットワークを突き止めることができる。

これらのアイデアに基づいて、ダルパの広域ネットワーク検出プログラムは、中央情報局が以前にイラクのコンスタント・ホークの映像から手動で解析した攻撃ネットワーク分析を、自動化しようとした。この概念を論じているある研究論文は、敵の概念的な計画図が米国の都市から撮影された衛星画像に描かれた、としている。例えば、武装勢力が潜む街の東の外れには情報本部があり、トラックによって、すでにわかっている武器貯蔵庫とつながり、それが今度は、別のトラックによって「疑わしい地区」とつながっている、というようなことだ。それはまるで、犯罪者の相関図が書かれた刑事のホワイトボードのようである。

追跡および検出アルゴリズムにより、各ピクセルからより多くの情報を抽出できるため、大型で高価な高解像度カメラの必要性を低減できる。五五時間でウェールズと同じサイズのエリアを調査したカメラは、たった九メガピクセルしかなかった。きめの粗い映像を見ている観察者は、海の表面に反射する白波と無数の光の中で、水に浮かんでいるのが人なのかいかだなのかを判別するのは不可能だが、それは問題ではない。カメラは、オーストラリア企業センティエント・ヴィジョン社［注３］によって開発された高度なモーショントラッキングソフトウェアと一緒に提供され、海賊のボートや難破船の生存者など、関係のありそうなすべての潜在的なターゲットを自動的に検出するのだ。沿岸警備隊は、捜索救難任務のためにこのシステムの購入に関心があるが、その理由を理解するのはそう難しくない。

「シグニフィケーション」目にしているものの重要性を解読するプロセス

一つ覚えていてほしいことは、単にターゲットを見つけて、ポイントAからポイントBまでそれを追跡することは、戦いの半分に過ぎないということだ。ゴルゴーン・ステアで車両を追跡しているブルートフォースの解析者が、違法な動きを見つけたときはいつでも、「可能性がある」とし、その結果はさらなる分析のために経験豊富なチームメンバーへと転送される。これが、画像解析の二番目の主要な作業である「シグニフィケーション」、つまり、目にしているものの重要性を解読するプロセスだ。例えばそれは、車庫の床の油膜に気づき、オイルが漏れていると推測すること、または中央情報局の解析者がすでにわかっているテロリストのノードを訪れた男は、同じようにテロリストである可能性があると推測する、という作業である。シャーロック・ホームズはワトソンに次のように説明した。

「あなたにはすべてが見える。しかしながら、あなたは見えるものから推論することに失敗してしまうのだ」

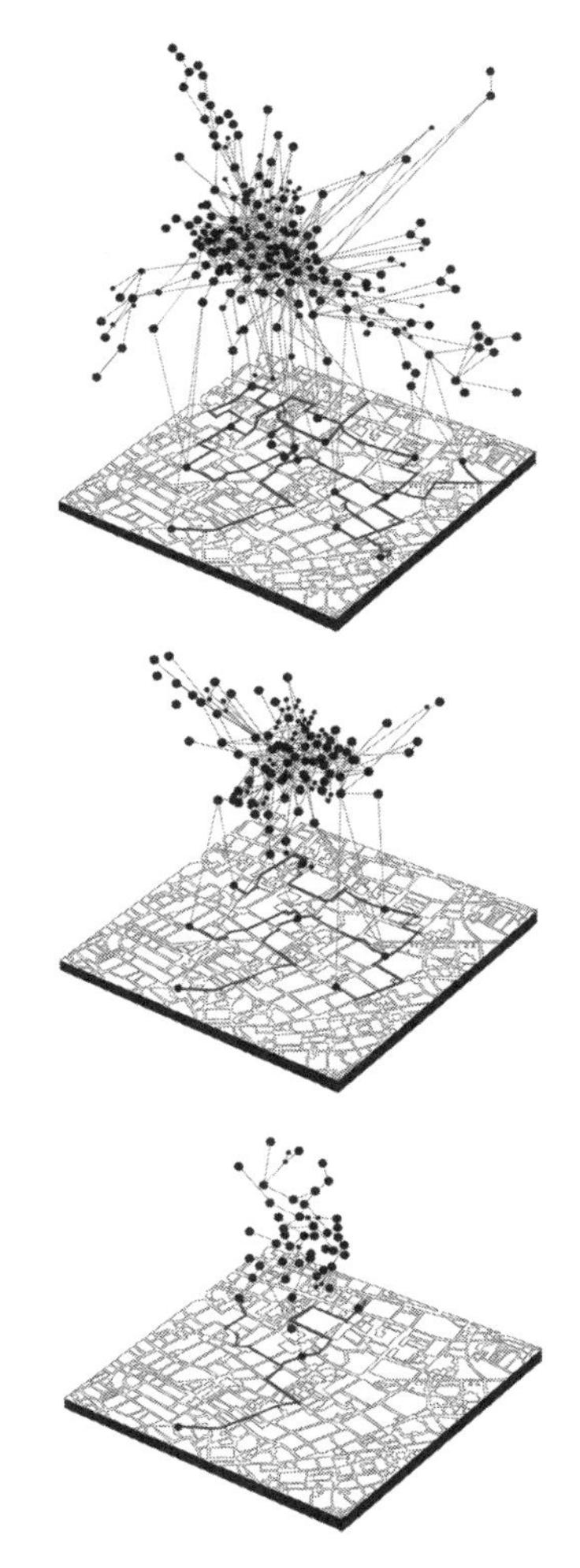

広域監視において、車両追跡を利用して敵対組織の「ソーシャルネットワークの図式」をマッピングする方法を示す図。地図上の各線は、あるノードから別のノードへ追跡された疑わしい車両のルートを表している。エミリー・ワイスマン提供。

賢い敵は、手持ちのカードをすべてテーブルの上に置くことは決してないので、最も高度な画像分析では、見たものから多くのことを推論する必要がある。冷戦中、セベロドビンスクにあるロシアの原子力潜水艦施設は、米国の衛星による検出を避けるために、出港のタイミングを注意深く調整していた。しかし、中央情報局のシグニフィケーションの達人である写真解析者は、何かが水面下で計画されているとき、潜水艦自体を実際に見る必要はなかった。施設の港にキールのブロックが置かれたことに気づくだけで、車庫の床にオイルが漏れていることがわかるように、差し迫った配備が進んでいることが予測できた。キールのブロックの数や大きさを測定することにより、解析者は、バレンツ海に潜入しようとしている潜水艦の種類を正確に把握することさえ可能だったのだ。

このような分析の手法は、首都ワシントンのダウンタウンの海軍造船所にある中央情報局の画像分析本部で標準的に行われていた。セベロドビンスクのケースに取り組んだ上級解析者は後に、彼のチームが「スコップで土を掘る前に」新しいミサイルの格納庫を見つけることができたと自慢していた。通常、遠隔地の森を横切るフェンスは、新しい発射場の建設がまもなく始まることを意味した。地面の平らな一連の杭は、調査プロジェクトを示唆した。優れた解析者は、車両同士の距離がどれだけ離れているかに注意すれば、戦車の列を見て敵の戦いを解読できる。

しかしながら、これらはそう簡単な技術ではない。基本的な分析トレーニングを受けている十九歳の青年は、キールブロックの列、または二つのノードを移動する車両を見つけることができるだろう。かなり単純なアルゴリズムでも、画面上を移動するピクセルを追跡することが可能だ。しかし、それが何を「意味する」のかを知りたい場合は、専門家または非常に高度なコンピューターが必要となってくる。

［注1］　カリフォルニア州ビクタービルで行われた、自動運転車両グランドチャレンジに関連するイベントを空から見守っていたのは（もうわかるかもしれないが）ワミー航空機だった。ジョン・マリオンによると、ロゴス・テクノロジー社が操作していたシステムは、競争しているすべての車両を同時に追跡する審判団をサポートしていた。

［注2］　パーシスティックスの安定化を図る動機はもう一つあった。背景が動かないため、コンピューターは動いているピクセルの映像のみを送信した。そのため、航空機から地上に送られるライブ映像を処理するために必要な人員を減らすことができたのである。

［注３］　オーストラリアの戦闘リーパーの広域センサーを開発した会社。

第8章 人工知能による「すべてを見通す目」スパイ技術は新時代へ

スーツの男を追え！　サドルシティでの作戦

二〇〇八年春のある日、ジョン・モンゴメリー大佐は、ネバダ州のクリーチ空軍基地にある地上管制ステーションまで歩いて行った。イラク上空でプレデターを飛行するという通常の任務に就くためだった。モンゴメリーは、第４３２派遣隊の副隊長として、忙しいスケジュールをこなしていたが、毎週必ず操縦することを心がけていた。その日の使命は、バグダッド北東部の人口密集地域であるサドルシティを巡回するオープンパトロールであった。近年、その周辺はテロリスト活動の温床となり、陸軍は激しい戦闘を展開していたため、モンゴメリーの部隊は何週間にもわたってその地域を監視してきた。

モンゴメリーが席に着くと、一つ前のシフトからいるセンサーのオペレーターが彼の方を向いて言った。

「この街の何かがおかしいんだ。それが何なのかはわからないが、どうも何か嫌な予感がする」

モンゴメリーもそれを感じた。

「それは雰囲気だった。何かがおかしかったのさ」

モンゴメリーは後にそのときのことを私に語った。モンゴメリーのチームは長いことサドルシティの街並みを観察してきたので、街の生活のリズムを理解していた。また、現地の女たちが洗濯物を干しているバルコニーの正確な場所でさえ頭の中に入っていた。そうした日常が変化したとき、それはすぐにわかるものだ。

シフト開始一五分後、センサーオペレーターは画面上の男を指さした。

「この男は不可解だ」

彼は、モンゴメリーに言った。男はスーツを着ていて、携帯電話で話をしていた。一万五〇〇〇フィート上空から見れば、訓練を受けていない人の目には、特に変わったところも疑わしいところもなかっただろう。しかし、センサーオペレーターは経験豊富な操縦士であり、モンゴメリーは彼の勘を信頼していた。彼は通常のパトロールを中止することに同意し、自分たちの直感に従って、スーツの男をターゲットとしてマークすることにした。

プレデターが頭上を三時間以上旋回しているあいだ、男は一度も建物の中には足を踏み入れなかった。彼は、ときおり混み合った通りの真ん中を歩くこともあり、ただあてもなく歩いているように見えた。その間ずっと携帯電話を耳にあてていた。

やがて男は静かな脇道に入り、トヨタのピックアップトラックがフレームの中に入ってきた。中から三人の男が現れ、スーツを着た男と一緒に、トラックの荷台から迫撃砲を取り出すと、近くの米国の基地に向けて二発発砲した。廃墟となった空き地に砲身を投棄した後、三人の男はトヨタに戻って車を走らせ、スーツを着た男は何もなかったように歩き続けた。

トヨタを追跡するために諜報チームが派遣され、二番目のチームは迫撃砲を回収するために現場に向かった。プレデターの操縦士はスーツを着た男を追跡し続けた。その男は数ブロック先の家に姿を消した。モンゴメリーはその後まもなく、迫撃砲の製造者を発見した、と言った。

単純な追跡システムでも、街中でスーツの男を追跡できたかもしれないが、実際には、彼がテロリストのメンバーであったと断定することができなかった。サドルシティでの作戦では、かすかな手がかり、豊富な経験、そしてかなりの直感によって物事が決定された。間違いなく、コンピューターにはそんなことはできない。

犯罪はそれが起こる前に止めることができるか

二〇一七年一月、私は、経験を積んだ人間の解析者のすべての能力を持っているようなコンピューターを、ソフトウェア開発会社がどのように作りだそうとしているのかを知るために、ニューヨーク州アルバニーの数キロ北にあるキットウェアの本社を訪ねた。

キットウェア社は、ソフトウェア開発の世界で並外れた影響力を持っている。この会社の専門分野の一つは、視覚化と呼ばれるものだ。二〇〇五年にエンジェル・ファイアプロジェクトに参加する前は、ロスアラモス研究所と協力して、模擬核爆発を視覚化するソフトウェアを構築していた（米国政府は、包括的核実験禁止条約の調印国として、一九九二年の条約発効以来、実際の核実験を行うことができなかったため、バーチャルな弾頭テストしか行っていない）。核装置のメガトン数、仮想爆風の位置、そして天候など、広範囲のデータ点を合わせるので、模擬実験は非常に詳細で複雑であり、ロスアラモス研究所のスーパーコンピューターが一回のバーチャル爆発を処理するのに数週間かかることがよくあった。

エンジェル・ファイアが空軍研究所に移転され、キットウェア社がプログラムから離れたとき、会社の創設者であるチャールズ・ローとビル・ホフマンは、空軍は大きな機会を失ったと感じた。システムが未完成で故障しやすいというだけでなく、諜報活動に利用できる完全で優れたデータを無駄にしていたからだ。

自分たちの構想はエンジェル・ファイアで終わることはないと判断し、同社は、とりわけ、自動航空監視ソフトウェアの開発に焦点を当てるコンピュータービジョングループを結成した。このプログラムを率いるために、ホフマンとローは、以前ロッキード・マーティン社とGEグローバルリサーチ社の情報プログラムに携わり、ペンシルベニア大学でコンピューターービジョンの博士号を取得した、ソフトな声で話す技術者、アンソニー・フーグスを選んだ。

当時、広域監視の運用は「ボンとしたら」という考えに基づいていた。つまり、爆発が起こって初めてテロリストのネットワークの調査を始めることができる。なぜなら、爆弾によって可能性のあるターゲットを追跡する最初の手がかりが浮かび、うまくいけば、その後の攻撃を阻止できるかもしれないからだ。ジョン・マリオンが国防総省周辺で、広域監視における最初の構想を提案したとき、当局者たちは言ったものだった。

「関与している容疑者全員を明らかにするために、即席爆発物が爆発するところから始まるというのでは困る。まったく爆発しないというのが理想だ。その辺りはどうするつもりだね？」

マンハッタン・プロジェクトのような壮大な取り組みの要点は、「ボンの前に」だった。しかし、一回一〇時間のゴルゴーン・ステアのミッションでは、六五兆ピクセルの情報が生成される。諜報の世界でよく使われる例えを借りると、どこから捜索を始めればよいのかを探るために爆発なしで武装勢力を見つけ出すというのは、干し草の山が連なる地域で、干し草の山で埋まった畑の、干し草の山から一本の針を探し出すようなものだった。

ある日、フーグスがたまたま広域カメラで撮影されたビデオ映像のサンプルを見ていたとき、彼は画面上で不審な動きを見つけた。彼はそれが何だったのかを私には教えてくれなかったが、映像がライブビデオだったなら、おそらく地上部隊が何らかの行動に出ていただろうと言った。その行動が疑わしいものかどうかを理解するには、シグニフィケーション（重要性）が必要だった。フーグスは、爆弾を設置したり、迫撃砲を発射したりする男を見ていたわけではない。むしろ、そのような活動が起きるかもしれないことを示唆する動きを察知したのだ。しかしながら、その動き自体はシンプルで明白だったので、コンピューターによって確実に認識されていたはずだ。

これは大きな収穫につながった。バグダッドまたはカブール上空を飛行するすべてを見通すカメラは、防衛および諜報機関がさらに詳しく調査したくなるようなあらゆる種類の動きを捉える。武装勢力の集会、トラックに爆弾を積み込む男、道路脇で穴を掘る作業員。もし爆発がなければ、手遅れになるまで見えていなかった景色を映し出す。差し迫った攻撃を示す指標を自動的に検出することができたら、人間のオペレーターはすぐに警告を受け、攻撃を阻止するのに十分な時間を与えられるだろうか？　もっと簡単に言えば、犯罪はそれが起こる前に止めることができるだろうか？

コンピュータービジョンを使用して犯罪行為を事前に検出するというフーグスのアイデアは、人気が高まっていたあるスパイ技術の理論に取り入れられた。それは活動基準情報（ＡＢＩ）として知られ、イラクとアフガニスタンでの「ダイナミックターゲット」（車の鍵を持っている人々の別の用語）に対する一連の特殊作戦任務から発展した。スーツの男のように、米国の敵対者たちは従来の戦闘員のような特徴を持ち合わせていない。彼らはユニフォームを着用せず、戦車を運転しない。さらに彼らは通常銃器さえ持っていないのだ。唯一の武器と言えば携帯電話かもしれない。テロリストたちは一般市民の中に溶け込んでいる。

「知られていないと知られていない」事前検出のアルゴリズム

ＡＢＩの実践者たちは定期的に、サダム・フセインがテロリスト集団に関与している証拠について聞かれた記者会見における元国防長官ドナルド・ラムズフェルドの広くやり玉に挙がった「知られていないと知られていない（未知の未知）」という発言を引き合いに出す。これは、ダイナミックターゲットを探しているときに、本当のところ何を探しているのかわからないことが多いためだ。国家地球空間情報局の元局長、レティシア・ロングは、この任務についてこう表現した。

「それは地球規模の海洋で、魚かもしれないし、魚ではないかもしれないものを探すようなものなのです。それは何か特別なものかもしれないし、重要かもしれない。けれど、そもそもそれが存在するのかさえわからないのですから［注1］」

非公開の国防総省の上級諜報員の報告によると、ＡＢＩはよく、どの水準においても戦闘員とはまったく関係のないように見える多くの指標を含めて、武装グループに「従来とは違う」特徴のある参加者がいないか探しているという。こうした指標には、名前、性別、年齢、体重、宗教、資格、生体認証、価値観、人種、メールアドレス、さらには性格的な特徴さえ含まれる［注２］。

最も明快でわかりやすい「知られていないと知られていない」の特徴は、個人の活動である。それゆえに、このような考え方をする。無実の民間人は即席爆発物や迫撃砲を仕掛けたりしない。また、真夜中にすでに突き止められているノードからノードを移動しないし、わかっている戦闘員の指導者の多くに電話をすることもない。諜報分析を専門とするダルパのプログラムマネージャーが二〇〇九年に述べたように、「悪い奴らは悪いことをする」。

フーグスがテスト映像で発見した動きは、まさにこうした知られていないと知られていないものだった。誰もそれが起こっているとは知らず、関与している者の身元もわからなかったが、明らかに悪いことをしていたのである。

こうした活動を検出するためのコンピュータービジョンアルゴリズム、およびその他の似たようなさまざまなアルゴリズムを構築する主な課題は、戦争における混乱や乱雑さを把握できるだけの十分な柔軟性があるということだ。ピクセル単位で考えると、罪を犯す方法は百万通りあり、コンピューターはその一つの疑わしい行動についてのさまざまなバリエーションを認識する必要がある。キットウェア社がメリーランド大学、ＵＣＬＡバークレー校、およびジョージア工科大学の研究者とともに二〇〇八年に、予備検出システムの試験運用を始めたとき、実際の戦争の映像を使用することは選択肢の一つではなかった。機密取扱者の人物調査を受けていない研究者もいたからだ。その代わりに、その次に近いものとして、ジョージア工科大学のフットボールチームのシーズン中の試合映像を使用した。

戦闘と同様に、フットボールは組織的であり、混沌（こんとん）としている。それぞれのプレーは、完全に予測不可能な結果をもたらす可能性のある、二つの慎重に考案された戦略がぶつかり合うものだ。フーグスが言うには、バグダッドの武装勢力の集団と同じように、フットボール選手たちは相手チームの判断を誤らせるために、ごまかすための策略をあれこれと巡らす。このときの目標は、フットボールのビデオを再生すると、実際にプレーを進める前に攻撃ラインが何をしようとしているのかを読み取ることができる動きとトラックのアルゴリズムを構築することだった。

技術者たち自身が「スイープ」、「ブートレッグ」、「クォーターバックスニーク」などの用語を知らなかったので、特定の戦術で初期に見られる顕著な特徴をアルゴリズムが探せるように導くために、ＮＦＬチームのグリーンベイ・パッカーズでディフェンシブバックとして起用されたジョージア工科大学の卒業生を雇った。一年に及ぶ研究の終わりまでに、コンピューターはハイクからわずか三秒以内に、七種類のプレーを認識することができるようになった。確かに、実際のディフェンシブバックなら、その動きを二秒から二・五秒以内に見定めることができるだろうが、家でゲームを観ている人よりもアルゴリズムの方がずっと早く解析できたのである。

持続凝視開発解析システム「ペルセウス」

フットボールプロジェクト完了直後、キットウェア社は一一〇〇万ドル（当時の相場で約一三億円）で、きめの粗い狭域映像の中の動きを自律的に識別するダルパのコンピュータービジョンシステムを開発する契約を勝ち取った。その狙いは、サドルシティのスーツの男のように、一般市民と区別することが不可能だった容疑者を特定することであった。プログラムのマネージャーは、悪い奴は悪いことをすると言った技術者に決まった。

この取り組みにより、キットウェア社は、フーグスが広域監視のアイデアに適用できると信じていたいくつかのツールを開発することができた。そして、フーグスは、ダルパに対して彼が構想するいくつかの開発作業を行うための助成金を申し込んだ。

フーグスと彼のチームは、フットボールの攻撃ラインにおける動きのように、敵対者の次の動きや差し迫った攻撃の予兆となる活動の傾向について、多くの空中情報解析者から聞き取りを行った。数カ月に及ぶ作業の後、フーグスは彼のアルゴリズムがこうした動きのいくつかをかなりの精度で認識できるようになったことを実証した。これにより、ダルパからの資金がさらに増えた。フーグスによれば、ダルパはこの結果を受けて、人工知能によるすべてを見通す目を開発するプログラムを立ち上げた。関係当局者たちはそれを、持続凝視開発解析システム（ＰｅｒＳＥＡＳ－ペルセウス）と名づけた。ペルセウスは、ゴルゴーンの一人メドゥーサを殺すギリシャ神話の英雄である。

プログラムの概要を示した文書によると、その目標は、「脅威を早期に特定でき、それによって違いが生まれる」何かを構築することだった。「自爆車が爆発する前に見られる運転挙動」や「社会的、政治的、地域的、経済的、軍事的につながっているさまざまなネットワークから、テロリストと結びつく生活のパターンが見られるような」イベントなどを識別するプログラムの構築だった（この文書は、「顔認識、歩行認識、人間同定、そしてあらゆる生体認証」が可能なソフトウェアは厳しく禁止されていたと言及している）。

コンピューターがすべてを捉えることができなくても問題はなかった。フーグスによれば、人間の目だけで見つけるよりも「知られていないと知られていない」ことを多く検出できる限り、そして検出漏れがそれほど多くない限り、他の方法では検出されない動きを一〇から一五％ほど見つけることができれば、やるだけの価値があるのだという。

二〇一〇年、ダルパは、キットウェア社にペルセウスに関する事業を進めてもらうために一三八〇万ドル（当時の相場で約一六億五千万円）で契約した。フーグスは、主要な防衛請負業者の四社と六つの大学（バークレー校、コロンビア大学、レンセラー工科大学、メリーランド大学など）から数十人の学者と研究者を集めた。

方針として、キットウェア社のコンピューターが特定できるように訓練を受けた動きのほとんどは機密のままだ。諜報関係機関は武装勢力のネットワークにどのような行動がすでに解読されているか知られたくないが、すでにいくつかは漏れ伝えられている。一般には公開されていないキットウェア社の説明会で、車両に関するものでリストアップされたのは、「車間距離を保つ」（ある車両が離れたところから別の車両をつけている場合）、「車両に近づける」（ある車両が他の車両のすぐ後ろに接近している場合）、「追い越し」（車両が別の車両を追い抜く場合）、「あおり運転」（二台の車両が何度も追い越し合う場合）、「接近」（車両が目的地に向かって運転する場合）、「撤退」（車両が逃げる場合）、「並行運転」（二台が並走するとき）、「降車」（車両が停車し、同乗者を降ろす場合）、「あてどない運転」そして「会議」（二台の車両が短時間で同じ場所に来る場合）などがある。

キットウェア社の自律追跡システム（異常なＵターン、停車など）

チームが大都市の広域映像で完璧に仕上がったソフトウェアを使用したとき、その結果はすばらしいものだった。一つのデータ・セットには、一千万台の車両のトラックと一億個の出来事が含まれる場合がある。ボタンをクリックするだけで、コンピューターは、気になる特定の出来事が発生したすべての正確な場所を、地図上にフラグを立てることができた。それはまるで指を鳴らしたら、駐車場を離れたすべての車が一瞬にして見えるような感じであった［注３］。

武装勢力を追跡する関連機関にとって特に興味深い動きの一つは、Ｕターンだ。イラク戦争が始まったころ、解析者たちはあることに気づいた。それは、武装勢力の車両は、自分たちが追跡されていると疑うとＵターンして追跡車両に向かっていくことだった。それは、追跡されているターゲットは何かを隠さなければならないことを自ら明かしているようなものだったのだ。

早くも二〇〇五年に、リバモア研究所の技術者が、そして後にロゴス社が、Ｕターンを自動的に検出するアルゴリズムの開発を始めた。しかし、彼らはすぐに問題に直面する。

バグダッドでは、不審な動きをする車両の行動指標だったUターンが、他の車両でも一般的だったのである。解析者には、アルゴリズムによって検出された「降車」または「並行運転」について自分の勤務時間内にすべて調査する時間がない。もし時間があったとしても、おそらくもっと重要な活動を見逃してしまうかもしれない。そして、これは、アルゴリズムが探していたものを常に正常に識別した場合であるが、そうでないこともあったのだ。私が観たキットウェア社のテストビデオでは、ある時点で、アルゴリズムが検出した「集会」は、駐車場に隣り合って駐車している二台の車にすぎなかった。

ペルセウスの技術者は、一台の車両または一連の車両がUターンなどいくつかの動きを組み合わせて行動するパターンをソフトウェアにコード化する作業を始めた。一般車両にはあまり見られないパターンや武装勢力の可能性がある行動をプログラミングしたのである。ロゴス社の技術者ジョン・マリオンによると、解析者は一回だけのUターンは無視するが、車両が混んだ道路で十分停車したのちにUターンするのは、明らかに目安となる不審な動きとして見逃さない。

しかしながら、Uターンの後に長い停車が続くこともかなりよくあることで、車両に乗っている者たちがテロリストであると、それだけで判断するには十分ではない場合もある。つまり、すべての状況を加味してその動きを捉える必要があるのだ。スーツを着た男が携帯電話で何時間も話している姿は、マンハッタンの中心街では疑わしいとは言えないが、戦争で荒廃したサドルシティの真ん中で、その光景は異常であった。フーグスは、日中は混雑した駐車場で二台の車が隣り合って停車することは非常に一般的だが、午前三時の空き地で同じことがあればそれは一般的ではないと指摘した。同様に、車は常に交差点に停車するが、車が混雑した高速道路の脇に停車した場合、乗っている人たちが爆弾を仕掛けている可能性がある（フーグスは車が故障した可能性もあると付け足した）。

トラックと同様に、「異常」はスパイ技術の基本要素だ。フーグスはGEグローバルリサーチ社で、これもダルパの仕事だったが、不正な輸送活動を検出するために、海上交通データの異常を探すシステムにも取り組んだことがあった（正規の貨物を積んだ船は、予定通りの予測可能なルートに沿って移動するが、違法な貨物を積んだ船はそうではない）。クレジットカード会社も同じような戦略を使用して、不正な取引を検出している。そのため、外国でお金を引き出そうとすると、銀行がカードをブロックすることがよくある。

キットウェア社は、クラスター分析と呼ばれる手法を使って、監視下の領域をパッチに分割するアルゴリズムを構築し、各パッチの日常的な活動の「正常性モデル」を生成した。たとえば、交差点を含むパッチを監視すると、アルゴリズムは通過する車両の平均速度、サイズ、タイプ、車両が停止する頻度、Uターンの頻度を測定する。このようなモデルが確立されると、コンピューターはモデルから大きく逸脱したアクティビティのみを特定する。

モンゴメリーがサドルシティで何かがおかしいと直感的に認識するためには、何年にも及ぶ経験を要したが、これらのシステムは、特定の領域で何が正常で、何が異常なのかを検知するのに数時間しかかからない。同様の手法を使用して、国防請負業者のハリスは、ニューヨーク州ロチェスター市全体の交通速度正常モデルを構築した。プログラムは、車が特定の場所で平均速度を上回っているときや、ほとんどの車が速く進む場所で停車している車両を検出することができる。

二〇一七年の冬にキットウェア社でフーグスに会うために車を運転していたとき、私は方向を知るために携帯電話を使っていたが、バッテリーが切れてしまった。高速道路で急な車線変更を行った後、出口を降りて、スケネクタディ郊外のガソリンスタンドに停車し、充電器を見つけた。二〇分後に車を出したとき、私は面倒なUターンをしたので、同じ高速道路を八キロほど戻らなければならなかった。

フーグスがペルセウスのプロジェクトについて説明していたとき、ふとさっきの自分の行動は、キットウェアのシステムが検出するようにプログラムされた行動と一致するのではないかと思った。意図しない回り道であちこちの角を曲がったり、途中で停車したりした。また、ニューヨーク州の静かな郊外で、普段通りに過ごす人々の中に、私のような運転をする人はそうはいないはずだと思った。

私はフーグスに、もしコンピューターが私を監視していた場合、どのように反応したかを尋ねてみた。話を聞く限り、私の運転はまさにシステムに警告を発するような行動だったのではないかと、彼は言った。他の諜報専門家や技術者も、そうした行動は間違いなく現場の人間とロボットの両方の解析者が眉をひそめるようなものだったに違いないと言った。

「脅威のレベル：九九％」機密性の高いSIG（シグナル・イノベーションズ・グループ）の自動分析システム

ペルセウスのプログラムが始まって二、三年が過ぎた頃、取り組みを指揮していたダルパのマネージャーが局を去った。フーグスによると、彼の後任者は、車両追跡に焦点を合わせるようにペルセウスの方向転換を図ったという。キットウェア社が構築した自律追跡システムは、キットウェアイメージビデオ開発修正システム、または略してＫＷＩＶＥＲと呼ばれ、戦場に配備された。しかし、フーグスは誰によってどこに配備されたかは明らかにしなかった。二〇一四年、空軍研究所はＫＷＩＶＥＲを現場における「最先端の」システムと説明している。

私が訪問したとき、検出アルゴリズムに関するキットウェアの作業は進行中であった。同社は、ソフトウェアをさらに開発するために、空軍研究所を含む政府機関や研究所などから多くの国防総省助成金が付与されている。また、国防長官が幅広く運営するデータトウディシジョン（データから決定）と呼ばれるプログラムの下で、イベント検出ソフトウエアを構築した。そのソフトウェアは、さまざまな監視システムから受信する画像に高度な自動分析を適用する。いずれにせよ、キットウェア社はこの事業において、約四千万ドル（当時の相場で約四八億円）の契約を政府と結んでいる。二〇〇九年から二〇一三年にかけて、アメリカで最も急成長している五〇〇〇社に常時ランクインしていた。

キットウェア社によって開発されたような効果的な行動検出システムの可能性は、諜報機関の世界では未だに失われていない。他の多くのグループや請負業者も、「知られていないと知られていない」を根絶するために同様のソフトウェアを開発している。第7章で説明したような追跡機能と組み合わせれば、不可解で膨大なデータの塊を、個々のテロリストだけでなく複雑な武装勢力のネットワークに関する詳細で実用的な情報へと自動的に変えることができるのだ。

キットウェア社、ロスアラモス研究所、ニューメキシコ大学などの研究者たちはみな、微細に調整された異常検出システムは、たとえば、同じ地域で発生する二つの異常な動きによって、複数の人間が関与する組織的な企てかどうか、その確率を計算できるはずだと示唆した。それはマクナットの解析者たちが、ボルチモアの犯罪者たちについて麻薬カルテルのように連携し協力し合っていることを突き止めた方法と似ている。解析者たちはさらに、犯人たちが再び落ち合う可能性のある場所を特定することで、警察は先回りして彼らを待ち受けることができるのだった。

この分野で活躍し、特に尊敬されている会社の一つがシグナル・イノベーションズ・グループ（ＳＩＧ）だ。ＳＩＧは、デューク大学の二人の技術者によって二〇〇四年に設立され、ソナー、レーダー、即席爆発物を検出するセンサー、そしてワミーなどのさまざまな空中スパイ技術の高度なデータ分析を行っている。同社の創設者二人に何度もコメントを求めても応じてはもらえなかったが、他の情報源などから、ＳＩＧのプログラムがすでに主に機密作戦において、広域監視分野で広く使用されていることはよく知られている。同社は、非公表の顧客に加えて、海軍研究局、空軍研究所、ダルパ、陸軍研究局、陸軍暗視および電子センサー総局と協力してきた。

ＳＩＧは、キットウェア社と類似した独自の自動分析システムを開発している。そして、それは非常にすぐれたシステムだ。二〇一三年に同社が行った「コンペティション・センシティブ［注4］」というパワーポイントプレゼンテーションにおいて、プログラムの目標は、画像の数千兆ピクセル、つまり莫大な数のピクセルを取り、人間分析につながる潜在的なデータを数百までに落とすことであると説明している。

とりわけ文書は、ＳＩＧのソフトウェアが空中監視のみを使用して、特定の場所がテロリストのノードである可能性を計算できると主張している。どうやら同社は、アメリカの上空を飛んだ数多くの機密ワミー飛行テストのデータの一つを使って、この正確な機能を実証したようだ。

プレゼンテーションによると、このプロセスを開始するためには、人間の解析者がすでにわかっているテロリストのノードを地図上に記す必要がある。次に、ソフトウェアは都市全体にその脅威を「伝え」、そのノードから出発する車両を追跡することで、新しいテロリストが関係している可能性のある建物を指し示す。同社によると、このソフトウェアは監視対象地域を移動するすべての車両の「大部分」の出発地と目的地を特定できるという。一つのスライドには、追跡されたとみられる何千もの車両の経路を示すラボックの衛星地図が載っている。

そこから自動分析システムはさらに「知られていないと知られていない」を見つけるために、より繊細な解析に進む。プレゼンテーションでは、ソフトウェアが、家、職場、サッカー場、レストラン、さらには理髪店など、ラボック周辺の十一の場所に到着および出発する車両を追跡したことを示唆しているようだった。同社は次に、キットウェア社の車の速度に関する正常モデルと同様に、よくある典型的な一日で、車両がそれぞれの場所に、どの程度訪れるのかをまとめた正常モデルを構築した。そうすれば、ＳＩＧのソフトウェアは、車両の行き来をまとめたモデルと照合することにより、訪問者のパターンから謎の場所の「役割」を予測することができる。もし車が午後四時から八時の間に特定の場所に集まるとしたら、そこはサッカー場の可能性がある。また、ある建物に昼と夜の食事の時間に多くの人が集まるのであれば、他のレストランでも見られる訪問パターンと同様なので、そこはレストランであると推測できる。

未確認の建物の周辺での車両活動パターンを、すでにわかっているレストラン、即席爆発物貯蔵庫、および理髪店のそれと照合することに加えて、ＳＩＧは、通常の訪問者パターンと一致しない「異常な建物の動き」がある場合、ソフトウェアは疑わしいノードを識別することもできるという。たとえば、午前二時から午前四時の間に訪問者数が急増するレストランや、異常な運転行為をする車両が集まる建物などだ。私がスケネクタディを運転している間に、そのようなシステムが私を監視していたとしたら、不審な車両の訪問を受けるキットウェア社のオフィスがマークされていたかもしれない。

二〇一四年、国防請負業者のＢＡＥ社はＳＩＧを非公開の金額で買収した。ＢＡＥは現在、ラボックのデータを使ってテストした同じシステムに基づくソフトウェアを販売している。ＢＡＥの販売資料によると、多数の車両を同時に追跡することと、疑わしいグループの存在を示す可能性のあるパターンや異常行為を特定し、自律的に悪いものをよいものから切り離すことが可能だという。

ラボックには即席爆発物の貯蔵庫がないため、同社はデモでテロネットワークの代役として市の医療機関を利用したようだ。都市の二番目の衛星地図では、ウエストテキサス小児科院（ラボックに実際にある医院）と呼ばれる診療所に、「脅威の可能性」が九九％というラベルがついている。さらに北へ進んだところにある別の医療管理ソリューションズ（これも実在する）の脅威の可能性はわずか一五％だった。ＳＩＧのソフトウェアがウエストテキサス小児科院をそれほど危険と見なした理由は、プレゼンテーションでは言及されなかった。

米国防総省の「プロジェクト・メイブン」可能な限り最高のアルゴリズムを戦場へ

十年以上にわたって政府が研究所の試みを支援してきた結果、国防総省の特別委員会は、

米国防総省のアルゴリズム戦闘機能横断型チームの公式標章。プロジェクト・メイブンとも呼ばれるチームは、人工諜報監視画像分析システムの構築を目指している。米国国防総省提供。

二〇一七年の初めに、高度な画像解析アルゴリズムは「人間とほぼ同じレベルで実行できる」と結論づけた。特別委員会の推奨に従い、国防総省の指導者は自動化されたビデオ分析を戦争に利用するために、広く知られているが、やや謎に包まれた取り組みであるプロジェクト・メイブンを立ち上げた。

プログラムの目標は単純だ。可能な限り最高のアルゴリズムをできるだけ早く戦場に送り出すことである。ビッグサファリと同様に、プロジェクト・メイブンは技術が八〇％完成した時点で配備される。このプロジェクトはアルゴリズム戦闘機能横断型チームとしても知られている。それは、ソーダ水のストローの無人偵察機から撮影されたビデオから、ターゲットを認識して疑わしい活動を発見できる自動分析システムである。これらは、シリア、イラク、および二〇一七年後半には、多くの非公表のアフリカ諸国で展開する諜報活動でも使用されている。

ソフトウェアの多くの機能の中で、解析者が関心のあるターゲットを選択すると、以前の任務で発見された同じ車両や個人を含むすべての無人偵察機の映像を集めるというものがある。他の機能は機密事項になってはいるが、ある程度は推測できる。このプロジェクトの請負業者の一社であるクラリファイという会社は、ビデオや写真で人物の「年齢、性別、文化的特徴」を分析できるソフトウェアを販売している。

二つめの取り組みで、プロジェクト・メイブンはワミーに目を向けた。二〇一八年末までに、プログラムはゴルゴーン・ステアの「ＡＩベースの」分析アルゴリズムを展開し、国防総省の内部最高機密イントラネットシステムであるシパーネットおよびＪＷＩＣＳ（全世界合同諜報通信システム）で利用できるように準備している。空軍は、このすべてを見通すＡＩがどんな種類の分析を行うことができるかをはっきりとは私に話してくれなかったが、二〇一八年の初めに発表された国防総省の予算文書には、ターゲットの識別と認識ができると書かれている。オーストラリア空軍のメンバーへのプレゼンテーションで、プログラムの責任者は、ソフトウェアの初期の試作品が車、トラック、人、ボートを瞬時に認識できることを報告している。この責任者はまた、解析者が関心のある領域を選択すると、ソフトウェアはフレーム内の人または車両の総数を計算すると話し、最終的にはシグニフィケーションと呼ばれるような、より高度な作業が可能になることを示唆した。

成功すれば、プロジェクト・メイブンは人工知能によるスパイ技術における新時代への扉を開くことになる。二〇一九年の予算請求で、国防長官府は一億九〇〇〇万ドル（当時の相場で約一二〇億円）という高額の予算をプロジェクト・メイブンに割り当て、国防総省のＡＩにおける幅広い取り組みの「先駆者」と呼んだ。この取り組みのパートナーには、米国の多くの国立研究所と米国諜報機関に属する全十七の組織が含まれる。

開発の早い段階から、この技術が広く採用されることへの主な障害は、それが最も高度なシステムであったとしても、まったく誤作動がないというわけではないことであった。ある二〇分のテストで、交差点の停止標識で一台の車両が停まり、数秒後に後ろから来た二台目の車両が交代したので、キットウェアの行動検出アルゴリズムが疑わしいとして交差点にフラグを立てた（「交代」は一台の車両がもう一台と交代することで、ソフトウェアが検出するようにプログラムされている行動の一つだ）。別の場面では、一台の車両が三度方向転換した場所に「交代」のフラグを立てた。

そのような明白な過ちを犯すシステムを信頼できる兵士はおそらくいないであろう。あるダルパの「マインドアイ」プログラムのテストにおいて、「持つ」、「回る」、「打つ」、「掘る」、「跳ねる」、「走る」、「つかみ取る」、「投げる」、「触れる」、「交換する」、「交代する」、「逃げる」など、四十八の異なる人間の行動を確実に認識するソフトウェアを構築しようと試みた。コロラド州立大学のチームが開発したこの試作品は、テスト監視ビデオで女性が回っている動作を正しく識別することができた。しかし、画面上の人物が何かを持っていることを検出するはずだったソフトウェアは、「女性が果物のボウルを持っていることを見逃した」事実について嘆いた。

しかしながら、このような間違いはだんだん少なくなってきている。これは主に、最近の機械学習の分野におけるコンピューティングの進歩のおかげで、膨大なトレーニングセットでアルゴリズムの機能を強化する技術である。

「ディープラーニング」オートメーション化された諜報技術

ニューラル・ネットワークでモデル化されたアーキテクチャ（基本設計概念）を使った訓練課程と同様に、機械学習とそれに深く関係するディープラーニングが与えた影響は、すでに現代の生活の中で顕著にみられる。ユーチューブの絶妙に効果的なおすすめ動画のレコメンド機能を思い返してほしい。これは、キットウェア社の異常検出ソフトウェアと同じように、クラスター分析の技術を採用している。キットウェア社のソフトウェアが高速道路でUターンする車両を何かがおかしいと検出するように、ユーチューブもヒューイヘリコプターのビデオを探している視聴者なら、原子力潜水艦や映画『地獄の黙示録』に興味があるかもしれないと判断する。キットウェア社のソフトウェアが定期的にエラーを出すのに比べて、ユーチューブで動画を検索したとき一つの動画しか出ないことの方がまれな理由は、ユーチューブのソフトウェアは一千億回以上の動画視聴から視聴者の動向がわかるようになっているからだ。それはフェイスブックの顔認証システム（大量の自撮りによる）が連邦捜査局（データベースはフェイスブックよりはるかに少ない）よりはるかに正確だということと同じであろう。

オートメーション化された諜報技術は、それが比較的に初歩の技術でも、達成までの道のりは長い。特にディープラーニングについては、二〇一六年にジェイソンの研究グループが「それが実現したら革命に他ならない」と結論づけた。イメージネット（馬から有名な建物まですべての千四百万の注釈付き画像を含む訓練データベース）で訓練されたディープラーニングシステムと組み合わせると、リンカーン研究所の自動ワミー分析ソフトウエアの誤警報率がほぼゼロに落ちた。二〇一七年にセントラルフロリダ大学のチームが発表したディープラーニングベースの追跡および検出システムは、他の十三の非ディープラーニングプログラムを最大五〇％も上回っていたと報告されている。プロジェクト・メイブンの初期の成功は、その分析ソフトウェアが百万を超えるタグ付きの画像で訓練されたという事実に大きく起因するだろう。

「アクティブラーニング」機械は学習する

これらの取り組みに懐疑的な人々は、研究室でそのような大規模な「訓練」を行っても、戦争という特有の混乱のためのアルゴリズムを完全に準備することはできないと言う。実際の戦争の経験がない人が真のエキスパートになれるわけがないという主張だ。キットウエア社のソフトウェアが「交代」を見つける場合に繰り返し出したエラーは、一度教えてもらえば人間なら一度しか間違えないであろう。そのため、リンカーン研究所、空軍研究所、デイトン大学の広域監視研究所などのグループは、ソフトウェアに「アクティブラーニング」機能を組み込もうとしている。これにより、解析者はコンピューターが作動している間に問題を修正できる。プロジェクト・メイブンでは、システムが地上の物体や動きを誤って識別した場合、解析者は「ＡＩを訓練」ボタンをクリックでき、アルゴリズムは今後同じ間違いを繰り返さないことを覚えるようになる。

さらに、コンピューターが正しい場合、解析者はそれを正しいと認める。このようにして、コンピューターは、何が機能し、何が機能しないかについて、時間の経過とともに理解を深めていく（オンラインでフォームなどを記入する際に、キャプチャと呼ばれる自動生成するテストで道路標識や道路の番号を特定するように要求されたことがある人は、すでに人間が管理するグーグルマップの学習プログラムに参加したことがあると言える。道路の番号を読んで、それをタイプすることによって、あなたはコンピューターの動作が正しいことを確認している。それによって、あなたは「ロボットではない」ことを証明し、グーグルのＡＩを強化することに貢献している）。システムが稼働している時間が長ければ長いほど、システムはさらに学習し向上しているのだ。

これらのシステムは、今後さらに用途が広がるだろう。

「フィラデルフィアで訓練を受けたパイロットはフェニックスで飛行機を操縦できるはずだ」

とデイトン大学の研究室のヴィジャヤン・アサリは説明した。コンピューター・プログラムには違いがないからだ。たとえば、作戦が都市の戦場から田舎へと変わっても、アクティブラーニングアルゴリズムは、人間のオペレーターからの最小限のガイダンスのみで、新しい環境にすばやく適応できる。

一部のプログラムでは、飛行中に新しいコツを学習することもできる。たとえば、プロジェクト・メイブンのソフトウェアを使用する解析者は、訓練を受けたことのないまったく新しい種類のイベントを認識するように教えることもできる。プログラムの責任者が教えてくれた一つの例では、解析者は見慣れないシーンに「緊急事態」のラベルを付け、フレーム内の二台の車両を消防車と救急車として識別する。次回同様の事件が発生し、消防車が視界に入ったとき、コンピューターはそれ自体を見て、それが何を意味するかを正確に把握するのだ。

これらのアルゴリズムが人間に代わって作業できるようになるため、現場で直接この仕事に従事している研究者たちでさえ、最近の機械学習の進歩の力については否定できなくなっている。二〇一六年十二月にスーツを着た男を追跡した操縦士であるジョン・モンゴメリー大佐と話をしたとき、彼はまだ、こうした任務にはこれからも人間の介入が必要だと信じたいと思っていたが、機械学習の登場により、彼はもはや確信が持てないと語っていた。

私たちが話をした前日に、モンゴメリーはカップアンドボールの遊び方を学ぶロボットのユーチューブのビデオを観ていたという。機械学習ロボットは、初めのうち幼児と同じくらい絶望的だった。七〇回目の試みで、ボールはカップの縁に当たった。九〇回を超えると、ボールは常に縁に当たり、ロボットは一〇〇回目の試みで成功した。モンゴメリーは言った。

「まあ、その後、一度も失敗しなかったよ。ポン、ポン、ポン、ポンってね」

「シリコンバレーが競争に参入する」米国防総省はグーグルと提携した

もちろん、コンピューターを人間の解析者に合わせて訓練するために必要な機械学習の分野における、誰もが認める第一人者は、シリコンバレーに拠点を置く企業だ。それは、防衛および諜報の世界を含む他のセクターからの才能を引き抜く、彼らの業界の能力に他ならない。たとえば、リバモア研究所のパーシスティックス・プロジェクトの研究員の多くが、他の企業の中でもとりわけ、グーグル、ユーチューブ、フェイスブックなどに移籍している。シーラ・ヴァイダヤによれば、これはプロジェクトが二〇一四年に終了した大きな要因だったという。

国防総省はこうした人材と技術を、空中諜報活動に取り戻すことに熱心であり、シリコンバレーに協力する用意があることを示唆した。二〇一七年の秋、国防長官府はプロジェクト・メイブンのパートナーとしてグーグルを指名した。この合意に基づいて、国防総省はインターネット界の巨人テンソルフローの人工知能システムを使用して、さまざまな分析プログラムの強化を図ることにした。社内メールによると、グーグルの幹部は、この取引により最終的に最大二億五千万ドル（当時の相場で約二七五億円）が会社にもたらされる可能性があると予測していた。

二〇一八年三月に国防総省のプロジェクトにグーグルが協力していることが明らかになったとき、その話は世界中に広まった。グーグルは、同社のツールは「非攻撃的な」活動にのみ使用されるという声明を出した。それでも、三千人を超える従業員が最高経営責任者であるサンダー・ピチャイにパートナーシップの中止を求める請願書に署名した。「邪悪になるな」という会社のモットーによって長年経営を続けてきた企業が、国防総省に協力しているというニュースに多くの人々がショックを受けた。しかし、グーグルが空中自動スパイ技術プログラムに協力をしたのは、これが初めてではなかった。二〇一三年頃に、グーグルは空中監視などのアプリケーションのためのデータ処理技術に焦点を当てた空軍研究所との共同研究開発契約に署名した。

共同研究開発契約は、政府機関と企業または大学との間のパートナーシップであり、後援する政府機関が、最終的に積極的な運用に展開したいと考えている、民間部門の技術と製品の開発を促進することを目的としている。空軍研究所とグーグルのプロジェクトの結果として、国防長官府のウェブサイトに掲載された内容によると、空軍の技術者たちは広域監視映像における自動生活パターンに関する「革命的な」試作品を開発した。

　これは「非攻撃的な」技術ではなかった。すでに述べたように、生活パターン分析は、個人の普段の活動を空から詳細に研究するプロセスだ。これは、空爆に至る一連の行為に不可欠なステップである。私が連絡を取った空軍の報道官は、この契約に関する詳細を明かすことを拒否した。

アマゾン、マイクロソフトも！　AIアプリは監視のツールになっていく！

　防衛界へのグーグルの関与がこれまで考えられていたよりも広範囲だったということを示す他の証拠もある。二〇一九年の予算請求で、特殊作戦軍は、多数のコンピューティングサービスを購入するには四五〇〇万ドル（当時の相場で約五億円）が必要であるとした。この中にはテンソルフローの「ビッグデータ分析」プログラムが含まれていた。空軍の報道官は、空軍研究所とグーグルの共同研究開発契約が空軍のプロジェクトにおける唯一のものかどうか否定も肯定もせず、このサービスについて「我々の意思決定を強化するための最新の技術を追求する産業界と学会とのパートナーシップは今後も継続される」と発表した。

プロジェクト・メイブンの論争後、グーグルの上層部は、少なくとも一時的には、国防総省からの資金に対する熱意を和らげたようだった。二〇一八年十月、同社は予算が一〇〇億ドル（約一兆円）を超えると言われたＪＥＤＩ（ジェダイ、共同企業防衛基盤）として知られるクラウドコンピューティングプログラムの競争から撤退した。声明によると、プログラムから撤退する決定は、「自社のＡＩに関する基本方針に合うかどうか確信できなかった」からだ。

しかし、シリコンバレーには、軍との取引について罪の意識にさいなまれない企業がまだたくさん存在する。「大手テクノロジー企業が米国国防総省に背を向けるなら、この国は困るだろう」と、アマゾン最高責任者ジェフ・ベゾスは、グーグルの撤退の発表から一週間後のあるイベントで発言した。そして、アマゾンはジェダイと米軍に今後も協力していくことを支持した。ベゾスの言葉は国防総省内の関係者に音楽のように響いただろう。この本を注文するためにアマゾンを使ったかどうかに関係なく、同社はすでに十七の諜報機関すべてに、自動分析用に最適化されたクラウドコンピューティングシステムを二〇一三年に付与された六億ドル（当時の相場で約六五〇億円）の契約の下で提供している

［注５］。

ベゾスの演説から一〇日後、マイクロソフト社の社長であるブラッド・スミスは会社のブログにて、マイクロソフトもジェダイと国防総省の他の技術事業の両方に参戦すると発表した。

「私たちは未来から撤退するつもりはない」

と心穏やかではない言葉も残している。

シリコンバレーがすでに、私たちのために用意した未来について考えてみよう。スマートフォンで本を注文してから、指でタップすると、どこかにある人工知能コンピューターがきっとこれが見たいだろうと判断して、ヘリコプターや潜水艦の何千時間にも及ぶビデオにつながる。世界のハイテクな技術がますます防衛や諜報の世界と結びつき、私たちは息もできないような心苦しさを感じるようになる。一見何の害もないような新聞の見出しには「とうとうハイキングで見かけた動物を識別できるアプリができました」とか、「グーグルのＡＩアプリは、芸術作品からあなたのドッペルゲンガーを探し出す」という言葉が並ぶ。これは不吉な新しい意味を持つようになる。こうしたアプリはすばらしさだけが強調されるが、その裏では監視の対象になってしまう可能性があるからだ。いずれにせよ、何らかの形で、ほとんどのアプリはそうなるであろう。

［注1］　ABIに関する公式の文献には、仏教の公案に出てきてもおかしくないような難解な格言が多く登場する。「すべてはどこかで起きている」と、二〇一七年にABIの手法を説明する論文を書いた著者は述べた。「一度に二つの場所に存在することはできない。何もどこにもないことはない」（パトリック・ビルトゲンその他、『活動基準情報　生活のパターンを理解する』、米国地理空間インテリジェンス財団、世界国家地理空間情報の国と未来　二〇一七）

［注2］　ABIは、論争の的となっている「シグネチャーストライキ（識別特性爆撃）」と同様の理論で運用され、無人航空機を使用して、正確な身元は不明なまま、彼らの行動や関係によって敵の組織に加担していると判断して攻撃する。

［注3］　これは余談だが、これらと同じ手法のいくつかは、国防総省や諜報機関にとって有益な情報源となっているソーシャルメディアにも適用できる。国防情報局はコンピュータービジョンシステムを使用して、反乱軍やテロリストグループがオンラインで投稿した動画の重大な脅威を見極める。一方、情報地域社会高等調査研究所はキ

ットウェア社に資金を提供して、関心を引く特定の活動を扱ったユーチューブの動画を驚くほど正確に自律的に選別できるソフトウェアを開発している。あるテストでは、二万六千のビデオクリップから、七四・三％の精度で「フラッシュモブ」のビデオを特定した。

［注4］所有権情報を含む文書に使用される呼称。

［注5］お金を払う顧客が、地球上で最強のコンピューティングパワーにアクセスすることができるクラウドは、自動監視システムの有効性に特に大きな影響を与える可能性がある。空軍研究所は、アマゾンのクラウドサービスを使用すると、オハイオ州コロンバスの一四〇メガピクセルのビデオカメラにおいて、自動車の検出と追跡の速度と精度が劇的に向上したことを発見している。

第９章 そこまで拡大するのか!? 監視技術の「新しい側面」

三六〇度の半球画像、発砲された弾より速く追跡（ＷＩＰＳ―３６０）

　監視技術がより高性能になるにつれて、それは外気圏の衛星から大通りに設置された監視カメラに至るまで、私たちの生活のまったく新しい領域へと踏み込もうとしている。最終的には、すべてを見通す目が私たちを観察することがない場所も方法も、この地球上からなくなってしまうのではないだろうか。

　街中の至るところにある監視カメラについて考えてみよう。プレデター無人偵察機と同じように、監視カメラにもソーダ水のストロー問題がついて回った。空港やカジノなど厳重に保護された場所では、何も見逃すことがないようにする唯一の方法は、全体に多数のカメラを設置することだった。

狭視野の解決策の一つは、より大きなカメラだ。最初に本当の意味ですべてを見通す監視カメラとなったのは、四十八の個々の画像装置で構成される単一のＣＣＴＶユニットであるイメージングシステム没入型監視だった。国土安全保障省の要請により、リンカーン研究所および太平洋北西国立研究所によって開発され、ボストンのローガン空港のターミナルＡ内で二〇〇九年に初めて試験運用が行われた。二四〇メガピクセルで、最大六〇メートル離れたところから、搭乗券の名前を読み取ることができた。

カメラが全体を撮影している間、オペレーターは映像を回したり、傾けたり、ズームすることができた。トラックアルゴリズムにより、国土安全保障省は、特定の個人が建物内を移動するときに、画像がかなり混雑しているピーク時でも、その個人のタブを維持することができた。捜査官は、三〇日前までさかのぼって映像を追跡することもできた。

「何も見逃すことはできない」

リンカーン研究所の技術者であるビル・ロスは言った。ローガン空港での最初の試験運用の後、二〇一四年、ボストン警察はボストンマラソンのゴールライン近くに、このカメラを多く設置した。シークレットサービスもまた、ホワイトハウス周辺にカメラを配備したようだ。二〇一六年、マサチューセッツ工科大学は広域監視請負業者である統合リソースイメージング社に技術を移管し、同社は二〇一七年初頭に最初の二台を売却した。二〇一八年には、シアトルのセンチュリーリンク・フィールドスタジアムに一台設置している。リンカーン研究所は、没入型監視システムの作業を開始してすぐに、ＷＩＳＰ―３６０と呼ばれる、さらに注目すべき地上カメラの開発を始めた。このカメラは、「すべてのピクセルにコンピューター」という技術を基本に設計され、比較的小型の回転カメラで大きな画像を生成し、発砲された弾より速く追跡できる赤外線システムだ。

これにより、毎秒数億個のピクセルで構成される完全な三六〇度の半球画像を作成することができる。空も含めて、全方向に七、八キロ先まで見渡せる。それはレーダーのように動作し、美しく鮮明な白黒ビデオを作成するのだ。カメラの正確な仕様については機密情報だが、リンカーン研究所が同じ装置をボストン上空の九〇〇〇フィートから飛行させたとき、マサチューセッツ工科大学のキャンパスの周りを走行している個々の車が見えるほど十分な性能であった。

二〇一二年、米軍は紛争地帯の多くの前進作戦施設にＷＩＳＰ―３６０の設置を始めた。当時、イスラム国および非国家主義のグループが、原始的な巡航ミサイルとして使用するために、爆発物を詰め込んだ趣味用のドローンで実験を始めていた。広範囲で高性能なピクセルのおかげで、小型の商用無人ドローンを発見することが可能だったので、ＷＩＳＰ―３６０の需要は爆発的に高まった。生産を加速するために、二〇一八年にロスはチームメンバーの何人かと民間企業のコウピオスイメージング社を立ち上げ、カメラのさらなる商品化とすべてのピクセルにコンピューターという技術の開発を続けている。

家庭にまで拡大する「すべてを見通す目」

家庭においても、地上用のすべてを見通す目の需要が拡大している。二〇一七年の初めに、税関・国境警備局は南部国境に沿って、すでに設置されている二〇〇塔に加え、さらに新しい二百の監視塔を設置する案を提出した。提案の要請によると、税関・国境警備局は三六〇度のパノラマ全体を監視し、砂漠では最大一二キロ（または都市の最大四・五キロ）の距離から、平均的な大人のサイズの人間を検出できる監視装置を探しているとしている。

イスラエルの企業エルビットシステムズは、二つの広域監視カメラ、グランドアイとスーパービズＲＩ、そして、監視プログラム「人口密集地域」を契約してもらおうと、税関・国境警備局に売り込んでいる。他にも、独自の地上大型カメラを発表している企業がいくつかある。ブラジルのサンパウロにあるアレーナ・コリンチャンスのサッカーファンは、この分野で急速に世界をリードしつつある中国の会社ハイクビジョン社の広域カメラによって観察されている。ハンガリーの会社であるロジピックスは、二〇〇メガピクセルのパノラマカメラを販売している。新興企業のアキューティは、ダルパの四〇ギガピクセルのAWAREシステムの設計に基づいたマンティスを販売している。

技術はすでに少しずつ市場へと浸透している。二〇一七年に、ペンシルベニア州サウスウィリアムスポートで開催されたリトルリーグのワールドシリーズは、プロ用のカメラと同じ部品の多くを使ってキヤノンが開発した、二〇メガピクセルの広域カメラを駆使して中継された。二〇メガピクセルのカメラを販売しているアクシス・コミュニケーションズは、一見他の監視カメラと同じように見えるモデルだが、三〇〇メートルほど離れている場所から、環状交差点を通過する車のナンバープレートを読み取ることができる監視カメラも販売している。監視カメラの中には、自宅で使用できるほど手頃な値段のものもある。大手の監視カメラメーカーの多くは、現在、小規模なすべてを見通す目のような監視が可能な、比較的高いピクセル数の広域カメラを製造している。パナソニック、ペルコ、ハイクビジョンなどの企業は、一千ドル（約一一万円）ほどの超高解像度メガピクセルの三六〇度全方位カメラを販売している。

顔認識から監視ネットワークへプラグインまで

第7章と第8章で説明した自動監視技術は、広域とソーダ水のストローの両分野で地上カメラにも採用されている。顔認識ソフトウェアとアクティビティ検出ソフトウェアのおかげで、シアトルのセンチュリーリンク・フィールドの広域カメラは、男がゴミ箱に入れたものがジュース缶なのかそれとも大きなバックパックだったのかを見分けることができる。また、迷惑な常連客がスタンドにいれば、警備員に通報することもできる。ブラジルのアレーナ・コリンチャンスのカメラには、顔認識機能も備わっている。ハイクビジョンの低性能カメラの多くは、侵入を検出し、個人を追跡し、さらには交通違反を検出することができる自動分析ソフトウェアが付属しているのだ。

一方、コンピュータービジョンを専門とする企業は、既存の監視ネットワークに簡単にプラグインできるシステムを構築している。監視カメラがすでにどれほど現代の公共スペースを監視しているかを考えると、これは恐ろしい話だ。こうした製品への関心は非常に高い。例えば、二〇一七年に英国のマンチェスターで起きたアリアナ・グランデのコンサートでのテロ攻撃の後、警察は、攻撃者のネットワークを解明して次の犯行を防ぐ手がかりをどうにか探し出すために、何百もの監視カメラから数万時間の監視映像を調べた。自動化システムになれば、こうした捜査に必要な時間と人員を大幅に削減することができるであろう。

アマゾンの監視カメラは表情から感情の状態までを識別

二〇一六年以来、アマゾンは監視カメラ映像などの画像を処理するための顔および物体認識ソフトウェアを、米国の法執行部門に販売してきた。アマゾンの販売促進資料によると、このソフトウェアは人々の表情から感情の状態を識別することができるという。オーランド警察署とワシントン郡保安官事務所はすでにこのソフトウェアを採用している。また、ニューヨークタイムズを含む多数のニュースサービスも同様に、大きなイベントに集まる有名人をビデオや写真から識別するために使用している。

同様のシステムがヨハネスブルグやシンガポールなどの都市で試験運用され、世界中に設置されている。モスクワでは、政府関係者がこの技術を使って、ゴミ収集作業員が仕事をさぼっていないか追跡することを示唆している。

個々に設置された多数のカメラが一つの目となる

高度な顔認識により、ソフトウェアの中には、カメラの映像から映像に移動している単一のターゲットを追跡することができるものもある。監視カメラの台数が特に多い都市では、長期間にわたってターゲットを継続的に追跡することができ、それぞれ個々に撮影している多数のカメラが、市全体を見通す一つの目となる。たとえば、ロンドンは新興企業のシークエスター社と協力して、通りや地下鉄の駅に設置された監視カメラの追跡機能について検証している。

これらのシステムは、さらに進化を続けるだろう。米国情報高等研究開発活動では、二〇二〇年までに、四十の単純な動作、二十の行為、そして十二の複雑な活動を認識できるディープラーニングのソフトウェアを実現したいと考えている。それには、「バックパックを置き去る人」、「武器を持っている、あるいは振り回す人」、「岩やその他の物体を投げる人」、「暴動と騒乱」、さらには「非常に重い何かを場違いな場面で運んでいる不自然で異常な行動」などが含まれる。

動く3Dビデオ「ズームキャスト」によるスポーツ観戦

空中広域監視カメラ同様に、高性能広域地上カメラも、もっと一般的な運用に活用できる。ダルパのギガピクセルカメラを構築し、現在はアキューティ社を経営しているデューク大学のチームによると、最終的にはギガピクセルカメラを使用してスポーツゲームを中継できるようになるという。地上部隊がゴルゴーン・ステアの映像の必要なところだけを切り離して流すように、視聴者は最も興味のある部分にズームインして観戦することが可能になるのだ。

研究者たちは、彼らが「ズームキャスト」と呼ぶものが、今後はこれまでの放送よりはるかに人を引きつけるだろうと強く主張している。視聴者の中にはディフェンスの選手に興味を持っているとか、あるいは、審判が公平に試合を観ているか確認したい人もいるだろう。多数のギガピクセルカメラが試合に向けられていれば、最終的に放送局は生中継のような、動く3Dのビデオを放送することができる。そうなると、視聴者はまるで実際にフィールドにいるような感覚で試合を視聴できる。

国防総省はすでに、戦場で使用するために、似たような技術の実験を行っている。これには、都市の空中画像を詳細な３Ｄのデジタルモデルに変えるソフトウェアも含まれている。これを利用することによって、兵士はこれから向かう環境にすばやく慣れるために映像を使って訓練することも可能だ。ワミーのビデオを三次元の動く街並みに変換するスティーブ・サダースのソフトウェアも、国防総省から資金提供を受けた。警察も、群衆の中から疑わしい人物をさまざまな角度からより近くで確認するために、同様のズームキャストを利用できるだろう。

デューク大学のチームはすでに、リングから六、七〇センチ離れた場所に三六〇度の大型のカメラを設置して、ＮＢＣ放送のプレミア・ボクシング・チャンピオンズにおいて、ズームキャストの縮小版を実際に利用した。カメラは、試合の瞬間的な３Ｄの視界を映し出した。片方のボクサーが強烈なパンチを打ったら、視聴者はフレームをフリーズさせ、画像を回転してもっとよい角度にしてから、ズームインしてクローズアップを観ることができる。ジャーナリストのマット・ハーティガンが指摘するように、一九九九年の映画『マトリックス』の銃弾をかわすシーンのように、ボクシングの試合がまるで目の前で実際に行われているような錯覚に陥るだろう。おそらく、その効果には満足するだろうが、同時に不安も感じずにはいられない。

空から宇宙空間へ、ワミーは大規模に広がる

広域監視システムが地上に広がる一方で、このシステムは最後の領域へと踏み込もうとしている。シーラ・ヴァイダヤは私に語った。

「空のワミーから学んだことはすべて、宇宙のカメラに応用することができるでしょうね」

実際には、宇宙にすべてを見通す目を実現するには、天文学的な確率で挑戦していかなければならない。しかし、それは可能である。最終的には現実のものとなるはずだ。戦争地帯や犯罪が多発する都市に住む不幸な人々だけでなく、地球上の誰もが向き合うことになる現実だ。

ワミーを宇宙軌道に乗せることは、長いこと議論されてきた。確かに、リバモア国立研究所で最初に立ち上がったすべてを見通す目のプログラムは、航空機ではなく監視衛星の構築を目指していた。これまでに製造されたすべてのワミーシステムは航空機に搭載されているが、業界は『エネミー・オブ・アメリカ』が思い描くようなビッグダディ衛星の構想を完全に放棄したことはなかった。ダルパでアルゴスを開発している間、ブライアン・

レイニンガーは、国家偵察局（偵察衛星を管理する諜報機関の支部）と、広範囲にわたる極秘機密レベルの話をしている。

衛星にカメラを設置するだけならかなり簡単だ。食器洗い機ほどの大きさの衛星であるスカイサットⅠは、二〇一三年に、いくつかの主要都市を映した信じられないほど高解像度のビデオクリップを生成した。北京のクリップでは、飛行機が空港から離着陸する様子を見ることができる。別のクリップでは、都会のにぎやかな繁華街を一連の車が通り過ぎていく。

しかし、衛星は毎時二万七七〇〇キロで地球を周回しているため、ちょうど月が沈むように［注1］地平線の後方に通過する前に、ターゲットを約九〇秒間しか監視できない。多くのグループが、このような短いクリップから可能な限り多くの情報を得ようと密かに取り組んでいる。しかし、衛星が一番短い軌道で地球を一周飛行するのにかかる時間である九〇分のクリップでさえ、敵対する個人やグループを永続的に追跡することはできない。

二つ目の理由は、宇宙は常にカメラを置くには非常に高価な場所であったということだ。定評のある衛星画像会社デジタル・グローブ社によって構築された画像衛星が、一つ五億ドル（約五四〇億円）以上する。ほとんどの米国政府の衛星は一〇億ドル（約一〇八〇億円）を軽く超えている。

一〇センチ×一〇センチの小型衛星「キューブサット」

幸いなことに、いや、人によってはそれほど幸いとは感じないかもしれないが、今日の衛星はより小さく、より安くなっている。一〇センチの立方体ブロックで構成されたモジュール式衛星であるキューブサットは、構築にわずか四万ドル（約四三〇万円）、軌道に打ち上げるのに約八万ドル（約八六〇万円）しかかからない。さらに、一つの打ち上げ機で数十台をまとめて打ち上げることができる。請負業者のジェネラル・アトミック社は、巨大な電磁レールガンを使ってキューブサットを軌道に打ち上げることを提案している。この方法によって、さらに打ち上げにかかる費用を下げることができるかもしれない。

その結果、今後数年間で、私たちの惑星を周回する米国の小さなスパイ衛星の数が急増するであろう。空軍、海軍、陸軍、さらに一九六一年から数十億ドル規模の衛星を打ち上げてきた国立偵察局さえも、現在も活発に成長を続ける小型衛星プログラムを継続している。「小衛星革命」のおかげで、これまで衛星を配備できなかった組織も、独自の大きな衛星コンステレーションを打ち上げることができるようになるに違いない。特殊作戦軍は、

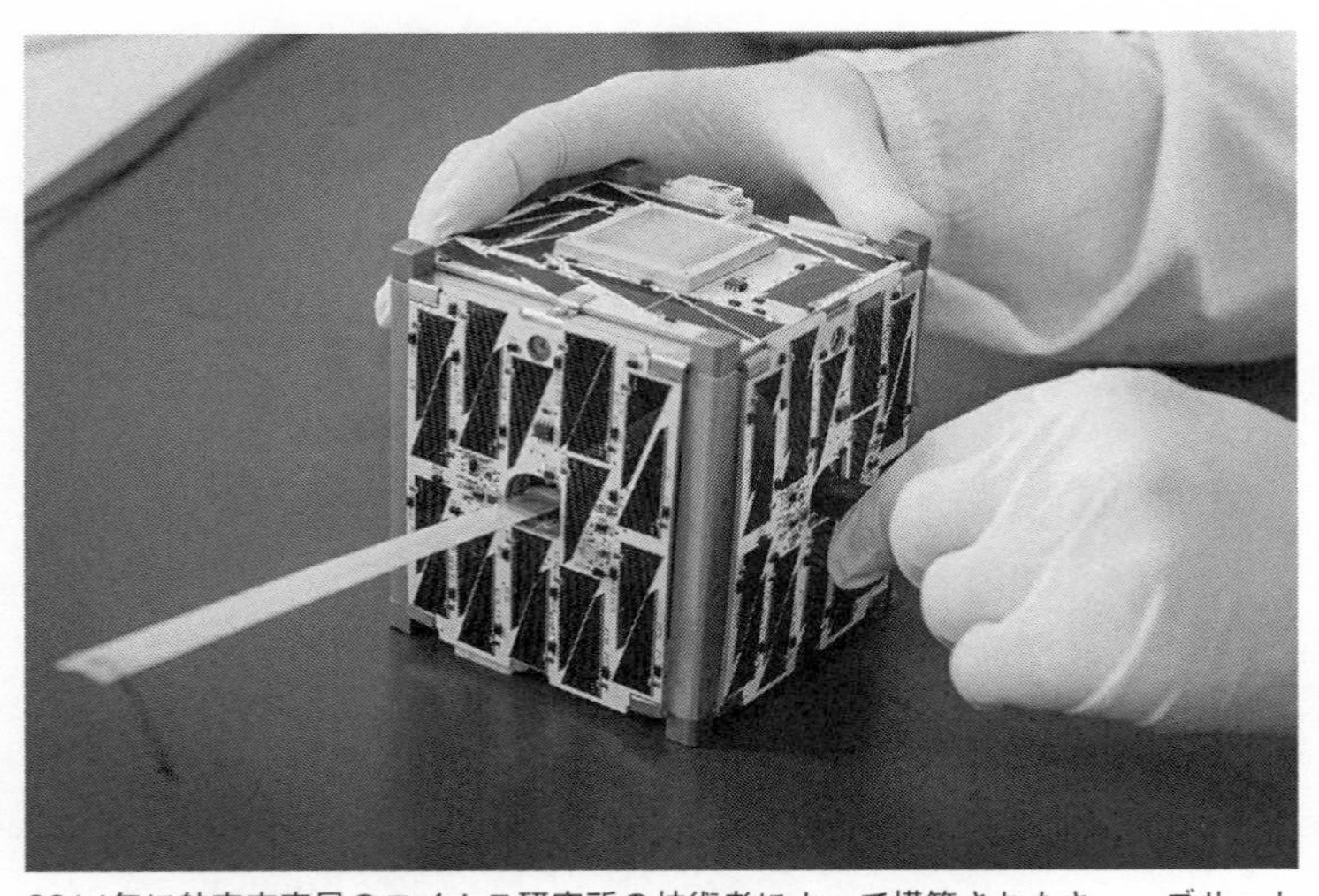

2014年に航空宇宙局のエイムス研究所の技術者によって構築されたキューブサット（小型人工衛星）で、名前はフォーンサット2.5。航空宇宙局　エイムス研究所提供。

小型衛星の大群を打ち上げ、その一つひとつにたった一つの仕事をさせるだろう。小さな電子発信機を取りつけられた逃亡中のターゲットを追跡するのだ。

国防総省は、二〇一七年に明らかとなった「キルチェーン」と呼ばれる危機管理計画の下で、一時間ごとに朝鮮半島の主要標的の画像を生成する、小さなレーダー衛星の大規模なコンステレーション（多数の人工衛星を星座のように配置すること）を打ち上げることを提案した。従来の大型レーダー衛星を使用して同等の範囲をカバーするには、およそ一千億ドル（約一〇兆円）の費用がかかる。米国防総省の中には、最終的にすべての諜報解析者の指元には、この地球の表面を

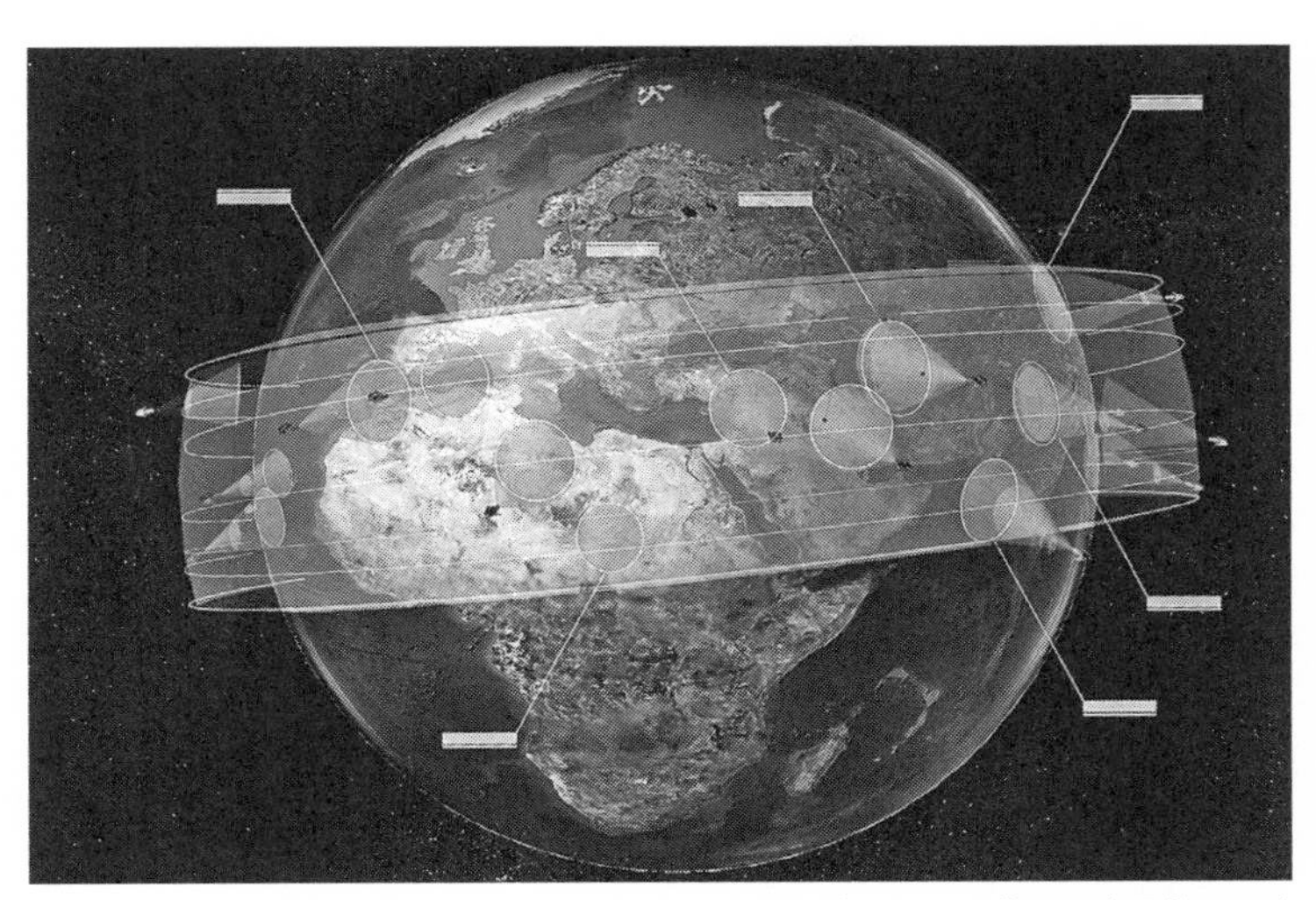

提案された米軍監視衛星のコンステレーションの芸術家による画像の3次元化。2時間以内に地球上のほとんどすべての地点に向けることができる。米国国防高等研究計画局提供。

二・五センチ四方ごとに分けて定期的に更新されるデータベースを使うことができる未来が来ると想定している者たちも存在する。ダルパは、「ボタンを押すだけで」地上の部隊が衛星画像に九〇分以内にアクセスできるように、十数個の小さな衛星のコンステレーションを建設している。また、緊急時には最短の事前通知で、約二七〇キロの衛星を打ち上げることができる体制を整えている。

　小型衛星への関心は米国だけに留まらない。二〇一七年には、ロシアが打ち上げた一つのロケットに五カ国から供給された七二基の小型衛星が搭載されていた。一方、インドの宇宙機関は小型衛星を打ち上げる自国のシステムを開発している。中国最大のミサイルおよびロケットメーカーである中国航天科工集団公司は、二〇二〇年までに年間五〇回の打ち上げを行うと予告している。

この新しい宇宙競争において、民間企業はすでに政府より進んでいる。シリコンバレーの新興企業プラネット社は、二百の衛星からなるコンステレーションによって、少なくとも一日に一回、地球全体の姿を撮影している（もちろん、天気がよい場合だ。衛星は雲の中や夜間では見えない。ただ、新興企業のカペラスペース社によって構築されたレーダー衛星は、合成開口レーダー衛星のコンステレーションを使用して特定の場所の「一時間ごと」のスナップ写真を提供することを計画している。そうなれば雲の間でも夜間でも見ることができる）。二〇一六年、国家地球空間情報局は、プラネット社が撮影する地球画像の継続的な提供に対して二千万ドル（約二一億円）を与えた。プログラムの開始から一カ月以内に、画像解析者はペルーの違法な金鉱山とホンジュラスに新しく建設された飛行場を発見している。

世界人口の九五％が定期的に撮影される⁉

最終的には、技術と打ち上げの速度が加速し、解像度が一メートル級の地球全体の画像を週に数回と、すべての主要都市の画像を毎日生成することができるほど、衛星は十分な数になるだろう。つまり、毎朝、ニューヨーク、ドバイ、シドニー、マドリードの新しい画像が提供され、ゴミを出している人と出していない人を確認するのに十分な解像度になる。

毎日、都市を通過することができる衛星があれば、次は一時間に一度通過する衛星が欲しくなるのではないだろうか？　キューブサットのような小さな衛星を作っている別の新興企業ブラックスカイ社は、人口密度が最も高い地域に六十の衛星からなるコンステレーションを打ち上げようとしている。衛星はバグダッドを一日に四二回、平壌と北京を一日に五二回、シアトルを一日に八〇回通過するという。合計すると、世界の人口のおよそ九五％が定期的に撮影されるということになる。

衛星の数が十分に多ければ、ワミーを宇宙に連れて行くという最初の問題（毎時二万七七〇〇キロの軌道の物理学）の潜在的な解決策が見えてくる。大気圏に話を戻すと、空軍が無人航空機で何日間も一つのターゲットを監視したい場合、複数の航空機を使用する。最初の無人航空機が燃料不足になると、二機目が入ってきて監視任務を引き継ぐ。空軍はたった四機の無人航空機で、ターゲットを永久に監視できるのだ。同じ原理を宇宙でも応用することができるかもしれない。

　航空宇宙局ジェット推進研究所で、小型衛星技術に取り組むチームを率いる技術者チャールズ・ノートンは、それがどう機能するのかについて説明してくれた。軌道力学の変に詩的な専門用語で、「一連の真珠」といわれる形に、小さくて安価な衛星のコンステレーションを一列に配置する。衛星をそのように並べると、九〇秒ごとに一つの衛星が地平線から下がると、次の衛星が監視領域の視界に入る。これらの九〇秒の映像をつなぎ合わせると、理論的には、地球上の一つの場所が途切れることなく安定して視界に入っているということになる。それゆえ、ワミーを宇宙へ飛ばそう、ということになるわけだ。

　宇宙のワミーに対する、その他のそれほど大きくない障害も少しずつ減りつつある。一つ気になる課題は、衛星のカメラが地球を時速二万七七〇〇キロで横切るときに、カメラをどのようにして表面の一点に向け続けるかだ。この問題は、元ゴルフトーナメントのカメラマンだったネイサン・クロウフォードが防衛請負業者になり、リバモア研究所の初期の試験運用で、空中何千フィートも上からサンフェルナンドバレーのガソリンスタンドにずっとカメラを向け続けるにはどうすればよいかと同じ状態だ。この作業は経験豊富な人間にとっても難しい。搭載スペースが限られている小さなキューブサットならなおさらだ。しかし、二〇年以上にわたって小型衛星を開発してきたエアロスペース・コープ社は、二〇一三年に一キロの小さな衛星が、オーストラリアの南西端にある小さな半島にずっと向いたまま、軌道速度で進むのを確認した。「姿勢制御」（実際の技術用語）は極めて可能だということを証明したのだ。

一方、ロッキード・マーティン社は、ほぼマイクロチップの平面アレイだけでできているスパイダーと呼ばれるカメラを開発している。衛星では非常に遠くの物体に焦点を合わせるため十分な大きさのレンズが必要となるが、このレンズを排除することにより、スパイダーは同じような性能を持つカメラよりも最大一〇〇分の一の大きさと重さを実現できる。その結果、打ち上げにかかる費用が安くなる。高解像度の都市規模の航空写真を生成できる単一のアレイは、幅が約三〇インチ、厚さが二・五インチほどだ。

HAPS（ハップス）は商業飛行機の二倍の高度で数カ月間の飛行が可能？

ワミーの宇宙版よりもさらに早く登場するかもしれないのは、HAPS（ハップス）だ。これは、商用飛行機の二倍の高度で、宇宙の端すれすれを、数日、数週間、さらには数カ月間飛行できる無人航空機の一種だ。これもまた極めるのは難しい技術である。フェイスブックとグーグルは、こうしたシステムの開発を試み、不可能でなかったが失敗している。

エアバスが開発したハップスで、ゼファーSと呼ばれる航空機はある飛行テストで、燃料補給なしで二五日二三時間五七分飛行した（英国国防省はすでにゼファーを三機発注している）。このような航空機にワミーが装備されている場合、キューブサットのコンステレーションと同等の監視力がある。ロシアの打ち上げロケットも巨大なレールガンも姿勢制御も必要としないのだ。

ひとたび広域宇宙監視が実現すれば、その戦術的優位性は重要になる。覇権争いのある宇宙空間では運用できなかったワミーの初代モデルとは異なり、リーパーや民間航空機は対空ミサイルのターゲットになりやすいが、衛星は権力からの規制もなく地球上のどこにでも飛行することができる。衛星はガスで動くわけではないので、一つのコンステレーションが何年もの間、同じエリアを監視することができるのだ。そして、衛星は高い高度で動作するので、監視範囲ははるかに広くなり、その結果、その監視の目から逃れることはさらに困難となる。

オービタルインサイト社は世界の石油埋蔵量を集計している⁉

軌道から収集されるデータはかなり大規模になるため、もし宇宙のワミーが第8章で紹介したようなＡＩによって解析することが可能なら、まさに驚異的な偉業となる可能性がある。衛星写真でさえ、適切なアルゴリズムに通すと、恐ろしいほど詳細に明かされる可能性がある。サンフランシスコを拠点とする新興企業オービタルインサイト社は、宇宙から見えるすべての原油貯蔵タンクのレベルを測定するディープラーニングソフトウェアを使って、地球全体の衛星画像を撮影し、世界の石油埋蔵量を定期的に集計することができる。

同社は同じ技術と同じ画像を使用して、米国すべてのデパートの駐車場に停まっているすべての車を数えて国内全体の季節ごとの収益を予測したり、米国の大手保険会社の何十万もの物件を監視したりしている。当然のことながら、オービタルインサイト社は多くの防衛および諜報機関にサービスを提供しているが、機関名やどんなサービスを提供しているかについては一切明かすことはなかった。

中央情報局と国家地球空間情報局は、それぞれ局内で同様のＡＩプログラムの開発に取り組んでいる。それらをテストし、訓練するために、パリ、リオデジャネイロ、ハルツームのほとんどを含む、世界中の何十万もの建物の画像をデータベースに組み込んだ。その一方で、シリコンバレーに拠点を置く国防総省の新興会社ディフェンス・イノベーション・ユニット社は国家地球空間情報局と、二〇一八年に自動衛星分析のオープンコンテストを企画した。最高のアルゴリズムへの賞金は一〇万ドル（当時の相場で約一一〇〇万円）だった。衛星ビデオについても同様の作業がすでに進んでいる。キットウェア社の研究者たちは、空中監視から武装勢力を追跡するために開発されたものと同じアルゴリズムを利用して、空軍研究所の衛星ビデオ用ソフトウェアの開発に積極的に取り組んでいる。

宇宙から自動ワミーを使用すれば、異常な行動を検出し、テロリスト、犯罪者、その他どんなネットワークでも地図に落とすことが可能になる。テヘランでの抗議の兆候、バルト海で攻撃隊形をとる戦車隊、またはオーストラリアの森林火災の初期の兆候を捉えることができるのだ。オービタルインサイト社のような企業は、データを利用して週単位だけではなく時間単位で、あらゆる種類の経済指標と諜報指標を追跡することも可能だ。すべてのことが、地球上のどんな場所でも可能になる。

アースナウ社の「地球全体を永久に監視する衛星の打ち上げ」

私の話がどこに向かっているのかは明白だ。リンカーン研究所で衛星監視プログラムに携わっていた技術者のビル・ロスは、二〇一六年にこんなことを言っていた。

「総じて、宇宙自動ワミーのような開発によって、広域監視映像は世界中に大規模に広がっていくだろうね。少なくとも、すべての重要な都市には必ず広まる」

それこそ、真にすべてを見通すことができるシステムだ。

当時、私はロスの意見に同意したが、それは、そのうち人々は空を飛ぶ車で移動すると言った人に賛同したようなものだった。言っていることは正しいだろうが、それが実現する日は、ずっと先のことだという感覚で同意したのだ。その後、二〇一八年の春に、アースナウ社という新興企業が、「地球上のほぼすべての場所のリアルタイムの連続ビデオ」を生成できる衛星コンステレーションを間もなく打ち上げると発表した。つまり、ついに、『エネミー・オブ・アメリカ』のような衛星が実現する。当時、エアバスの衛星からの映像は、政府や大企業だけが利用できるものだった。しかし、アースナウ社は最終的には、グーグルアースのようによい人も悪い人も含めて、誰もがアクセスできる大衆向けのサービスを提供したいと考えていた。

これを書いている時点では、アースナウ社はその計画の技術的な詳細については曖昧な表現しかしていない。この事業はビル・ゲイツやソフトバンクを含む多くの著名な投資家によって支援されているが、同社の約束をそのまま受け取るには不安な材料もいくつかある。しかし、同社が最終章まで続けたいと願う物語はもう終わることはないだろう。たとえアースナウ社が、地球全体を永久に瞬（まばた）きすることなく監視することに成功しなかったとしても、どうなるかはわかっている。遅かれ早かれ、他の誰かが物語を完結する。

［注1］　特定の衛星が一つの場所に無期限にとどまることができることは事実だが、いわゆる静止軌道では、はるかに高い高度に打ち上げる必要がある。ワミー衛星を地理的に配置することは技術的には可能かもしれないが、現在のカメラの技術では、地表の詳細をそれほど遠くからは捉えることはできない。中国の巨大な人工衛星・高分4は、現在、静止軌道にあって、四九〇〇万平方キロメートルの東アジアをじっと見つめている。何らかのビデオ撮影機能を備えていると言われているが、おそらく巨大な大型船より小さいものは見えないだろう。

第10章 これまで誰も思いつかなかった最高の監視インフラ「どこまでも見つめる目」

レーザーイメージングセンサー、ギルガメッシュ空中携帯電話インターセプター、シェナニガン

料理人は、上手に料理するには五感すべてが必要だと言うだろう。ステーキをフライパンで焼くとき、ジューッと音がしたらフライパンが十分に熱くなっていることがわかるだろうし、肉が焼けたか確認するには指でつつけばよい。何かが燃え始めたら、見て気づくよりも先に鼻が反応する。

同じように、米国政府は、世界を感じるために実にさまざまな方法を自由に利用している。空軍の五百を超える諜報、監視、偵察のための航空機には、スロバキアの面積ほどのエリアを移動する物体をすべて検出できるレーダーシステム、何百もの異なるタイプの材

料から放出される電磁放射を確認できるハイパースペクトルセンサー、そして、一〇キロ頭上から地上の敵の無線の会話を傍受できる高周波インターセプターが搭載されている。

　この状況は諜報機関でもまったく変わらない。国家地球空間情報局は、３Ｄマップを作ることができるレーザーイメージングセンサーを所有しており、非常に高性能なため空中に浮かぶエアロゾルさえ検出する。航空宇宙局のギルガメッシュ空中携帯電話インターセプターは、数メートルの精度で携帯電話の位置を特定できる。一方、別の空中システムであるシェナニガンは、中規模程度の町のすべてのＷｉＦｉルーター、インターネットに接続されたコンピューター、およびスマートフォンのデータを一挙に取り出すことができると報告されている。

　最高機密に分類されるいくつかのツールは、まったくサイエンスフィクションさながらで、その上奇妙でさえある。二〇〇七年のいつになく率直な状況説明会において、米軍の非合法活動を統括する国防総省の合同特殊作戦軍の職員は、組織が間もなく自己展開型盗聴器、生体模倣ドローン、さらには数キロ先から人間の臭いを嗅ぎつける人工の犬の鼻さえ配備するだろうと述べた。

　こうしたことが実現すれば、間違いなく世界がこれまで経験した中で最も偉大な情報源であるソーシャルメディアに、さらなる革新をもたらす。それも何もしなくても勝手に情報がつけ加えられていく。あるフェイスブックのプロフィールには、ターゲットの詳細な略歴、どんな見た目なのかがわかる大規模な画像コレクション、変化していく政治観の記録、時間を過ごした場所のログ、そして個人情報満載の家族、友人、および仲間のデータが含まれる場合がある。これは、今後スパイ機関がますます洗練された方法で熱心に監視していく分野だ。

一つの例を挙げてみよう。二〇一四年頃に黒字化した、世界諜報監視および偵察という、あからさまな名前のダルパの取り組みは、何百万ものユーチューブとインスタグラムのビデオから、米国が空域のアクセスを持たない場所やイベントを3Dに復元することを目的としている。防空に厳しい中国、ロシア、イランのような国々が思い当たるだろう。

米国政府は、今後これらの技術や情報源をすべて同時に使って、さまざまな関係機関が協力していく体制を構築しなければならなくなるだろう。ワミーはイラクやアフガニスタンなどの武装勢力の捜索と追跡に優れていたが、国防総省は常にこれよりずっと大規模な監視装置の一部にすぎないと考えてきた。それは「層状検出」と呼ばれる取り組みだ。一回の作戦で、ゴルゴーン・ステア画像の処理を担当する空軍の諜報部隊は、さまざまな種類のレーダー、写真用カメラ、携帯電話のインターセプター、および分光サーモグラフィー化学物質検出器などからのデータを使用することもある。

このように多種多様な空の目は、本当に瞬（まばた）きすることのない地上の視界を可能にする。ワミーの技術を使って、車両を追跡しているときに、雲によって視界が遮られることがある。しかし、レーダーはすべての気象条件で見ることが可能だ。ゴルゴーン・ステアの映像やレーダーで被写体の詳細をはっきりと確認できない場合は、近くを飛行しているリーパーに搭載されているソーダ水のストローカメラであれば、被写体の髪型だけでなく、その人がタバコを持っているかどうかもわかる。携帯電話のインターセプターは、疑わしい機器のだいたいの場所のみを検出する。電話が検出された特定の車両を確認したい場合は、ワミーに仕事を代わってもらう必要がある。

「クロスキューイング」複数のセンサーからのデータを組み合わせる

さまざまなセンサーからのデータを組み合わせるには、国防総省が最初にターゲットを見つけることが鍵となる。「クロスキューイング」として知られるプロセスでは、広域センサーのワミーや地上追跡レーダーが、戦場となっている一帯をスキャンして不審な動きを探り、その場所の緯度と経度の座標をソーダ水のストロー航空機へ送る。そうすることで、問題のドライバーが武装兵士か、それともただ携帯の電源が切れた民間人かを区別す

バグダッド北部の軍事施設キャンプ・リバティーの諜報部隊で、複数の諜報映像を管理する第362遠征偵察中隊の解析者たち。米国国防総省の視覚情報は、国防総省の承認を意味したり、与えるものではない。米空軍　上級パイロット　ジャクリーン・ロメロ提供。

ることができる。

税関・国境警備局は、米国の国境で似たような手法を実践している。アリゾナを拠点とする局のリーパーが、広大な土地を監視できる地上レーダーであるベイダーを使って動いているものを検出するたびに、それを確認するために、操縦士は望遠カメラを指定された座標へ向ける。

このように複数のセンサーを使用することは、アルゴリズムによって検知された場合には特に重要だ。もし完全ではないアルゴリズムがプログラムされた一台のカメラが、画面上の特定の塊を敵の戦車として特定した場合、その疑わしい戦車が実際には冷蔵トラックだという可能性を排除することはできない。しかし、二番目のセンサーも戦車と検知した場合、相手にしているのが戦車だと判断する理由が多いに予測できる。テキサス州のラボックで試験運用された、シグナル・インベーション・グループが開発した自動行動検出器は、並行して複数の監視映像を合わせると最良の結果をもたらすという。

自動センサーの融合とＡＩ

これらすべての情報を統合して判断していくプロセスは、困難で、面倒で、莫大な時間とコストがかかる。それぞれの諜報情報には、それぞれ違う専門知識を持つさまざまな解析者が必要だ。大規模で複雑な作戦では、無線の会話を傍受するには中央情報局のインタープリターが、ＷｉＦｉデータには国家安全保障局のサイバー専門家が、ビデオ映像には空軍の画像専門家が必要になる場合がある。彼らはすべて同じターゲットたちを見ているにもかかわらず、それぞれの解析者は他の人には理解できない複雑なデータの読み込みを行う。

このような体制は、それぞれが一つの感覚しか持たない調理人のチームのようなものである。一人のシェフは食べ物のにおいを嗅ぐこと、別のシェフはそれを味わうこと、三番目のシェフは触れること、四番目のシェフはそれを見ることに限定される。時間的制約のある軍事作戦において、一つのターゲットについて異なる情報源から取り組んでいるさまざまなチームは、諜報センターでまさに怒鳴り合いの議論をしなければならないことが多い。また、同じ部屋にいない場合は、お互いの調査結果を巡ってチャット掲示板で怒鳴り合っている。たとえば、ターゲットが雲の下に駐車したため、一つのチームがそのターゲットを見失った場合、解析者は急いで雲を通して見ることができるセンサーに切り替えなければならない。急いでことにあたらないと、ターゲットは攻撃を開始したり、完全に視界から消え、どのチームのセンサーを使っても追跡不可能となるのだ。

国防総省の二一世紀の諜報戦略の中核をなす信条は、さまざまで複雑な諜報を融合させる仕事をコンピューターに任せることだ。

自動センサーの融合と呼ばれるこの考え方は、ＡＩによって実現された唯一のソフトウエアが、さまざまな種類のセンサーからのデータを照合して、ターゲットの複雑な一つの姿を作り上げるというものだ。何千人もの職員を抱える複数の機関が、それぞれに異なる種類のピクセルを凝視して、ごちゃまぜの無数の画像から一つの写真を作成するのではなく、どこからでもアクセスできる一つのアプリですべてを実行できるようにするというものである。

現在、国防総省と諜報機関の倉庫にどれだけ多くのさまざまな情報収集ツールが存在するのかを考えると、さらに、言うまでもなくその他の法執行機関でもどんどん増えていることや、それがどれほど実際の生活やデジタルな世界に広く隅々にまで浸透しているかを考慮すると、もしそんな技術が可能になるなら、その対価は計り知れない。これまで誰にも気づかれることなく犯行現場を逃げ出すことができたグループは、もうそのような運には恵まれないかもしれない。また、従来の監視解析で間違ってターゲットにされてしまった人々が、明日も幸せに暮らすことができるかもしれないのである。

ＢＡＥ社のソフトウェア「ヒドラ（ベイジアン理論）」

ＢＡＥ社によって構築されたソフトウェアであるヒドラを例にしてみよう。ヒドラはベイジアン理論を使って、空軍がゴルゴーン・ステアの分析部隊でワミーを含むすべてのタイプのセンサーから集めた情報やその他いくつかの諜報機関から集まった情報を自動的に関連づける。

無線諜報センサーが不審な通話を検出しても、それが特定の車両に結びつかない場合、ソフトウェアはビデオ映像のデータをチェックし、確率的推論を使用して、可能性のあるターゲットをマークする。正しい車両が見つかると、プログラムは同じ相関手法を使用して、当事者を見失うことがないようにする。ターゲットが一つのセンサーの視野から外れると、ソフトウェアは瞬時に別のセンサーに切り替わり監視を続ける。

ヒドラに資金を提供した同じ空軍プログラムの下で、サンディア国立研究所の研究者たちは、ストライキを先導するターゲットのそれまでの行動を広い範囲にわたって照合するソフトウェアを構築した。理論的には、このシステムは、空軍が引き金を引いたときに、その祖母などではなく、正しいターゲットに銃を向けていることを確認するために役に立つ。無線諜報だけに基づいて照合したら、強面の反逆者の略歴と彼の祖母がマッチしてしまう可能性があるからだ。

いくつかの取り組みでは、多数のセンサーを装備している航空機に集まったさまざまな情報を、その場で融合することに焦点を当てている。どことはわかっていない諜報機関のためにロゴス社で開発中のブライトアイズには、昼用と夜用の二つの広域カメラが組み込まれている。他に、化学物質の放出を検出するハイパースペクトルセンサー、ターゲットの正確な３Ｄモデルを生成する光検出および測距(そっきょ)ユニット、望遠カメラ、そして機密のセンサーが二つ搭載されている。

「プロジェクト神」（英国国防省）、「テンタクル（触手）」、「ストーブの煙突」（スパイ用語）

さらに、ある航空機は広域画像で追跡されたすべてのターゲットのクローズアップ画像を自動的に撮影し、また同時に、それらのターゲットが爆発物を輸送しているか、電子通信を傍受しているかどうかを判断する。地上の解析者が手動で照合するために複数の個別の監視映像を送るのではなく、そのようなシステムは、監視しているターゲットの一つの多面的な映像を生成する。英国国防省は、そうしたコンセプトをモデルにした「完全に自律的なターゲット検出」と呼ばれる多感覚無人航空機を構築している。つけられた名前もそうした機能を的確に表現している。ずばり、プロジェクト神である。

これらのプログラムは、膨大な量の監視をシンプルで直感的なインターフェースに凝縮できる。カーネギーメロン大学といくつかの民間企業が協力して、空軍研究所は、テンタクル（触手）と呼ばれるプログラムを開発している。これは、数百のビデオ映像から車両と個人を自律的に識別および追跡し、監視対象エリアの没入型３Ｄモデルに当てはめていくというものだ。一度に数十本のビデオを監視する代わりに、解析者はどんな角度からも探索できる単一の地面の眺めを使用することができる。公開されたシミュレーション映像は、ビデオゲームのように見え、子供でも理解できるほど単純だ。

従来の国家安全保障にまつわる諜報活動では、あまりにも多くの異なる機関や組織が、非常に多くのさまざまな種類の情報をそれぞれ別々に扱うので、スパイ用語では「ストーブの煙突」と呼ばれるが、こうした過熱状態でパズルの重要な部分が失われる可能性は大きい。二人の解析者がそれぞれ別の場所で二つの異なる諜報映像を眺めているとき、もし、その二つの映像を合わせてみれば、まだ何かはわからない脅威を導き出せるかもしれないが、その情報を共有する機会を持ち合わせていない。この関係機関の調整の欠如こそが、近年の主要な諜報活動における多くの失敗の原因である。

ダルパ開発のプログラム「インサイト」

この問題に着目してダルパが開発したプログラムであるインサイトは、広域画像、電子通信、レーダーデータ、無人偵察機からのソーダ水のストロー映像、および人間の情報源から情報を自律的に照合し、一つのターゲットに関するどんな情報の断片も抜け落ちないようにする。ユーザーに優しいスマートフォンのアプリのように「豊富」で「対話式」に設計されたプログラムは、フェイスブックのプロフィールのような照会データをすべてのターゲットに対して作成する（明らかにインサイトのようなソフトウェアも、ソーシャルメディアからの情報を大分集めている）。こうして照合された情報の断片が、異常や脅威を指摘すると、ソフトウェアは組み合わされた情報を合わせて、人間のオペレーターに警告する。たとえば、ゴルゴーン・ステアで目撃された、すでにわかっているノードに訪れる人物がいるとする。その後、噂に続いて、地元の情報提供者が近くの市場への攻撃について耳にする。前者の二つと後者の二つの情報を組み合わせて、ソフトウェアは警告を発するのだ。

フェイスブック、ツイッターを追跡するソフトウェア

ダルパは多くの野心的な計画の中の一つとして、インサイトが将来的に生活のパターンモデルを構築するだろうと主張している。これはダルパが地域によって異なる社会的および文化的な「ダイナミクス」と呼ぶもので、これまでの行動や会話からターゲットが次にどこに向かうかさえ予測するものだ。同じようなやり方で、国家地球空間情報局には、ゴルゴーン・ステアなどのシステムに監視されている地域で、フィエスブックやツイッター

で人々が話していることを追跡するソフトウェアがある。これは都市などの「動的安定性」因子を分析するために役に立つ。諜報機関における「動的安定性」の定義は、集団暴行がいつ起こってもおかしくない状態のことをいう。

同様の原則に基づいて、空軍における取り組みでは、ディープラーニングシステムをさらに賢く構築して、「人の目を欺くような行為や電子戦争」など人間の解析者が戸惑う状況下や、悪天候などの環境条件により情報の品質自体が落ちる場合に、「注目しているターゲット」と疑わしい活動を見つけるために、さまざまな情報を融合することができるようにする。

空軍が想定しているように、ソフトウェアは何を探すべきかを教えられる必要さえない。代わりに、ただ諜報解析者間の伝言板チャットを読んで、彼らにとって関心がありそうな情報を推測する。二人の解析者が午前中に特定の人物についてチャットしていたら、プログラムは別の機関からその人物に関する情報を収集し、昼までに彼らに提供することができるかもしれない。

すべてが一緒になって「機械による諜報のオーケストラ」

こうした取り組みがすべて一緒になったらこの先一体どうなるのだろうか？　二〇一八年に発表された「機械による諜報のオーケストラ」という記事において、ＢＡＥ社、二社の衛星画像解析会社、そして、ノースウェスタン大学のコスタス国土安全保障研究所から集まった技術者のチームが、この監視における統合された未来的なアプローチについて一つのヴィジョンを提案している。

筆者のオリジナルのシナリオで解説しよう。諜報解析者が、ウサマ・ビン・ラディンの捜索に着手する。彼は人工知能融合システムを開き、シーリーに話しかけるように「ウサマ・ビン・ラディンはどこにいるのだ？」と尋ねる。ソフトウェアは、膨大な量の利用可能な諜報情報を整理して、質問に関連する答えをもたらす可能性が最も高い情報源を特定する。ここでも、シーリーが質問に答えるためにそうするように、グーグルにも検索をかける。ビン・ラディンはおそらくパキスタンかアフガニスタンのどこかにいるはずだと判断すると、ソフトウェアはその地域から録音されたすべての携帯電話の会話を音声認識プログラムにかけて、ビン・ラディンの仲間の間で交わされたいくつかの通話を見つける。

このソフトウェアは、公衆電話からかけられた一つを特に関心の高い通話として識別する。そして、電話の相手を特定するために、ハッキングしたウェブカメラと頭上の広域監視映像を照合する。次に動作追跡ソフトウェアは、電話をした人物の電話をする前と電話をした後の動きを映像から追跡する。男は疑わしい住宅地に立ち寄る。少し検索すると、その家に住む人物は最近ソーシャルメディアに、ビン・ラディンへの「熱狂的な」な支持を書いた上級軍将校だとわかる。ソフトウェアは、質問に対する答えの正確さを示す得点とともに、住宅地の住所を解析者に送る［注1］。

国防総省が解析者とデジタルの相棒を組ませて、地球上で最も捕まえたい犯罪者たちを自動的に発見することができるようになるまでにはまだ数年かかるだろうが、一部の自律化されたセンサー融合兵器はすでに戦場に出回っている。

たとえば、F―35ライトニングⅡや最新のF／Aスーパーホーネットなどの高度な戦闘機には、さまざまなセンサーから得たデータを監視地域の一つの画像に一緒に映し出すソフトウェアが搭載されている。二〇一七年、少なくとも五十年の開発期間を経て、空軍はBAEとサンディア社のソフトウェアを、空対空ターゲット用のプログラムと共に、リーパー無人航空機の制御システムに導入したようだ。一方、ダルパの広域ネットワーク検出プログラムの下で開発された、車両の長さを延長し、無線諜報と融合することによってワミーのデータからトラックを抜き出すツールは、二〇一三年に米軍の特別作戦軍に移転された。現在は、アルゴスのカメラで撮影した画像用に、戦場で使用されているという情報を得ている。

すべてを見通す「スーパースパイ」

諜報機関の間では、これらのツールの多くはすでに何年も使用されている。グーグルアースのように見える国家地球空間情報局の世界地図は、地球の表面の隅々までさまざまな情報源からの機密情報を収集し、敵対関係にある地域かどうかに関係なく、ユーザーが画像の宝庫から調べたい場所の情報にアクセスできるようになっている。局の総合情報分析およびアーカイブシステムと、非公表の諜報機関が所有するクウェルファイアと呼ばれる別のプログラムは、幅広いデータベースセットを自動的に利用して、フェイスブックの事件簿のように、すでにわかっているテロ容疑者に関する情報を引き出すことができる。国家地球空間情報局は、二〇二〇年までに局内のすべての解析者が、指で触れれば、まるですべてを見通すスーパースパイのように、さまざまな諜報機関によって蓄積されたあらゆるタイプの情報を一つにまとめたデータベースが完成すると予測している。

敵、味方関係なく購入できるスーパースパイ融合製品

その他の融合製品はすでに市場で販売されている。BAE社は、ダルパが開発した広域ネットワーク検出システムとよく似たムーブメントインテリジェンスと呼ばれるソフトウエアと、一般向けのヒドラのソフトウェアを販売している（アルゴスも構築したBAEは、この分野では業界のリーダーだ。先ほどの世界地図とダルパのインサイトにおける第一請負業者だった。二〇一八年の時点で、同社はこの二つのプログラムで四億ドル［当時の相場で約四四〇〇億円］以上の契約を締結している）。

ニューヨークを拠点とする調査会社であるSRCは、電話やラジオから得る無線諜報情報と共に、ドローンの映像をグーグルアースと一体化するソフトウェアを販売している。バージニア州に本拠を置く防衛会社レイドスは、視覚情報と文字情報を自動的に融合することができる高度分析セットと呼ばれる製品を提供している。同社は、需要度の高いテロリストや犯罪者の発見に特に適していると自負している。一方、防衛の最大手ロッキード・マーティン社は、衛星、無人偵察機、人間の解析者からの情報を集めて、戦場の巨大な没入型3Dシミュレーションを作成する製品を販売している。そのパンフレットには、

このプログラムはカナダで開発されたため、世界中のほとんどすべての国に輸出できると書かれている。

こうしたソフトウェアは高額だ。BAEのヒドラのライセンス料は一四万四千ドル（約一四〇〇万円）だが、ワミー画像用の同社の追跡ソフトウェアは二八万七千ドル（約三一〇〇万円）で、さらに一年間のメンテナンス料は四万九千ドル（約五三〇万円）である。ロッキード・マーティン社のソフトウェアはわずか九千ドル（約九七万円）で、比較するとお買い得かもしれない。

機能別のドローンの群れがチームとなって交戦目標へ出撃する（ダルパのシミュレーション）

コンピューターが協力者として、人間と一緒に働くことができるほど賢くなれば、コンピューター同士でチームを組むことはそれほど難しいことではないかもしれない。

さほど遠くない将来に、ドローンのチームが一連の対空レーダー基地への奇襲攻撃のために敵の領土に派遣されることを想像してみてほしい。これは、パイロットが操縦する通常の航空機では危険すぎるミッションだ。ドローンが検出を回避するために、ドローン同士や国内の基地のオペレーターとの通信は最小限にとどめなくてはならない。無人偵察機だけでミッションを遂行するのだ。

ダルパが二〇一八年に発表したシミュレーションで描かれている架空の対レーダーミッションでは、無人偵察機はまるでターゲットを追跡する空軍解析者のチームのように行動する。最初のドローンには広域センサーが装備されている。レーダー基地の可能性を検出すると、ソーダ水のストローカメラを搭載した二番目のドローンが出動し、より詳細に調べる。しかし、天候が悪いため、ソーダ水の画像はそれほどはっきりとはわからない。そこで、三番目のドローンが合成開口レーダーでサイトをスキャンして、ビデオ映像に追加する。すると、ドローンの群れの目標認識アルゴリズムがターゲットを確認できるほど画像は鮮明になり、最後はターゲットを破壊する。ダルパは、無人偵察機が国防総省の交戦規定に厳密に従うことを明記している。

それぞれのドローンは、収集するデータの重要性を理解しており、チームメイトと共有するタイミングと方法についてもわかっている。一機が特定の対象物の識別に苦労すると、空軍の画像解析者が同僚に画面上のピクセルがモーターバイクなのかロバなのかについてセカンドオピニオンを求めるのと同じように、他のドローンやロボットに相談する。また、別のドローンがそのエリアで対空ミサイル発射装置を検出した場合、その情報を他のドローンに伝え、その射程圏外にとどまるようにルートを変更する。

そのようなシステムを使うことができれば、人間のパイロットを危険にさらすことなく、必要となる人間の諜報解析者の数を減らすことができる。また、人間の心という繊細で揺れ動く感情を排除することによって、戦場における決断を早めることにもつながる。また、この種のドローンの群れは、作戦本部と常に通信を行う必要がないため、敵の背後で自律的な秘密任務を遂行するのに非常に都合がよい。

百を超えるドローンの群れが協力して建物への攻撃と撤退を遂行する！

オフセット（攻撃型群集可能戦術）と呼ばれる、ダルパの悪夢のような二つ目の群衆戦術における取り組みは、市街戦に最適化された同様のチームの構築に焦点を当てている。局によって提案された一つの概念的なミッションでは、建物への「攻撃と撤退」を指示された百を超えるドローンの群れが協力して、建物への最適なエントリポイントを見つけ、その居住者を特定し、建物の立体地図を作成し、電波の放出源と化学物質を特定する。すべてのミッションは二時間以内に終了するという。

少なくとも、このようなソフトウェアでは、無人偵察機の群れから逃げ切るのは非常に難しい。ベドラムと呼ばれるプログラムがそのよい例だ。それは、陸軍の資金で開発され、地上でターゲットを追跡するためにドローンの群れを最適化するように設計されている。公式に発表されたシミュレーションでは、ソフトウェアを搭載した一機のドローンが中東の都市のように見える曲がりくねった道を走る車両を追跡する。

ビデオは一見の価値がある。車両が曲がるたびに、ドローンは即座に進路を変更し、ターゲットの次の脱出ルートを計算する。ドローンの群れがこのタイプの推論能力を備えていた場合、一機のドローンが車両の進路を変更したことを検出すると、他のドローンと直接通信して、一頭のカリブーを追いかけるオオカミの群れのように、回り込んで行く手を遮ることができる。

ドローンの群れが地上監視システムと連動している場合、その群れから逃れることはさらに困難になる。二〇一七年、コーネル大学の研究者たちは、ニューヨークのイサカにある大学のキャンパスで、監視用ドローン、ロボット、地上カメラのチームを組んで、自動融合システムのライブ実験を行う計画を発表した。ディープラーニングアルゴリズムとベイジアン理論を使って、戦っているように見える人々を確認すると、ドローンは地上のロボットにより鮮明な動きがわかる画像を要求する。また、地上カメラが混雑した広場に誰かがバックパックを残していくところを捉えると、ドローンに情報が伝わり、現場から去って行く「容疑者」を追跡できる。こうした機能を大学のセキュリティシステムに取り入れる話がすでに進んでおり、海軍がその費用を負担している。

街中にあふれるカメラ、スマホが自動センサーで融合されるとき

今日の世界はセンサーにあふれている。街や大学のキャンパスを少し歩くと、私は知らず知らずに何十、何百ものカメラの前を通り過ぎているかもしれない。ポケットの中の携帯電話が絶えず私の位置を知らせてくる。ナンバープレート認識は、知らないうちに私の車のプレートを読み込んでいる。ときには、ツイッターに私の政治的見解を載せたりもする。また、あまり意識しないで定期的に自撮りの写真も載せているに違いない。これによって、顔認識ソフトは最新の状態に保たれる。

ほとんどの場合、現在これらのセンサーは相互に通信していない。私が五〇台のカメラの前を通り過ぎても、それぞれのカメラに映っている人物が同一の人間だと判断するような機能は持ち合わせていない。私のツイッターのハンドル名は知らないし、以前乗っていた車の登録番号も知らない。テコン・ハートの加害者たちは、ブルックリンで撮影されてから、間違いなくここ何年かの間に何千もの監視カメラに映っていたであろうが、これら

のカメラはどれもその犯罪と結びつけることはできない。加害者たちは匿名のピクセル化されたゴーストだ。知られていないと知られていないのだ。

もちろん、自動センサー融合の原理はすでに米国内で普及しつつある。合衆国の四九州、コロンビア特別区、プエルトリコ、米領バージン諸島、およびグアムの約八十の地域における法執行機関は、軍事作戦指令室をモデルにした融合センターを運営している。そして、さまざまな機関や民間組織によって収集された情報を提供するインフォメーションセンターとして機能している。

国土安全保障省が作成したガイドラインによると、これらのセンターは地方機関に「国家の脅威に関する情報」を提供し、「暴力的な過激主義」との戦いに備えて調整を行っていくという。

ウサマ・ビン・ラディンを追跡した(⁉)融合ソフトウェア、マイクロソフト社開発の「アウェア」

一方、ロサンゼルス警察、首都ワシントンの首都警察、バージニア州警察など、米国の多くの法執行部門は、シリコンバレーの会社であるパランティアが開発した融合ソフトウェアを運用している。このソフトウェアは、将来の暴力犯罪を引き起こすリスクがある個人を特定するために、犯罪歴、反社会組織のデータベース、ナンバープレート登録、ソーシャルメディアアーカイブ、さらには刑務所の通話記録でさえも照合して分析する（同社は国防総省や諜報機関と広範囲にわたって協力しており、ウサマ・ビン・ラディンの追跡を助けるデータ分析サービスを提供していたと噂されている）。

そんな中、ニューヨーク、シンガポール、および多くの非公表の都市では、マイクロソフト社が開発したアウェアと呼ばれる精巧な融合システムを運用している。これを使用すると、地方自治体のデータ保存倉庫とライブ監視システムから、画像とテキスト情報にリンクすることができる。二〇一七年に私が話を聞いた担当者は、同社がアウェアをさまざまな新しい市場に投入する計画に取り組んでいると話していた。具体的にその市場についで尋ねると、彼は公式、非公式に関係なく、詳細を明らかにすることはできないと言って、突然会話を終わらせた。

そのようなシステムがあったら、テコン・ハートの襲撃事件を調査していた捜査官にとってどれほど役に立っていたかは容易に想像できる。発砲検出器があれば、近隣に点在する監視カメラに、ルイス通りとヴァンビューレン通りが交差する場所から逃げる容疑者の追跡を開始するよう指示することができたかもしれない。次に、カメラはすべての通行人の画像をデータベースと照合して、犯罪者の記録があるかどうかを確認することができた。そして、警察が現場に到着するまでに、システムは加害者の隠れ家や彼らの正体を正確につかんでいたはずだ。

テロリストを事前検出する融合システム（アームド）

二〇二二年のワールドカップに至るまでの数十カ月間、カタールの治安当局はアームドと呼ばれる融合システムを使用して、ソーシャルメディアの投稿、ショートメッセージ、すでにわかっているテロリストネットワークに関する諜報レポートを綿密にチェックして、テロを起こしそうな人物の捜索を行うと発表している。アームドの試作品を使って、二〇一三年に起きたボストンマラソン爆弾テロ事件に至るまでの何日ものデータの山を解析したとき、三人を殺害し、二六〇人以上を負傷させた爆撃の犯人であるツァルナエフ兄弟を、残虐行為を行う可能性が最も高いと思われる上位百人の中に選んだ。ワールドカップ開催中に特定の容疑者が明らかに緊急攻撃を計画していることがソフトウェアによって確認された場合、空中ドローン、地上カメラ、携帯電話追跡システムからのデータを融合して、被害が発生する前に警察を容疑者の居場所に誘導することになっている。

ダーファ・テクノロジー社の顔映像で自動追跡するシステム

中国では、ダーファ・テクノロジーと呼ばれる会社が、監視カメラの映像で人々の顔を認識し、接続されている他のすべてのカメラで撮影された行動を最大一週間前まで自動的に追跡できるシステムを販売している。誰がどんな車に乗っているかを判断できるほど賢い。同社は、監視カメラが特に密集している都市では、そのソフトウェアによってターゲットが最も頻繁に交流している市民または反体制活動家を特定できると主張している。そうなると、これらの人々もまた追跡され、今度は彼らの仲間が監視対象になる。そうやって、永遠に続いていく。

すべての監視システムが完全に融合した都市では、もはや隠れる場所はないかもしれない。空中カメラが私のUターンを自律的に検出し、駐車した場所まで追跡してくるかもしれない。ナンバープレート認識は、私が別の州で未払いの交通違反があるかどうかを調べることができるだろう。歩いていたとしても、今度は地上カメラがそのギャップを埋める。街角からインスタグラムに写真をアップすれば、私の身元と画像の中のピクセルから私に関する情報が交差し、もし誰かが私を疑わしい人間と判断するなら、これまでのソーシャルメディアへの投稿がすべて露出する。

私たちが生活に密接した身近な場所から自ら大量のデータを生成しアップロードし続ければ、こうした状況は変わることはない。あらゆる物のインターネット化（ＩｏＴ）について考えてみてほしい。パソコンや携帯やカーナビなどの電子機器、車、家電製品などはネットワークにつながっている。そして、新しい電子ツールはデータを送受信できるようになっている。

容赦のない完全監視体制「ビッグダディ」の中で暮らす

こうしたシステムは私たちの生活を便利にするかもしれないが、同時に、私たち一人ひとりの信じられないほど詳細な肖像画を描いてしまう。ある推定によれば、二〇二五年までに世界で八百億の高性能デバイスが稼働し、毎分十五万の新しいデバイスがオンライン化されると予測されている。国防総省はすでにこうしたすべて無料の「監視」を利用する方法を考案しているのだ。その文書ではこう説明している。

「この相互に接続されたデバイスの広大で限りない空間は、地球規模で広がるさまざまな形の監視システムとして機能することができるだろう」

また、この文書は、二〇一五年にあらゆる物のインターネット化が「これまで誰も思いつかなった最高の大量監視インフラ」になると書いた法律専門家のジュリア・パウルズの言葉も引用している。

したがって、私たちがすべてを見通す監視について考えるとき、私たちを取り巻く他のすべての技術という観点から考察する必要がある。広域監視は、すべての動きを記録できて、一度に数千台の車を追跡できるから重要なのではない。肝心なのは、監視カメラ、空中監視航空機、衛星コンステレーション、電子メール監視ツール、あるいは私たち自身が載せるインスタの映像など、それがどんな方法であれ、どんな形であれ、私たちの生活の多くがすでに何らかの形で瞬（まばた）きすることのないセンサーの凝視にさらされているこの時代に、広域監視というものが出現しているということなのだ。

ワミーは間違いなくこれらすべてのシステムの「ビッグダディ」である。ただ、一つのデバイスというよりは、これらの技術の融合により、私たちは容赦なく完全な監視体制の中に身を置くことになる。つまり、私たちが行動を起こさない限り、それが現実なのである。

［注1］　実際に中央情報局がビン・ラディンに対して襲撃を行ったときに、解析者たちが手動で発見した住宅地の分析に対する信頼度は六〇〜八〇%だった。

第3部

これからの長い道のり

第11章 「注目に値する戦い」匿名性の終焉!? 技術がもたらす脅威

ワミーが作り出す未来に断固NOと言う男ジェイ・スタンリー

広域監視が公に知られている以上、市民生活への侵入を阻止しようとする人々がいる。少なくとも、それを遅らせようとしているのだ。その中で、米国自由人権協会の上級政策解析者であるジェイ・スタンリーほど、断固として絶対的にすべてを見通す目に反対している人物はいない。彼は、二〇一三年からこの技術に対して声を上げて批判してきた。

その二〇一三年、スタンリーは、PBSテレビの科学ドキュメンタリー番組NOVAの中で、アルゴスを特集した短いコーナーを観てワミーのことを知った。このコーナーに、アルゴスの主任技術者だったヤニス・アントニアデスが、暗闇で顔を半分隠して、慎重に機密情報の部分を省きながら、システムのいくつかの仕様について説明していた。アントニアデスは言った。

「このような機能をあわせもつシステムが存在することを公衆が知ることは重要です」

その後ろには、青い布に覆われたワミーがあった。

ワミーの存在が不吉な意味合いを含むことを、スタンリーは知っていた。その十八カ月前、バンクーバーの写真家チームは、会場が見渡せる建物から撮った二十六枚の画像をつなぎ合わせて、大勢のホッケーファンが収まった二〇億ピクセルの写真を作成していた。現在でもオンラインで見つかるこの画像には、顔認識システムに通すことができるほどファンの顔が詳細に映っている。その後、一部のファンが暴徒化したが、スタンリーと彼の同僚たちは、そのような高解像度画像を使えば暴力に加担した人物の特定ができるかもしれないと指摘していたのだ。

アルゴスは高解像度の監視とドローン技術が融合したもので、それは長年にわたってスタンリーがその動向をうかがい、ずっと反対してきたものだと気づいた。彼はドキュメンタリーを観た後、ブログに投稿した。

「たとえ私たちがどんなに悲観的な時間を過ごしていようとも、こんなにすぐに、すべての道路、空き地、庭園、そして野原がビデオによって監視されてしまうとは思っていなかっただろう。しかし、このワミーという技術はそれを簡単に可能にしてしまう」

そこでスタンリーは、この分野の動向を非常に注意深く追うことにした。二〇一七年に私が彼と話をしたとき、彼はこう言った。

「私たちには今、監視における悪夢のシナリオを書くことができる多くの技術がある。すべての都市の上空で、彼らはすべての人々の動きを追跡している。今後この技術が世界中で使われたら、私たち社会に残された選択肢を思うとただただ驚愕(きょうがく)する。なぜなら、きっとそうなるだろうから」

スタンリーがそのような選択肢の一つを体験し、自らが影響を与える立場になっていくのにそれほどの時間はかからなかった。彼がワミーのことを知る少し前の夏、持続監視システムズ社は、オハイオ州デイトンのダウンタウンで一週間の運用実験を行った。そして、二〇一三年夏に同社のプログラムの下で一二〇時間の監視を実施するという提案をデイトン市委員会に提出した。創設者のロス・マクナットと彼のチームはそのプログラムを「信頼できる状況認識」と呼んでいた。

二〇一三年一月、プログラムの内容が発表されたとき、オハイオ州の米国自由人権協会の支援を得て、地元住民のグループが反発した。グループとの会談後、デイトン警察は、より厳格なプライバシー保護を伴う監視活動の改正方針を発表したが、米国自由人権協会は、令状要件やデータの保持と共有に関する詳細な規定が含まれていなかったため、改正案を拒絶したのである。

「アメリカでは」と、スタンリーはブログに投稿している。

「何か悪いことをしているかもしれないからと、政府が人々の肩越しに私たちの生活を（文字通りでも、比喩的にも）のぞき込むことなど、私たちは断じて許さない」

このブログを読んだ匿名の読者は、以下のようにコメントした。

「私はデイトンに住んでいますが、これはまったく卑劣で、ジョージ・オーウェルですよ。誰かを首にしなくてはいけません。これは本当に、単純に、邪悪です」

二週間後、デイトン市委員会はマクナットの提案を断念した。発表を行った市政代行官は以下のようにコメントした。

「この技術を戦略的に適用すれば、潜在的なメリットが必ずあるはずだと私たちは信じていますが、それがどのように適用されるかについて多くの市民が不安に感じていると聞き、私たちはそれを考慮しました」

マクナットがボルチモアで私に見せてくれた資料によると、委員会の論理的根拠は、その方針には「さらなる明確化と修正」が必要だということだった。しかし、委員会はデイトン市がマクナットの提案をすぐに再検討する可能性は低いことを明確に示した。資料にはこう書かれていた。

「反応を見る限り、市民がそれに対応する準備ができていないことは明らかだ」

マクナットはそのときも、そして今も憤慨している。彼は、ワミーの仕組みを理解していない「十二人の抗議者」によってプログラム全体がつぶされたと感じていた。

「〝ドローンは人を殺す、あなたはドローンを飛ばす、それゆえ人を殺す〟などと言う人たちと議論するのは難しい」

しかし、彼はあきらめるつもりはないようだった。市との協議会に参加した人によると、マクナットはデイトンがプログラムを断念するつもりなら、「ただ別の都市を見つけるまでだ」と言ったそうだ。

数カ月後、フロリダ州オーランドで行われた会議で、マクナットはスタンリーと接触を図った。スタンリーが米国自由人権協会のバッジをつけていることに気づき、自らアプローチしたのだ。彼は技術がもたらす脅威は、スタンリーが主張するよりずっと少ないことを強調した。話し合いは始終友好的で、二人は今後も連絡を取り合う約束を交わした。二〇一四年の初めに、マクナットとスタンリーは首都ワシントンの米国自由人権協会のオフィスで再会した。マクナットは、会社は自分たちが設けた一連の厳しいルールに沿って、道徳的な一線を越えない範囲で取り組んでいることを説明した。彼が提案したプログラムでは、政治的反体制派や社会的弱者のグループは会社の方針の下で守られているし、カメラは顔認識の機能はなくナンバープレートも読み取れないことを説明した。

それでも、スタンリーは納得しなかった。彼はこのときの話し合いについてブログに投稿している。

「技術が進歩すれば、こうした制限はなくなってしまうかもしれない。また、マクナットはたとえ自分が技術を悪用しなくても、他の誰かもそうしないとは言い切れないとも話していた」

そして、マクナットはスタンリーに、最終的には「いつか、そうする人が出てくるはずだ」と伝えたと言う。

スタンリーが活動する権利擁護団体にとって、広域監視は多種多様な危険性をはらみ、技術に反対することに疑いの余地はなかった。私がスタンリーに広域監視技術がもたらす具体的な危険性について尋ねたとき、彼はその質問に少しイライラしているように見えた。

「あなたは〝なぜプライバシーを気にするのか?〟と尋ねているようなものです」

とスタンリーは切り出し、こう続けた。

「この国には、政治目的のために監視力と道具を使う法執行機関の長くて不幸な歴史があります。もちろん、法律を破ろうとする者がいるという正当な理由がある場合もあるが、法執行機関の役人たちと政治的な見解が違うというだけでその人たちを監視する必要があるのでしょうか?」

この点について、後にスタンリーの立場に賛同する学者や支持者が増えていき、政治的立場を超えて彼の活動に参加していった。その中でプライバシーの専門家で憲法プロジェクトの上級顧問のジェイク・ラペルケや、リバタリアンのシンクタンクであるケイトー研究所の政策解析者のマシュー・フィーニーのような人物は、この技術が今のところは犯罪者に対して使われているが、今後は反体制活動家や少数派グループに対してもうまく利用されてしまう可能性があると主張している。二〇一六年、フィーニーは書いた。

「持続監視により、ユーザーはモスクの集会、デモの参加者、中絶クリニックの訪問者、アルコール依存症の匿名メンバー、銃の展示会の参加者などを追跡することができる」

そして、その翌年にラペルケは、警察がアルゴスを使うようになったら、「匿名性の終焉（しゅうえん）」と書いた。

他の人たちは、米国のワミー事業に関する透明性の欠如に多くの批判を寄せている。ロサンゼルスが犯罪率の高いコンプトン市で秘密の広域監視テストプログラムを実施したことを明かしたことを受けて、アトランティック新聞のコナー・フリーデルドルフはこう書いた。

「法執行機関の専門家が民主主義の精神を裏切って、そんなことは望んでいないとわかっている市民に対して、これらの道具を押しつけるとは実に腹立たしい。なぜなら、当局は明らかに先入観にとらわれた視点で、自分たちの行為は分別があると判断しているからだ」

（プログラムを指揮した司令官は、このような懸念をまったく意に介さなかった。「これだけの技術が可能になったこの時代、カメラはすべてのATM、セブン-イレブン、スーパーマーケット、そして、ほとんどすべての電柱についている。すべてのナンバープレート認識カメラや信号機のカメラ。人々は観察されることに慣れている」とコメントしている）

ドラグネット（捜査網）は公共空間の意味さえ変えてしまう

スタンリーにとって、広域監視について最も危惧することは、暴力や虐待がさらに人の目に触れない場所で行われるかもしれないという可能性ではない。それは、すべてを見通す目が、本当にすべてを見てしまうことだ。プライバシーに詳しい研究家の間で使われる用語を使うと、ドラグネット（捜査網）である。スタンリーは、ワミーが特定の犯罪の解決に役立つ可能性については認めている。しかし、「後で役に立つかもしれないからと、私たちの行動をすべて政府が記録するのを許してもよいのでしょうか？」と彼は尋ねた。確かに、すべてを観察するということは、カメラが公共空間のまさにその意味さえ変えてしまう。また、市民と民主国家の極めて神聖な関係が脅かされてしまうことは言うまでもない。

彼は続けた。

「政府に権力を与え過ぎることになります。誰かの生活を〝巻き戻す〟ことができるということは、非常に多くの場合、彼らの生活を壊してしまう力があるということだからです。人はよく〝私は何も隠し事をしていない〟と言いますが、中には隠している人たちもいます。そして、当局に異議を唱える活動家がそんな監視システムを心配しなければならない社会で暮らしたくないのです。あなたは何も隠していなくても、何かの手違いによって冤罪の被害者になる可能性だってあります。法律というものはとても複雑で、その裁量権は非常に広いので、しつこい警察官は、たまたまあなたが犯した過ちを見つけてしまうかもしれない」

スタンリーの監視技術に対する立場は、米国連邦取引委員会によって策定された、電子情報の収集と使用に関する五つのルールである「公正な情報の実践の原則」に基づいている。スタンリーはこの原則の解釈をわかりやすく説明してくれた。

「あなたの知らないうちに情報収集が行われるべきではありません。あなたの許可なしに行われるべきではないのです。情報は、使用を許可した目的以外で使用されてはいけない。情報はできる限り安全に保管する必要があり、人々が自分に関する情報にアクセスできるようにしなければなりません」

彼の考えとしては、すべてを見通す目はこれらすべての原則に反し、そうはさせないと固く決心していた。

「これをめぐって激しい争いが起こると思います」

と彼は言った。

広域監視を構築した人々の視点

競技場の反対側からの眺めは、当然のことながら、ほぼ正反対だ。私が会った広域監視に関わるすべての人たちは、それが末端の請負業者だとしても、自分たちは全力で世の中のためになるものを生み出したと信じている。彼らの多くが、イラクとアフガニスタンにおけるテロのネットワークとの闘いの初期の取り組みから、その技術を国内で生かすための最近の活動に至るまで、自分たちの仕事は正義の探究であったと自負している。

彼らはかなりの熱意をもって、これまで仕事に取り組んできた。ボルチモアでコミュニティー・サポート・プログラムを運営していたとき、マクナットと彼の広域監視チームは、警察署からの指示がなくても、性的暴行、強盗、交通事故などを進んで調査していた。統合リソースイメージング社の創設者であるネイサン・クロウフォードは、誘拐された子どもを助け出すことができた日は、「私の旅」と呼んでいるフックに自分の帽子をかけると話していた。持続監視システムズ社のある資料には、二〇一二年の時点で、同社はすでに多くの民間の誘拐捜査に協力していたと書かれている。

しかしながら、ワミーを構築した人々は、実は善と悪の境界があまりはっきりしないということもわかっている。当初、グループの焦点が即席爆発物であったとき、倫理的な問題はほとんど存在しなかった。

「しかし、あれ、ちょっと待てよ、と人々が考えるのは当然だった」

と、元マサチューセッツ工科大学リンカーン研究所の技術者だったビル・ロスは言った。

「これらのシステムが米国内でオンになったらどうなるだろう？　問題は、我々がどのように使用するのかというだけではない。我々の仕事が終わった後、他の人たちがそれらの情報をどのように使用するのかということが問題なのだ」

ロスはそう説明した。結局のところ、この技術は、過剰な力を持つ監視国家の危険について描かれた映画から発想を得たものだった。『エネミー・オブ・アメリカ』の悪夢のシナリオが現実のものになるはずがないと、彼らはどうして確信できるのだろうか?

クロウフォードは、初期のワミーのプログラムにおいて二つのチームが短期間共同で開発していたとき、浜辺に集まった技術者全員がこの技術を世界中に展開する場合、「正しい方法で」行わなければならないと確認し合ったことを話していた。その後、彼と話したとき、こんなこともつけ加えていた。

「それが本当の意味で社会の利益のために機能する能力でなければ、存在すべきではないだろうね」

彼はそこでふと間を置いた。そして言った。

「そんなことになったら、私が最初に、反対の声をあげるよ」

これまで、広域監視技術の構築と開発に携わってきた技術者や当局者のほとんどは、自分たちの仕事に関する道徳的結果について公に話すことはなかった。何年にもわたる沈黙を守ってきた彼らも、本当のところは胸につかえている思いを吐き出したくて、むずむずしているのではないかと私は感じ始めていた。そして、私がそれを尋ねる前に、例外はあったものの、彼らの多くはインタビューにおいて倫理の問題についても語ってくれた。

元アメリカ議会の職員で、現在はシエラ・ネバダ社の幹部であるマイク・ミアーマンズとの会話の中で、私はゴルゴーン・ステアのようなカメラの民間用途について尋ねたことがある。彼はいくつかの例を挙げた後、しばらく間を置いてから切り出した。

「さて、常に、本当に常にね、プライバシーの問題というのは存在するよ」

ギリシャで生まれ、大学生のときにアメリカに移住したアルゴスの技術者ヤニス・アントニアデスに、プログラムに取り組んでいたときにプライバシーについて考えたことがあるかどうか尋ねたところ、次のように説明してくれた。

「私たちは自由を愛している。だからこそ、この国に住んでいる。したがって、私の答えは〝イエス〟だ」

プログラムに興味を示している顧客やスポンサーに、クロウフォードがデモンストレーションを行うとき、人々はよく自分たちが住んでいる地域や、中には自分の家にズームインしてほしいと頼む人がいる。クロウフォードはその要望に応える。多くの場合、リクエストした人は、本能的に画面上の車や人物を目で追う。

「そして彼らは突然、心の中にある感情が湧き起こるのを認識する。〝いいです。見たくありません〟と言うんだ」

とクロウフォードは言った。

「そこで私は、〝わかりました。今あなた方は、広域監視に関する最初のレッスンを学びましたね〟と答えるのさ」

ドローンで妻の密会現場を撮影し公開したユーチューバーの場合

ワミーを運営するすべての人々が、クロウフォードのような人と一緒に仕事をしているわけではない。私が話をした開発者たちが認めるように、それが問題なのだ。二〇一六年、アマチュアのミュージシャンでユーチューバーだったウィリアム・レイ・ウォルターズは、彼の妻が仕事の前に別の男性と会っていたと友人から聞いた。そこで、ウォルターズはクワッドコプターのドローンを使って、妻には気づかれないように、歩いて通勤する彼女を追跡してその様子をビデオテープに記録した。これは、知られている最初の事例だが、おそらく今後もこのようなことが当たり前になるかもしれないと思われるような出来事だった。そして、ウォルターズが空域の規制に違反していない限り、これは完全に合法の行為であった。

ウォルターズはそのときのビデオを、ユーチューブに投稿した。二〇一八年末までに、ビデオは約一五〇〇万回視聴されている。彼が疑った通り、後にドナという名前だとわかるが、ウォルターズの妻は、薬局の駐車場で一台のＳＵＶ車に近づいていく。ウォルターズは、震える声で、ときに涙声のナレーションで「妻が浮気している相手はあの男だ」と断言する。ウォルターズの妻は車に近づき、ドライバーにキスをする。その後、彼女が車に乗り込むと、車は発進した。「走り出したよ。ブーン」と語ると、ウォルターズは叫んだ。

「俺たちの十八年間を、お前はそんな簡単に捨てるのか！」

ビデオが投稿された直後のインサイド・エディションテレビのインタビューで、ウォルターズは「俺があの男を殺すのは、百パーセント確かなことだ」と語った。

ビデオの投稿から一年後、ウォルターズは妻とよりを戻したことを発表した。どうやら、彼はすべてを許したらしい。ウォルターズは、ユーチューブの登録者からの質問に答えるビデオで、監視ビデオをオンラインに投稿したことを後悔していると語った。

「ああ、俺はたぶんビデオを投稿するべきではなかったよ」

と彼は言ったが、そもそもドローンで妻を偵察した件に対する反省の弁はまったくなかったのだ。

諜報機関はあなたのことなど気にもとめない

本書の執筆にあたってインタビューしたすべての航空監視開発者は、不正な行為に対してワミーをどう使用するべきかについてははっきりとしていた。ロス・マクナットは、カメラを使用して「政治家を家からゲイバーまで追跡し、脅迫する」ことを提案した。また、ウォルマートは、組合の会議まで従業員を追跡することができると言った。サダースは、この技術は「ストーカーには夢のツール」だと語っていた。

しかし、彼らは皆、アメリカ政府が実際に技術を使って、市民の私生活に侵入するかもしれないという考えには反発している。リバタリアンだと主張するマクナット（政府機関に監視機器を販売している男の政治的立場としては少し不可解）は私にこう語った。

「ときに人々はこう考える。〃ほら、俺たちは大物だ。お前たちは俺たちを追跡するんだろう。俺たちが誰なのか当ててみろ。そして、警察をよこしな〃と。しかし、残念だが、我々にはそんな時間などない。奴らが人を殺したり、放火したり、人を撃ったり、強盗したり、誘拐したり、暴力を振るったりしていないのなら、我々は気にしない。そうした行為を調べる時間しかないからね」

ミアーマンズと初めて話をしたとき、監視業界で長年働いた経験から磨かれてきた流暢（りゅうちょう）な口ぶりで、おそらくこれまで何十回も繰り返し話してきたのだろうなと思わせるような物言いで、私に話してくれた。

「事実としては、米国の諜報機関はあなたをスパイする力を持っているが、それはしない。なぜなら……、これがその秘密だ。よく聞いてほしい」

ここで彼は思わせぶりに一瞬沈黙した。

「米国の諜報機関は、あなたのことなど気にもとめていないんだよ！」

映画『エネミー・オブ・アメリカ』では、国家安全保障局の架空の副局長であるトーマス・ブライアン・レイノルズがこの心情に同意している。「いいかい」と彼はプライバシー保護を重視する上院議員が、新しい監視法案を支持しないと伝えると、こう続ける。「私は誰が誰に暴力を振るおうと、官僚が薬物をやっていようと気にしない」。レイノルズが心配しているのは、アメリカ人を傷つけようとしている連中だけなのだ（皮肉なことに、レイノルズはその後、法案の支持を拒否した上院議員を殺害する）。

ワミーの構築者たちに、すべてを見通す空の目の下で暮らすことを彼ら自身はどう思っているのか尋ねたところ、返ってきた答えは一様に、「別に問題はない」だった。十年近くアルゴスのプログラムのかじを取ってきたダルパのリック・ニコラスは言った。「私には隠すことなど何もない。国の保護や防衛が必要となるような問題を抱えているわけではないし、住んでいる場所も問題ない。私たちが何をしていようと、向こうだって気にしない。プライバシーに関する問題には確かにそれなりの理由があるだろう。しかし、政府には悪い奴らが悪いことを計画しないように、一定の情報にアクセスできる環境が必要だ」

こうした中、たった一人反対の意見を述べている人物がいた。二〇一八年に引退したリバモア国立研究所の技術者、シーラ・ヴァイダヤだ。たとえば、彼女がサーフィンのレッスンのために砂浜まで行くルートなど、ワミーは犯罪行為とは関係ない個人情報を取得できるため、ヴァイダヤは国家安全保障局の膨大な通話記録について思い返した。二〇一三年のスノーデンの暴露で明るみになった案件だ。

「あなたが祖母に電話をかけているということを、彼らが知る権利があるでしょうか?」

彼女は問いかけた。

「それがいいとか悪いと言っているのではありません。そのような状況を甘んじて受け入れましょう。しかし、私は賛成する気持ちにはなれません」

ヴァイダヤは以前に話したときも、広域監視技術は、国境警備隊と限られた国土安全保障活動に制限されるべきだと語っていた。

携帯電話のデータの方がはるかに怖い！

もう一つの一般的な議論は、私たちはすでにずっと以前からプライバシーを失っているのだから、空中の目などはたいした問題ではないという意見だ。行動検出システムを開発しているキットウェア社の技術者のアンソニー・フーグスは、視覚監視システムよりも携帯電話のデータの方がはるかに入念かつ正確に、日常生活を送る私たちを追跡するために使用できると指摘している。キットウェア社の創設者ビル・ホフマンは、かつて都市中心部の携帯電話の使用状況を示す地図を確認したところ、地元の空港の滑走路で減速している携帯電話のグループが数多く存在することに気づいたと述べた。携帯電話の電源をオフにするという航空会社のルールを無視している乗客がどの飛行機にもたくさん乗っているわけだ。

公共の場や店内を歩けば、あなたは監視カメラに映っている。逮捕されたことがある人は、たとえ有罪になったことが一度もないにしても、その人の顔は連邦の顔認識データベースに登録されている可能性がある。

取材を続ける中で、私が注目すべき本当の悪人はマイクロソフト、フェイスブック、そしてグーグルであると何度も言われた。これらの会社は、自社の製品のユーザーに関するさらに詳細な情報の収集において執拗だということが証明されている。私たちはすでにものすごい数の存在から監視されているのだから、もう一つ目が増えたからといって、何が変わるのだろうか？

それどころか、私たちが監視下の生活に慣れてきたという事実は、人々が上から観察されるという考えにも不可避的に慣れてくるという強力な証拠だと、構築者たちは言う。いつか、こうした懸念はそれほど大きな問題ではなくなると彼らは考えているのだ。

オーストラリアの自動監視技術の新興企業センティエント・ヴィジョン社の創設者であるポール・ボクサーは、彼が住むメルボルンに広域監視システムが配備された場合、人々は「順応し、無関心になり、気にしない」に違いないと考えている。

そうであるならば、なぜメルボルンのような都市でこの技術が採用されていないのかと私は尋ねてみた。彼は説明した。

「なぜなら政府はそれを必要としていないからです。そして、おそらく政府にとってあまりにも高度で、あまりにもジョージ・オーウェルの『1984年』みたいだからでしょう。そして、政府はあまりに大きな監視における権力を持つことになってしまうからだと思います」

「しかし、いつかはそうなりますよ」

彼は陽気につけ足した。

新たな法律と秩序が必要だ

こうして述べてきたが、ワミーの擁護者は概して、ワミーやその他の監視技術は一定のルールに従っている場合のみ使用されるべきだと認めている。

ビル・ロスは私に言った。

「私たちは話し合わなければならない。ある程度の規制は必要である」

しかし、彼らは通常これらのルールがどうあるべきかについては曖昧だ。ロスの場合、採用される規制は、ゴルディロックス（訳者注：『三匹の熊』に出てくる女の子。自分にぴったりなお粥（かゆ）はどれか、三つのお皿の中のお粥を試す）のテスト（私が言ったのではなく、ロスの言葉）のようなものに合格する必要があると言う。彼は続けた。

「〝いやいや、アメリカの空に［ワミー］だなんて決して許さない〟というのではだめだ。なぜなら、それはまったく現実的ではない。しかし、その正反対でもいけない。開拓時代に戻ったってうまくいくとは思えない」

アントニアデス は漠然とこう述べた。

「政府は、裁判所で提示される他のすべての証拠と同様に、私たちが知るべきではない情報の使用に関する法律を策定する必要がある」

ミアーマンズは、もし警察が特定の個人を対象に持続監視技術を使いたいのであれば、広域監視と他の情報源を融合させたい場合は、法執行機関が召喚状の手続きを取るべきだとだけ述べた。

「おそらく」現行の法律を再調整する必要があると述べた。クロウフォードは、広域監視
技術者の中には、このような曖昧さは会社の方針に関係があると考えている。二〇一三年に、ロゴス社の社長に就任したジョン・マリオンに、どんな規制を支持するかと尋ねたところ、同じ部屋にいたメディアへの広報窓口を請け負っていたコンサルタントが、マリオンが答える前に口を開いた。

「私たちは請負業者ですよ。そのようなルールは顧客、つまり警察や政府が決めることですよ」

彼は、名前は出さないでほしいと念を押してから、続けて言った。

「私たちが大まかに言えることは、これは公の場で議論されるべきだということです。そして、警察はいくつかの具体的な規則を考えなくてはなりません。しかし、システムがど

う運用されるかについては、私たちがルールを決めることではないと思います」（この質問の前に、マリオンは、プログラムを開始する前に一般市民には知らせないというボルチモアの決定に「強く反対した」と述べていた）

ロス・マクナットは、広域監視の世界でプライバシーに関わる具体的なルールを考案した唯一の人物のようだ。彼の会社である持続監視システムズは、すべての従業員に対して、厳格な内部方針を設けている。会社が公的機関と契約する場合には、必ずその文書が添付される。

マクナットは、これらの方針はある程度会社を守るために設けていることを認めている。「我々はかなり価値のある提案ができると思うが、コストやプライバシーの問題を心配する人たちもいるのさ」

当時はまだ公表されていなかった、ボルチモアのコミュニティー・サポート・プログラムを私が訪れたときに説明してくれた。

「そのため、プライバシーに関する方針を導入することで、懸念されるマイナス面を軽減しているわけだ」

そうはいっても、マクナットのルールの多くは合理的だ。すなわち、解析者たちは、調査中の案件や緊急サービスの呼び出しに直接関係のないすべての監視要求を拒否しなければればならない。ある場所を持続的に監視するためには、解析者は必ず管理者の許可を求める必要がある。そして、同社は捜査令状なしに赤外線監視カメラを使用してはいけない。

原則として、持続監視システムズ社は徹底的な透明性の哲学も採用している。

「私としては、すべての新聞社を招待して、我々の作業を見てもらいたいと思っている」

マクナットは当時そう話していた。

「我々が何をしているのか知ってもらいたい。画像データを見てもらい、〝それなら心配はないですね〟と言ってもらいたいのだ」

第12章 それは犯罪を防止し、住民の安全を守る、だが……

ボルチモアの殺人、再考

二〇一六年の夏に、ボルチモアの持続監視システムズ社を訪問した後も、私はロス・マクナットと何度か電話で話をした。彼は、プログラムを内密にしておくという市の決定に納得できないと繰り返していた。後にわかったことだが、マクナットはボルチモア警察の担当者だったサム・フード警部補にメールで、プログラムの存在をできるだけ早く発表するよう要請していたという。

私たちが話すたびに、マクナットは不安を募らせていたようだった。ボルチモア警察が八月の最終週までに発表を行わなければ、自分で何とかしなければならないと考えていたほどだ。

そんなとき、ブルームバーグビジネスウィーク誌の記者であるモンテ・リールが、プログラムについて聞きつけた。マクナットはリールを分析センターへと案内した。リールは特集記事を載せる準備をしていた。そこでマクナットは、リールがプログラムについての詳細な記事を書く前に、私にプログラムの存在を明らかにする短いニュース記事を書いてくれないかと依頼してきたのだった。

ニュースが流れる予定だった日の朝、マクナットはフード警部補に、私の記事が出る前にプログラムの存在について公表するように最後の訴えを試みたが、フードからの返事はなかった。

私がボルチモアにいたときに、マクナットは国民が彼は何も隠していることはないと考えてくれる方がよいと話していた。しかし、ブルームバーグビジネスウィーク誌が四千字のトップ記事でプログラムについて発表したとき、それはまさにマクナットの希望通りになった（ワイアード誌に私が記事を載せるという噂を聞きつけて、ブルームバーグの編集者は予定よりも早く記事を載せ、私は数時間ほど先を越されてしまった）。ほとんどの市議会議員と州議会議員は、ブルームバーグの記事で初めてプログラムの存在について知った。市の公選弁護人、州検事、首都ワシントン連邦議会のメリーランド州代表、マクナットがこれまでオープンに話をしていたジェイ・スタンリーのようなプライバシー擁護派も、このプログラムについては何も知らなかったのである。ボルチモアの市長ステファニー・ローリングス・ブレイクはこの作戦についてすでに知ってはいたが、知らされたのはプログラムが始まってから数カ月後のことで、簡単な説明を受けただけであった。

ボルチモア市が九カ月もの間、すべてを見通す監視航空機によって密かに監視されていたというニュースは瞬く間に広がり、その反応はほとんどが否定的で、最終的にはプロジェクトにとって致命的となった。市民と彼らを守るべき立場である行政との間の信頼関係は、大きく損なわれた。また、前年のフレディ・グレイの抗議行動による混乱がまだ続いており、ボルチモア警察は司法省による差別的な警察活動の調査を受けているところでもあった。

「おそらく、それをやるには適切な時期ではなかっただろう」

と元ボルチモア警察官のドン・ロビーは私に言った。

「この監視技術の使用を禁止する」

州と市の代議士たちは激怒した。市議会議員のブランドン・スコットはボルチモア・サン新聞にこうコメントしている。

「私はそれについて知らなかったこと、そして秘密にされたことに腹を立てています。そのようなプログラムには透明性が必要であり、特にこれまでの警察の行動について批判が出ていることを考えると、私たちはそれが正しい方法で運営されているかどうかを確認する必要があります」

メリーランド州の公選弁護人のポール・デウルフは、新聞記者にこう語っている。

「広域に及ぶ監視は市民のプライバシーに対する権利を侵害しています。さらに、このプログラムについて公表されなかったこと、そして、撮影されたビデオ映像は、私たちのクライアントの権利を著しく侵害しています」

コミュニティー・サポート・プログラムの調査によって浮上した人物の誰もが、米国で初めての試みとなった広域監視による捜査網によって、自分たちが逮捕されたとは思ってもいなかった。老夫婦の射殺容疑者であるカール・クーパーは、捜査官が広域監視カメラ映像を証拠として逮捕状を取ったことは知らされていなかった。同様に、一連の犯罪で起訴されたケビン・ケンプも、マクナットの解析者たちがダートバイクで街中を二時間近く走っていたケンプを追跡したことは知らされなかった。

ジェイ・スタンリーは、このプログラムの運用はボルチモア警察自身の監視カメラ映像のデータ保持規定に違反していると指摘した。メリーランド州の米国自由人権協会は、市にプログラムを直ちに終了させ、「この監視技術の使用を禁止する」ことを求める声明文を発表した。

選挙区のほとんどにボルチモア市が含まれる国会議員のエライジャ・カミングスは、警察本部長のケビン・デイビスを事務所に召喚した。カミングスによれば、デイビスは犯罪と戦う上でのプログラムの利点について事前に説明しなかったことと、プログラムを長い間秘密にしておいたことを「深く詫(わ)びた」。カミングスは、犯罪を減らす可能性があることについては賛同したが、そのような活動は、法曹界、人権擁護グループ、宗教団体、そして一般市民の支援を得てのみ進められるべきだと強調した。

知らないうちにプログラムの当事者となっていたボルチモアの住民も、中には同じようにショックを受け、激怒した人々がいた。ニュースが出た翌日、ある男性はテレビの取材でこう言った。

「過去に、このような行為がどのような結果をもたらすか私たちは見てきました。特に、他の国々では現実に起こっています。こうなると、実際に犯罪者かどうかなど関係なくなってしまいます。怖いとは認めたくありません。なぜなら、それこそが彼らの狙いなのですから。恐怖は人間を従順にするものです」

しかしながら、マクナットが予測したように、一部の市民はニュースを歓迎した。別の住人は「少しプライバシーを侵害された」気がするが、概して取り組みには賛成だと述べた。

「この街には、警官が対処できる以上の犯罪が発生しています。ボルチモアには疑わしい人たちが多く、怪しげなことをたくさんしているので、広域監視がそれほど悪いこととは思いません」

スコット市議会議員は、プログラムの機密性には賛成しなかったが、有権者は常に地域の監視カメラの増加を求めていたと述べている。

「事後分析」は明らかな抑止効果があった

全般的に見て、ボルチモア監視プログラムに賛同した人々がテレビに取り上げられた時間は、比較的少なかった。人々の反発に直面して、ボルチモア警察はこれまでのプログラムを直ちに中断し、ボルチモアマラソンなどの大規模なイベントにのみマクナットのチームを雇うことにした。

プログラムが明らかになってから二カ月後、メリーランド州議会の司法委員会は、ボルチモアの高度監視技術の使用について話し合うための公聴会を招集した。コミュニティー・

サポート・プログラムが話し合いの主題だ。ボルチモア警察の広報担当官であるT・J・スミスは、プログラムの代表として公聴会で申し立てを行った。

スミスは熱のこもった説明をした。その年（二〇一六年）の一月一日以来、ボルチモアでは二五五人の殺人があり、起訴に至っていない捜査中の事案は六二％で止まっていると彼は言った。

「我々はあらゆる方法を使って捜査する必要があります。何か新しいことを試し、これまで以上に努力する義務があるのです。記録的な速度で犯罪行為を行っている犯罪者を路上から一掃する使命を我々は担っています」

また、広域監視は目に見える影響を及ぼしたようだ。プログラムの期間中、監視航空機がカバーしていた地域では、二万一二四三回の緊急通報があった。合計で、マクナットのチームは、五件の殺人事件、一五件の発砲事件、三件の殺傷事件、一六件のひき逃げ、そして一件の性的暴行を含む一〇五件の犯罪について調査報告書を提出した。発砲と殺人の調査だけで、会社は五百三十七のターゲットを追跡し、これらの事件で「主要な」容疑者と思われる七三人と車両を特定した。

全体で、持続監視システムズ社によって収集された手がかりは、捜査員が少なくとも十件の発砲調査を進めるのに役立った。マディソンパークで撃たれた三人の子どもの父親だった三十一歳のロバート・マッキントッシュの殺人事件では、解析者たちによる空中捜査の結果、殺し屋と言われていたデオンタ・ターナーという二十八歳の男が逮捕された。ボルチモア警察は、空からの目がなければ、この事件は犯人逮捕には至らなかったと認めている。ターナーが逮捕された同じ週に似たような発砲事件が起こったが、広域航空機はそのとき飛行していなかったため、捜査は行き詰まった。スミスはまた、殺人事件が発生した際に航空機が飛んでいたかどうかを知りたがっている殺人被害者の家族から、警察に電話がかかってきていることも述べた。

監視プログラムの抑止効果はさらに明らかだったと思われる。プログラムの最後の二カ月間、ボルチモアでは日中毎週平均六回の発砲が確認されていた、とスミスは語った。しかし、空中監視が行われていることが明らかとなった翌週には、発砲事件はたった一件に減ったのだった。

スミスはまた、ニュージャージー州とニューヨーク市で起きた連続爆発事件を引き合いにして、国内テロの恐ろしさについて言及した。

「誰かがこのようなテロを実行したとき、広域監視技術が稼働していれば、映像を巻き戻して誰がやったのか確認することができます。そして、テロリストの隠れ家まで追跡できる可能性もあるのです。そして、私は二〇一六年のアメリカにとって、これはもはや行き過ぎた行為だとは思いません。なぜなら、テロは現実だということを、我々は皆わかっているからです」

スミスと一緒に証言したのは、米国自由人権協会メリーランド支部の上級弁護士デイビッド・ローシャだった。彼の見解では、スミスが持続監視におけるプラスの効果だけを主張するのは、誤解を招くものであり、見当違いであると主張した。公聴会の数日後、シティペーパー新聞のインタビューで、ローシャは次のように述べている。

「技術に関して私たちが提起する懸念は、技術が役に立たないということではありません。警察が令状を取る必要がなければ、それは〝役に立つ〟でしょう。また、犯人逮捕にあたって警察が合理的な理由を必要としないなら、それも〝役に立つ〟でしょう。しかし、〝役に立つこと〟が監視技術を判断する唯一の基準であれば、そもそも合衆国憲法修正第四条がなぜ存在するのでしょうか?」

ローシャが懐疑的にスミスを見つめたとき、スミスは、監視技術が多くの市民が心配するようなプライバシーの侵害には抵触しないことを委員会に断言した。彼は、ビデオ映像から取り出した一連の画像を、パワーポイントのスライドショーにして、公聴会に持って来ていた。

「確かにビルの屋上にウィル・スミスは見えません。彼の顔も見えない」

と言った。スミスは『エネミー・オブ・アメリカ』に出演した俳優の名前を使って説明した。

「見ておわかりの通り、建物は見えますし、車も見えますが、人の姿は見えません」

(厳密に言えば、これは真実ではない。ロバート・マッキントッシュの殺人事件の捜査中に、解析者の多くは、徒歩で逃げる人物を追跡していた)

チャールズ・E・シドナー下院議員が、すべてを見通す目が犯人を捕まえるのにそれほど優秀であれば、なぜもっと多くの犯罪が解決されなかったのかと尋ねたところ、スミスは、技術は完全に全能だったわけでないと指摘した。地元で有名なヒップホップアーティストのロォー・スクータが、カメラの視野から九〇メートル外れた場所で殺害された、とスミス氏は続けた。

「広域監視カメラが映せるのは、約八三平方キロメートルです」

監視が捜査令状を必要としなかった理由として、スミスは委員会に米国法では市民に空中観察の自由が与えられていると説明した。

「これは公共の場です」

とスミスは主張した。

「今すぐカメラを持って外に出て、好きなだけ写真を撮ることができます。そして、それは違法ではありません。空でも同じことです」

公聴会の翌月、ボルチモア警察は「広域空中監視の合憲性を支持する法的覚書」を発表した。これは、二〇一六年に私がボルチモアを訪れたときにマクナットが見せてくれた法に関するメモ書きに基づいているようだ。

米国の空中プライバシー保護の前例の根拠となる最高裁判所の三つの事例を引用して、覚書は「公的に航行可能な空域内を飛行する有人航空機から撮られた写真は、捜索の性質は持ち合わせず、憲法に反するものではない」と主張した。この覚書はまた、マクナットのメモのように、数百万ピクセルのミリタリーグレードのカメラは、「公にアクセス可能な」技術を持ち合わせ、「こうしたカメラは一般の人々が利用でき、日常的に使用している」と断言している。

この覚書はさらに、「赤外線、望遠、またはズームレンズは使用されていない」と主張したが、公聴会では、スミスは論争が収まれば、コミュニティー・サポート・プログラムは「毎日二十四時間無休のプログラム」に成長すると確信しているようだった。彼は言った。

「もちろん、赤外線を利用すれば、一晩中監視できるのです」

「しかし、まずは委員会にその案を通してから、実行するのでしょうね？」

議員の一人が訪ねた。

「もちろんですよ」

スミスは答えた。

二〇一七年一月に発表されたレポートでは、民間の警察基金が「持続的な監視は、犯罪を解決する」と結論づけた。警察基金は、技術の有効性の評価を実施することを条件として、コミュニティー・サポート・プログラムに資金を提供する団体とのパイプ役を担うことになった。しかし、結局のところ、それも多くの議員を納得させることはできなかった。

レポートの著者たちは、基金が「米国の警察が大規模に持続広域監視を採用する前に、厳密な評価を行うことを強く推奨する」と書いたが、幅広い承認を求めることなくプログラムを進めるというボルチモア警察の決定は擁護した。以下がレポートの抜粋だ。

「研究によって特定の手法の有効性に関する科学的根拠が得られるまで、警察は必ずしも待っている余裕はない。人々が死にかけているとき、たとえある程度の政治的リスクを伴ったとしても、警察は暴力を止めるために行動しなければならない」

著者たちは、ボルチモア警察の「個人や警察官としての名声や私欲を一切求めず」、一般市民からあまり支持されないかもしれないと承知した上で、プログラムを推進するという「勇気あるリーダーシップ」を発揮したと述べている。

シドナー下院議員と他の二名の議員は、州の現在および計画中の新しい監視技術の使用を検討するための特別委員会の設立を求める法案を提出した。しかし、下院司法委員会から厳しく批判する報告書が届き、法案は最終的に取り下げられた。

マイアミ・バイスとマイアミ・ボイス

公聴会から数週間後、再びマクナットと話をしたとき、彼はまだ腹を立てていた。コミュニティー・サポート・プログラムに対する激しい抗議は「過度に騒ぎ立てている数人のレポーターのせい」だと彼は言った。

「それはマスコミのせいだ。〝なんてことだ、私たちには何も教えてくれませんでしたね〟と騒ぎ立てている」

マクナットは、一二八人の回答者の八二％以上が「人々の安全を守ってくれるなら」プログラムを承認すると答えたというボルチモア・ビジネス・ジャーナルのオンライン調査について話してくれた。ボルチモア・サンによる同様の世論調査では、「ボルチモア警察は、プログラムを危うくしても、それを行う前に空中監視に関する計画について開示するべきでしたか？」と質問した。三一六人の回答者の八〇%は「いいえ」と答えた。

マクナットはこれらの数字に安堵し、もう少し楽観的に考えられるようになったようだった。また、ボルチモアのプログラムを南部の別の都市で実施できるように働きかけており、うまく行きそうだと話していた。結果的には、彼の自信はあまり根拠のないものだったのだが。

二〇一七年の晩春、フロリダのマイアミ・デイド郡政府は、持続監視システムズ社と郡内の広域監視テストプログラムを開設するために、法務省に提出した一二〇万ドル（当時の相場で約一億三千万円）の助成金申請について説明する短い文書をひそかに公表した。マクナットが作成した作戦計画によると、同社のカメラを備えた航空機は、最大四八平方キロメートルをカバーでき、郡内を一日十時間周回する。

計画の概要を記した文書によると、郡は、近年犯罪が「急増」しているマイアミのノースサイド地区に作戦を集中させることを望んでいた。助成金申請書には「この地区では、数十年にわたって地域に根差して生活してきた家庭が、犯罪や暴力の増加に苦しんでいる」とし、また、捜査に協力する目撃者も少なくなったことを指摘している。そして、「毎週多数の銃乱射事件が起こっている。地域社会の構造がむしばまれている」と書かれている。郡長から郡行政委員会への最初の助成金申請の事後承認を求める覚書によると、マイアミ・デイド郡警察の希望は、このシステムを使用して「有罪の証拠を最大限に集め」、「犯罪を防止する」ことであった。

ボルチモアでの運用と同様に、このプログラムは、マイアミ・デイド郡長室が助成金申請書を提出するまで、郡委員会のメンバーを含むほとんどの政府関係者には知らせていなかった。マクナットは、提案を提出する前にプログラムを開示するように当局に要請したが、そうすることは郡の政策に違反すると言われたと主張している。郡長室は郡委員会への覚書で、交付申請の締め切りまでに理事会のメンバーに通知する時間がなかったと説明している。

二〇一七年五月、郡は特に発表することなく、その覚書をウェブサイトに載せた。どうやら、誰にも気づかれないことを願っていたようだ。しかし、数日もしないうちに、マイアミ・ニュータイムズの記者によって発見された。ここでもまた、騒動は急激に広がり、プログラムを守るための郡政府の努力はほとんどうまくいかなかった。

「外を歩いたとしても、プライバシーの侵害など起こりえない」

と、助成金を承認したマイアミ・デイド郡内の市長のカルロス・ヒメネスは、マイアミ・ヘラルド紙に語った。

「自分の家の裏庭でプライバシーを侵害されることもありません」

早速、多くの政府関係者がこのプログラムに反対した。マイアミ市長のトーマス・レガラドは地元のブロガーに、郡政府にはマイアミ市自体を監視する「管轄権はない」と語った。マイアミ・デイド郡内の別の市長であるジェフ・ポーターは同じブロガーに次のように語った。

「私たちの家と敷地の上を無言の無人航空機が飛んで、人々をスパイするなんて絶対に賛成しません。そんなに大きな網をかけるなんてできやしない。私たちみんなをスパイすることはやめてほしい」

アメリカ自由人権協会の他の地域支部と同様に、フロリダの自由人権協会は、デイトンとボルチモアでの運用に関して提起された多くの懸念を繰り返し表明する声明を発表した。また、多くの地方および国の擁護団体が、このプログラムを非難する合同書簡を発表した。それにはこうあった。

「私たちの行動が、地元の警察署によって二十四時間体制で追跡および記録されないことを心から期待します。有色人種、移民、宗教的少数派、政治活動家、性的少数派の人々はすべて、これまで政府の偏見的な監視の対象となってきました」

住民の中には提案に賛成する人たちもいた。ノースサイドの住人の一人がマイアミ・ヘラルド紙に語った。

「現段階で、殺人事件を減らすために役立つことなら、私は何でも支持するつもりです。店に行くことはできるが、帰ってくるまで安心できない。ガソリンスタンドに行くことはできても、家に帰ってくることはできないかもしれない。そんな生活ですよ」

しかし、プログラムに抗議する人々を説得できるような協調した取り組みは行われず、提案が郡委員会に提出される前日に、申請は撤回された。この決定を説明した郡の警察長官であるファン・ペレスはマイアミ・ヘラルド紙に語った。

「私は人々の声に耳を傾けたのです」

人を殺して逃げ切れるなんて、思ってほしくない！

こうした挫折にもかかわらず、マクナットはいつか自分が歴史の流れに乗るだろうという不屈の信念を持ち続けている。二〇一七年春、彼はボルチモアでのコミュニティー・サポート・プログラムを再開するためのキャンペーンを強化した。コミュニティー・サポート・プログラムの最初の運用につながった舞台裏の立ち回りと比較して、新しい取り組みは、まるで政治キャンペーンのように感じられた。彼は法執行機関や選出議員向けに、ワミーの利点を説明する詳細な内容を書き込んだウェブサイトを立ち上げた。また、彼は一連のラジオインタビューに出演し、市内のコミュニティーセンターで説明会を開催した。

その夏、マクナットはあり得ない味方と出会った。それはアーチィ・ウィリアムズという人物で、薬物関連の罪で十年以上を刑務所で過ごしたエネルギッシュな地域のまとめ役だった。ウィリアムズは当初、ボルチモア警察がひそかに市内で軍様式の監視活動を行っていたというニュースに憤慨していた。それにもかかわらず、二〇一八年五月、彼はロバート・マッキントッシュがちょうど一年前に射殺された場所から数ブロックしか離れていないシモンズ・メモリアル・バプテスト教会で開催された、マクナットのプレゼンテーションに参加したのだ。マクナットは、ウィリアムズが長いこと挑発的に腕を組んだまま、彼の話を聞いている姿を今でも覚えている。しっかりとリハーサルを行った監視システムに関する技術的な説明を終えた後、マクナットはボルチモアの悪名高い腐敗した警察官たちの発砲や令状申請について、それが正しいのかを確かめるために監視カメラで見張ることができるという話を始めた。この話題に、ウィリアムズは心をつかまれた。

二〇一六年のパイロットプログラムの期間中、監視カメラは警察官による二回の発砲を記録したが、マクナットはそのデータを使用すれば警察の事件に関する公式の発表を検証できると考えた。マクナットは、持続監視システムズ社はすでに、依頼人にかけられた容疑に抗議する公選弁護人を助けたことがあると私に話してくれたことがあった。警察は、依頼人が自宅で薬物を売りさばいているところを目撃したと主張して令状を取り逮捕したが、カメラの映像から令状が言及した住所に訪れた訪問者はたった二人であったことがわかったのだ。

ワミーを知っている技術者や当局者は、よく「改宗した」とか「クールエイドを飲んだ」という話をすることがある。シモンズの教会でのプレゼンテーションは、ウィリアムズの考え方が大きく変わるきっかけとなった。説明会の後、教会の牧師だったウィリアムズと数人の参加者たちは、草の根活動を通じてマクナットのキャンペーンを支援する非営利団体、コミュニティー・ウィズ・ソリューションズを立ち上げることにした。

マクナットとコミュニティー・ウィズ・ソリューションズのメンバーは、新しく選出されたボルチモアの市長、キャサリン・ピューを含む多くの市の指導者と接触を図った。マクナットは、最初に監視プログラムを支援してくれたジョン・アンド・ローラ・アーノルド財団が、また一年間プログラムを運営するために十分な追加資金を提供してくれると確信していた。ボルチモア・サン紙によると、ピュー市長は、マクナットとソリューションズのメンバーが、市行政官、地域の指導者、法執行機関の職員たちの間でプログラムが広く支持されていることを実証できれば、再稼働したコミュニティー・サポート・プログラムの承認を検討することに同意した。ピュー市長は、翌年、新聞社にこう語った。「地域社会の人々が何かをしなければと立ち上がるとき、耳を傾けなくてはいけないと、私は思うのです」

コミュニティー・ウィズ・ソリューションズは、マクナットとウィリアムズのために、商工会議所やバプテスト派の牧師協議会などを含む数十の会議を設定した。二〇一八年五月の電話インタビューで、ウィリアムズは個人的に地域組織や市の指導者と百回を超える会合を開いたと私に話していた。ボルチモア・サン紙によると、ウィリアムズは話す相手によって、表現の仕方を微妙に変えていたという。企業グループと話すときは、犯罪を減らすことを強調し、擁護団体との話し合いでは、コミュニティー・サポート・プログラムは警察を監視するという具合だった。

マクナットもウィリアムズも、コミュニティー・ウィズ・ソリューションズは持続監視システムズ社からお金は受け取っていないと話していた。しかし、同社はソリューションズのウェブサイトを構築するためにウェブ開発者を提供し、ウィリアムズとその仲間が説明会で使用するためのビデオを制作した。マクナットはまた、二〇一六年に運営の拠点として使っていたオフィスで、ソリューションズが説明会を行うことを許可していた。ウィリアムズによれば、同社は「どうすればインパクトのある活動ができるかについていろいろ助言してくれた」という（ウィリアムズとの会話の中で、私は彼の意見がマクナットの主な論点と似ていると感じた。一言一句同じときも結構あった）。ウィリアムズはまた、マクナットが彼の一歳の息子のために、チャイルドシートなど「個人的に」必要なものを支援したことを認めている。

ウィリアムズにプライバシーに関する懸念について尋ねたところ、彼は広域監視技術が「政策課題」を提起したことは認めたが、マクナットが会社の就業規則書に則(のっと)って対処するだろうと述べた。

「俺自身？　俺はそんな心配はしていないよ」

と彼は言った。

「今は、殺すか殺されるかの心配だ。誰かが近づいてきて、今日、白昼堂々と俺を撃ったって、奴らは自分たちが捕まるなんて思っちゃいない。しかし、どうだろう奴らは少し考えるようになる。〝おや、ちょっと待てよ。今日は飛行機が飛ぶって聞いたぞ。今日は止めておこうぜ〟ってなるはずだ」

ウィリアムズは続けた。

「そうなれば、二人の人間が助かるんだよ。殺そうとしていた奴と殺されそうになっていた奴だ」

会話の後半で、ウィリアムズは本書の中で名前が公表されるのかどうかについて尋ねた。私はそのつもりだと答えたが、もし彼が希望するなら匿名にすることを伝えた。彼は言った。

「いや、これは重要なことだと思うので、公表してほしい。人の命を救うために自分の考えを述べるなら、それがピンク、パープル、ブラウン、ブラックのいずれであっても機会を与えられるべきだ」

ウィリアムズは饒舌（じょうぜつ）になった。

「みんないつもこう言うんだ。〝なるほど、そうですか。しかし、カメラの性能がもっとよくなったらどうするのですか？〟って。すると、ロス（マクナット）はこう答える。〝いいですか。カメラがもっとよくなれば、さらに調べますよ。私は解決できない犯罪を解決できるように努力を続けていきたいです〟とね」

後ろで、ウィリアムズの息子が泣き始めた。彼は続けた。

「俺はね、人を殺しておいて、自分たちは逃げ切れるなんて思ってほしくないんだ。奴らの邪魔ができるなら、俺はそれで満足だ。何かを達成したと思える。そうだ、殺しのパターンを邪魔してやるんだ」

それから数日して、私は再びマクナットと電話で話をした。最初のコミュニティー・サポート・プログラムが不本意な形で終了してから、二年が過ぎようとしていた。しかし、ピュー市長からはプログラムにゴーサインを出すのかどうかの返事はまだ届いていなかった。

ボルチモアとマイアミでの挫折にもかかわらず、なぜマクナットはモチベーションを保っていることができるのか尋ねてみた。彼は一九九三年に、フィフティ・フォー・コロラドと呼ばれるボランティアのプログラムに参加して、デンバーの荒廃した地域で過ごしたことがあると言った。

「それがどんなところなのか、実際にこの目で見て、私は本当に腹が立ったよ」

彼はそこで人種的な偏見によって、警察が住民を取り締まっている様子を目撃し、それ以来ずっと、そのことを忘れることができないという。彼は言った。

「自分が開発したシステムが、スラム街にどんな影響を与えたのか、また、与えることができるのかを知ることができたから、これは人々の生活をよくすると思えるんだよ」

金持ちになるために、マクナットがボルチモアで活動しているわけではないことは明らかだった。また、彼の経済的な安定も、市の決定に左右されるわけではなかった。マクナットは航空機のリース会社を経営しており、成功を収めていた。持続監視システムズ社は、このリース会社からの助成金で運営されていると、私に話してくれた。その後、間もなくして、マクナットはオハイオ研究ネットワークから大規模な助成金を得た。プロジェクトの内容は、人間を移送する空中タクシーのような、自動旅客無人航空機の開発だった。

ボルチモアのプログラムが再開されたら、市に費用を請求するつもりだ、とマクナットは言っていた。

「ビジネス的観点から見れば、私は持続監視システムズ社をたたんで、忘れるべきだと思う。しかし、都市を犯罪から救う潜在的な効果は大きいので、私はまだあきらめたくはないのだ」

第13章 権力と恐怖「すべてが疑わしい世界」とプライバシー

セスナ（空）と車（地上）の追跡実演テスト

二〇一七年六月、ニューメキシコ州でスティーブ・サダースとセスナに乗った日、私たちはひそかにアルバカーキの街を監視していた。ニューメキシコ大学のスポーツ競技場で運動している学生たちを観察してから、ダウンタウンの大通りを走り去る車を追跡した。サンディア・ハイツを周回しながら、私は広域監視における最初のレッスンを受けた。訪問の二日目、私は地面に残り、今度はターゲットとなった。

サダースは、アルバカーキ市内から車で三〇分ほどの、滑走路のある住宅地に住んでいた。彼は白いセスナを、自宅の私道まで地上走行することができる。家よりも大きな飛行機の格納庫が私道に隣接している。格納庫は、彼の経営するトランスパレント・スカイ社の本部と整備場になっており、ワミーのカメラやソフトウェアのシステムを構築している。

二日目の朝の空は快晴だった。サダースは、以前攻撃型原子力潜水艦で電気技師として働いていた無口なアシスタントと共に、セスナを飛行することになっていた。私と地上で同行するのは、サダースの共同経営者グレッグ・ウォーカー、サダースの妻デボラ、会社の実習生ヴァネッサ、そして、サダースの犬デュークだった。

セスナが巡航高度に達したとき、私は、ヴァネッサとデュークと一緒に私道に出た。肉眼では、セスナは広大な砂漠の空に浮かぶ小さな白い斑点にすぎなかった。しかし、セスナのカメラは私たちの姿をはっきりと捉え、朝の太陽が照りつける滑走路には私たちの影が映っていた。サダースは無線を通して、数キロ離れた地元のウォルマートの広い駐車場で、追跡ごっこをしてみようと提案した。私は、もしサダースたちが私たちの車を見失うことなく追跡することができたら、彼にビールをおごる約束をした。

ウォーカーが私とヴァネッサをトラックに乗せてウォルマートに向かう間（デボラとデュークは家に残った）、窓から頭を突き出してセスナを探したが、その姿は見えなかった。時々、サダースは無線で私たちの正確な位置を呼びかけた。

この地域は人口がまばらで、住宅は平屋が多かった。どこにも隠れる場所がないように思われた。私は、途中で曲がって脇道に入り、Uターンしてサダースをまけないかウォー

左：ニューメキシコ州エッジウッドのウォルマートの駐車場に立っている著者。スティーブ・サダースの広域監視航空機（写真に写っていない）が、１万フィート上空を旋回している。
右：スティーブ・サダースの広域監視カメラに映る、ウォルマートの駐車場に立っている著者。トランスパレント・スカイ社提供。

カーに尋ねてみたが、彼はやんわりと異議を唱えた。ウォーカーはその辺りの土地勘がなく、迷子になりたくないと言った。ヴァネッサは、二番目の入り口を使って、ウォルマートの駐車場に入ることを提案した。サダースは私たちがそうするとは思っていないと、彼女は考えたのだ。

私たちは空いているスペースにトラックを停めた。私はトラックから降りると、セスナを探して、空をじっと見つめた。またもや、その姿を確認することはできなかった。サダースが再び、無線から呼びかけた。彼は私たちをまったく見失っていなかったのだ。

その日の午後、サダースはミズーリ大学の研究者グループに映像を渡して、コンピュータービジョン・プロセッサにかけてもらい、私たちの姿を追跡している映像を見せてくれた。たとえ私が一六〇キロどの方向に車を走らせても、結果は同じだっただろうと思った。つまり、私はついに、フーコーがパノプティコン（円形刑務所）について書いた有名な文章の「すべてを見ることができる、永続的で徹底的でいたるところに存在する監視の手法」をこの目で確認することができたのだ。

これが、広域動画の理論とその自動化が現実に近づいているという証しだ。国立研究所、軍関係者、そして諜報機関が試行錯誤を巡らせた時間との戦いは終わった。これからは、日常生活の中で、どのようにしたら技術が世間に受け入れられるのかを模索する長い道のりの最初の一歩が始まる。技術者の世の中をよくしたいという決意は、開発された道具それ自体が本質的に善か悪かということではなく、むしろ、すべては私たちがそれをどのように使うのかという選択にかかっていると言える。

天は文明の夜明けからつい最近まで、神々と星のためにあった。今、広域動画は、私たちがその天からの眺めを目にすることができるようにする。その技術は善を促進する力として使うことができる。それを否定するのは不可能だ。

私が目撃したテコン・ハートの銃撃事件のとき、ニューヨーク市警が広域監視技術をすでに導入していれば、ハートの加害者を捕まえるためにそれを使ってほしかったと私は考える。すべてを見通す目があれば、組織化された犯罪ネットワークは解明され、誘拐が解決され、真夜中に屋根で救助を待つハリケーン生存者が発見される。そして、人々に安全を届けることができるのだ。

しかしながら、これまでの歴史の中で広く利用されてきた広域監視技術の中で、結果として人を傷つけなかったものは一つもない。多くの場合、本来の目的をはるかに超えて悪用されたり、予期しない結果を生んだりもしてきた。私たちは今やっと、本当の意味で広域監視の可能性について理解し始めたばかりだ。しかし、ワミーが完全に自動化され暴走するようなことがあれば、そして、その管理を誤れば、監視そのものが侵略的で、卑劣で、謎で、不正なものとなる。技術を不適切に利用すれば、技術者の言葉を借りると、「正しい方法」で技術を使う努力を台無しにしてしまう。

したがって、潜在的な危険を回避するために、基本原則を定める必要がある。そしてそれは、すべてを見通す目が、ある状況においてどんな深刻な危害をもたらす可能性があるかについて正直に評価することから始まる。

「地獄への道」それぞれの信条と監視技術の果てしない相克

ワミーを開発した技術者たちは、監視カメラやソーシャルメディアなど広く受け入れられている技術が、すでに私たちの生活を十分さらけ出していると指摘するが、それは間違っていない。しかし、私的空間というものは存在する。そして、設計上、広域監視はそのような空間に侵入するための道具だ。その「空間」の一つは、広範囲にわたる私たちの行動の軌跡だ。ワミーは、私たちがどこへ行き、誰と何をしたのか、その軌跡を明らかにしてしまう。これは通常、もし、他の手段を使うのであれば、令状がなければ実現が難しい行為だ。さらに、人々のデジタルライフが完全に侵入可能な今、私たちに残された空という物理的な空間は、プライバシーを保つことができる貴重な場所なのである。

まったく残念なことだが、監視技術の歴史は、非常に大切な私的空間への恥ずべき侵入の事実にあふれている。二〇世紀への変わり目に通信傍受が発明された直後、ニューヨーク警察は、なかなか発見できない犯罪者を捕まえることを願い、レストランやビリヤード場にかかってくる電話を無作為に聞き始めた。たいていの場合、その会話は彼らの捜査とはまったく関係ないことだった。警察が面白半分に個人宅の電話を盗聴することもめずらしくなかった。ソーシャルメディアモニタリングソフトウェア、携帯電話インターセプター、視覚的および電子的空中監視、顔認識システムなどの最近のツールはすべて、米国の擁護団体に対して使用されている。しかし、彼らは憲法上の権利について声を上げているだけだ。

広域動画は、知性と監視の利点を最大に引き出すことが可能だ。それは、相手に気づかれることなく、すべてを集めるというスパイ組織のリーダーの信念を具体化できる。しかし、これもまた、担当者の好き勝手にさせておけば、本来の目的をはずれ、誤用される可能性もある。性犯罪者や凶悪犯罪者の追跡と、交通違反や不法投棄の検挙や、同様にデモ参加者、敵対する政党のメンバー、そして常軌を逸した宗教団体を監視する任務には大きな違いがある。

一つの原因は、技術の使用に制限を設ける明確な法律がないため、公正な監視と判断する基準が大きく分かれていることだ。サダースがウォルマートまで私たちを追跡する実演を行った後、彼とデボラは、私をサンディアピークの古びたバーに連れて行った。午後になっても天気がよかったので、私たちは屋外のテラスに腰を下ろした。向かいには、ハーレーや大型のピックアップトラックでいっぱいの砂利の駐車場が見えた。おごる約束をしていたビールを買った後、私はサダースになぜ国内広域監視の今後を恐れるべきではないと考えるのか尋ねた。

サダースはその日、アメリカ独立戦争のシンボルにもなった「ドント・トレッド・オン・ミー（自治の自由を踏みにじるな）」と書かれた帽子をかぶっていた。サダースは言った。

「もしあなたが安全な生活を送れていないなら、何よりも大事なのは、まず安全を確保することだ。反対に、もしすでに安全な生活があるなら、もっと高い理想や、実りある人生を追い求めることができる」

「自由民主主義は」

サダースはビールを味わうと続けた。

「安全があってこそ実現できる。安心して生活することができて初めて、人々はプライバシーについて話すことができるんだ。安全が脅かされるようなことになったら、プライバシーなどすぐにどうでもよくなるさ」

彼は要点を説明するために、政治的にはあまり正しい例ではないかもしれないと前置きをしてから、話を続けた。サダースは、インドという国は歴史的に敵対してきた民族の複雑な寄せ集めの上に厳格な秩序を敷き、何百年にも及ぶ植民地支配を唯一成功させた社会だと主張した。同様に、エンジェル・ファイアの最終的な目的は、米軍がイラクにいる「本当の理由」を支えることだとサダースは信じていた。本当の理由とは即席爆発物問題を解決することだ。サダースは即席爆発物の脅威について国防総省に警告したアビザイド将軍の二〇〇三年のメモを例に、英国がインドを支配したように、イラクの社会的混乱の原因となっている千年に及ぶ民族および部族間の同盟を統制するためには、秩序を取り戻す必要があると言った。そして、その秩序を取り戻すために鍵となるのが、即席爆発物の撲滅なのだ。それがただの想像か真実かはわからないが、サダースはその理由のために、喜んで協力しているようだった。

その前日、サダースは、二〇一五年の夏に監視航空機をミズーリ州ファーガソンに向けて飛行させた話をしていた。当時、黒人青年マイケル・ブラウンが白人警察官に射殺された事件をめぐって抗議や暴動が起きていた。作戦の目的は、自動追跡と分析アルゴリズムをテストするために、サンプル映像を収集することだった。それでも、サダースは地上にいた人々の人生を変えてしまうことができる映像という力を入手したことは確かだ。彼は、疑わしい活動が記録されていれば、その情報を地元の警察に伝えていただろうと言っていた。また、別の話をしたときに、白人であるサダースと黒人であるデボラは、自分たちはブラック・ライブズ・マター（黒人の命は大切）運動には強く反対していると言っていた。さらに、ファーガソンの抗議者の一部を「悪党」とも呼んでいた。

自身の政治的信念が、自分の仕事に入り込んでいたのはサダースだけではなかった。ロス・マクナットは、政治に関する広域監視はワミーの存続に危機をもたらすと話したことがあった。そして、持続監視システムズ社は「抗議活動」の監視は行わないと言った。しかし、「世界銀行」などから頼まれれば契約を結ぶことは認めた。同社の解析者たちは「扇動者」つまり「無政府状態を引き起こしそうな二十人の愚か者」だけを常に観察していると、マクナットは説明していた。

サダースもマクナットも、すべての人々のために世界を平和で調和のとれた場所にしたいとは心から望んでいないと言っていたが、その理由を決して私には話してはくれなかった。しかし、もちろん、英国のインド支配にとって、マハトマ・ガンディーは無政府状態を引き起こそうとする扇動者であり、連邦捜査局が一九六五年のキング牧師のセルマからモンゴメリーまでのデモでビジラント・ステアを使用したように、植民地の支配者たちは、ガンディーの塩の行進に参加する人々を特定するために、すべてを見通す目を使用していたに違いない。監視を行っていた人々は、サダースやマクナットのように、自分たちは平和と安全のために国に仕えていると信じていただろう。しかし、彼らがそれぞれに自分の信条によって行動していたら、私たちの社会はどうなってしまうだろうか？

「情報のモザイク説」ドラグネット（捜査網）の基礎テクニック

当然のことながら、平和的なデモ参加者や政敵を監視することは許されない行為である。

必ず守られているかどうかは別として、真の民主主義社会には、こうした人々を不正行為から保護するための規則がすでに法制化されている。それゆえに、制約を設けた広域監視が使用されたとしても、重大な問題に発展することはないかもしれない。しかし、それでも微妙な問題は発生する可能性がある。

広域監視はすべての情報を収集してしまうため、そして、一万フィートの空から撮影される一ピクセルを超えない画像では、誰もが疑わしいと認識される可能性があるため、すべてを見通す目は、マークする人々の数を押し上げてしまう可能性がある。大抵の場合は、この仕組みにより多くの犯罪者を見つけることができるわけだが、ワミーは疑わしい場所でUターンしただけの無実の市民を警察に報告してしまうこともありうる。

それでは、すでに緊迫している法執行機関と一般住民との関係を、さらに悪化させてしまうことになりかねない。しかもなお悪いことに、すべての個人を「知られていないと知られていない」として扱い、活動を基準とした情報（アクティビティ・ベースド・インテリジェンス）から疑わしいとコンピューターが判断してしまう可能性もあるのだ。「知られていないと知られていない」のは、本来なら持続監視によってのみ識別されるべき犯罪者たちなのだ。

そうなると、法執行機関と最も犯罪の被害を受けている地域社会の関係を和らげる必要があると考える人も多いが、地域密着型の治安維持のあり方を調整するのは実際には難しいだろう。皮肉なことに、ボルチモアやファーガソンのように、犯罪と闘うためにワミーを使用する可能性が最も高い地域こそが、こうした問題を抱えているところなのだ。

二〇一六年のコミュニティー・サポート・プログラムの試験運用の時点で、ボルチモアはこの技術によって、犯罪を目撃していても証言しない人々を特定するようになり、場合によっては、目撃者を家まで追跡した。この手法は厳密に言えばおそらく違法ではなかっただろうが、こうした強制的な戦略が住民との関係をさらに悪化させたり、本来住民を守るべき立場の警察が、基本原則を破ってしまうことにもなりかねなかった。証言することを拒否する権利は、まさに不可侵の原則なのだ。

法執行機関が次の第14章で説明するように、限られた特定の規則に厳密に従ってワミーを使用したとしても、それらの規則に従わない人物に決して監視する権限を与えることはないとは言い切れない。パスワードを知っているすべての解析者は、何千人もの市民の詳細な個人情報にアクセスすることができる。日々の行動、ソーシャルネットワーク、自宅の住所などはすぐにわかってしまう。これらの解析者の中に、配偶者、セレブ、地元の政治家などを少し追跡してみようと、数分（あるいは数時間、数日）ならいいかという誘惑に負けそうになる人がいるかもしれない。

　また、ワミーは犯罪科学捜査に特に有用であるため、警察署は犯罪の記録を長期間保管したいと考えるだろう。しかし、資料管理室が厳重に管理されているかどうかは別問題である。パスワードを知っている人間はそれほど心配することはないが、不正な手段でパスワードを入手する方法を知っている人間は厄介だ。地方自治体は決してサイバーテロに強いとは言えない。もし、白人至上主義者グループのメンバーが、サダースが撮影したマイケル・ブラウンの死に抗議する人々の映像をハッキングした場合、デモ参加者の自宅まで追跡することだって可能なのだ。無節操な政治コンサルタントは、対立する政党を調べるためにワミーの映像を使用するかもしれない。リバモア研究所の技術者たちが北朝鮮の核物理学者を追跡するために、監視衛星を使用したいと考えたように、海外の政府も機密研究施設から出ていく従業員を追跡するかもしれない。

　すでに第10章で述べたように、広域監視が生成する情報の多くは、他の方法で得た情報と相互に参照して初めて一つの確証となる。そして、その他の監視方法で集めた情報も、悪用される可能性や間違った使い方をされる場合があるということだ。たとえば、ボルチモアでは、マッキントッシュ殺人事件の調査でワミーを使用したため、その結果警察は、市バスの防犯カメラの映像を調べることになり、市バスがナンバープレートを読み取る役割を果たすことになった。

活動を基準とした情報の理論では、他の方法で得た新しい情報と照らし合わせたときに関係性が見つかる場合に備えて、できるだけ多くのデータを収集し、できるだけ長く保管することが常に奨励される。たとえば、国家地球空間情報局で活動を基準とした情報を研究する高官デイブ・ゴーティエは、バグダッドですべてのナンバープレートを記録することを奨励している。これは「将来何か事件が起きたときに、いくつかのナンバープレートから何らかの関係性がわかるかもしれない」からだ。これは「情報のモザイク説」と呼ばれ、海外で、そしてますます米国内でも、今日の監視の枠組みを特徴づける捜査網のテクニックの基礎となっている。

監視技術の融合がさらに進めば、別々の情報がますますリンクしていき、さらに代わりとなるツールからの情報を要求する原動力となっていくだろう。そうなれば、すでに十分私たちの生活を侵害しているはずなのに、さらに手の込んだデータ収集の手段に市民を巻き込むこととなる。結果的に、関係機関はさらに注意深くすべてのデータを精査することになり、たとえそれがとるに足らない情報でも、他の情報源と照らし合わせたときに、一つひとつが重要な意味になってしまう可能性がある。それが行き過ぎれば、このようなやり方は一つの当然の結果を導く。すべてが疑わしい世界だ。

これらすべてが最終的には、広域監視が生み出す危険へと私たちを導いていく。恐怖というものである。おそらく、広域監視によって結果的に人々の心に恐怖心が生まれると考えることもできるが、同時に、広域監視はそうなるようにデザインされているのではないだろうか。二〇〇五年の国防総省の運用報告書によると、持続監視システムの主な目的は、「敵がやろうとしていることでさえ〝観察〟することができるという印象」を与えて、敵が「常に後ろを振り返り、監視され、後をつけられ、追跡され、盗聴されると感じる」ようにするのだ。考えてみれば、監視プログラムにつけられた多くの名前でさえ、はっきり言えば、みな脅威を連想させるものだ。警戒心ある忠実な鷹、百の目を持つ巨人アルゴス、人を石に変えるゴルゴーン・ステア。

残念ながら、恐怖は曖昧な武器になる可能性がある。空からしつこく監視されているということは、やましいことが何もなくて恐れる必要のない人々にとっても、あまり気持ちのよいものではない。戦争地帯で無人偵察機が空を飛ぶ状況下で暮らしている人々は、不注意な行動によって自分がターゲットになるかもしれないと恐れて戦々恐々としていると言ったこともある。監視のことを考えて、凶悪犯が出歩くべきかどうか考えるようになることはよいかもしれないが、すべての人がそのような環境で生きるのは好ましくない。

私自身も、普通にUターンがしたい。私の行動が異常と判断され、容疑者として追跡されるような監視システムの心配などしたくないものだ。麻薬常習者だと疑われないかと心配することなく、ボデガ（アメリカのコンビニ）で酒を購入したい。そして、堂々と政治集会に行くことができ、誰かが空から私を見張っているのではないかと恐れるようなこともしたくない。

時間をかけ、私たち自身が考え方を少しずつ変えていけば、すべてを見通す目に対する恐怖も薄れるというのは本当かもしれない。抗議行動や政治集会、またはボデガにはあまり行かないようになるかもしれない。イスラム教徒が多く暮らす地域に車を駐車するべきかどうか考えるようになるかもしれないし、何らかの理由で政府や警察の監視下に置かれた人々と交流することをためらうようになるかもしれない。最終的には、神々の聖域であった空も、もはや私たちのものではないと受け入れるようになるかもしれない。しかし、これは、おそらく最も恐ろしい筋書きだ。

「鉄砲弾と脳」自動検出システムのバグと信頼度

幸いなことに、これらの危険は特に目新しいものではない。次の章で説明するように、他の技術においてすでにうまくいくことがわかっている対処法を用いて、多くの危険を回避することができるはずだ。その一方、自動広域監視技術については、まだまだ厄介で対処できていない懸念が存在する。

通常の広域監視と同様に、自動監視は人々にとって有益な目的のために使用することができるし、またそうあるべきだ。デイトン大学のビジョン・ラボは、同じ技術を使って、地中のパイプラインの近くを掘っている可能性がある建設機械を空中画像から調べたり、国境を越えて密入国しようとしている移民を検出したりしている。二〇一八年、南アフリカの野生動物公園で行われたテスト飛行では、ＡＩシステムを搭載した無人航空機の方が、人間の観察者よりもはるかに速く密猟者を見つけることができた。コンピュータービジョンの会社であるキットウェア社は、人間の脳と接続性のある完全なマップを構築するために活動しているヒューマンコネクトーム（ヒトの神経回路マップ）プロジェクトのために、ワミーのソフトウェアの一部を改良した。

しかし、これもまた、自動化の負の可能性に対処できなければ、こうしたアプリケーションも弱体化し、結果として損失となる。これは特に、さまざまな自動化技術を採用している国防総省のような法執行機関に当てはまる。本書を執筆している時点では、米国の数十の都市が、将来、犯罪が起こりそうな場所を特定するために、高度なアルゴリズムによって過去の犯罪データと照合する予測治安維持ソフトウェアを使用している。多くの州や裁判所もアルゴリズムを使用して、特定の刑事事件における判決例を自動的に生成している。多くの法執行機関は、顔認識および融合機能を監視カメラやボディカメラに積極的に取り入れることを求めている。ここから、そうした警察の治安維持に関する自動化について考えてみたい。

プライバシー擁護派が自動化に関して最も懸念していることは、空の目、または地上のすべての監視カメラが、自動化された行動検出アルゴリズムにリンクされていて、私たち全員が常に監視されるようになることだ。

国防総省によって開発されたような優れた監視アルゴリズムは、その機能上、何でも警戒し疑ってかかるものだ。システムに入ってくるすべての情報を、犯罪の可能性があるという前提で処理し、確定か却下する。優れた警官もこれと同じだ。そして確かに、アルゴリズムが市民をターゲットと認定するに至る多くの疑わしい行動は、同じように警官も疑わしいと見なすものだ。しかし、防犯カメラと違って、すべての街角に警官がいるわけではない。警官が罪のない行動を誤って判断したために誰かを尋問している間に、同じような行為をしている人が街の至る所にいても、そこに警官がいない。

人工知能を持つすべてを見通す目は、「すべて」の異常を見ることができるだろう。カメラの視野内のすべての動作は、私たちが完全には理解できない神秘的で不屈なアルゴリズム理論によって、潜在的な脅威と見なされる。ワミーの多くの自動監視システムには、

「トリップワイヤー」機能がすでに備わっており、指定された疑わしい地域を通過するすべての車両を自動的に追跡する。戦場では、これはテロネットワークの遠く離れたノードでの活動を監視するのに役に立つ。国内では、車両が間違った道を走っていたら、単純に広域監視がその車を追跡する。

強力なロボットのような監視装置によって常に監視されていれば、監視対象である人々と、その人々を守る立場にいる警察との間の信頼関係が崩れてしまうことを予想するのはそれほど難しいことではない。しかし、私たちが考慮しなければならないデリケートな問題は、人々とその監視者の間の力学だけではない。私たちはまた、自動監視システムと人間の解析者の間で何が起こっているかについても考える必要があるのだ。

たとえば、空軍のターゲットスペシャリストが無人航空機を監視しているとき、攻撃を行う可能性があるとしてすでにマークされているテロリストが、爆発物を詰め込んだ車両でアメリカの部隊に向かって運転している場合、自動活動検出プログラムが通知するという状況を想像してみてほしい。

スペシャリストは、コンピューターが「確実に」ターゲットを特定していると確信したい。もしコンピューターが間違っていたら、また、コンピューターはよく間違えることがあるため、決断するまでにほんの一瞬しかない場合、誤って民間人を攻撃する指示を出してしまう可能性がある。したがって、コンピューターが「ある程度」確かというだけなら、その情報を人間に伝えることができなくてはならない。しかし、コンピューターがどの程度正しいと確信しているかをどうやって定量化するのだろうか？

人間と情報交換する多くの自動検出システムは、採点システムを採用している。通常はパーセンテージ形式で数値を表し、コンピューター自身が出した結果がどれくらい信用できるかを定量化する。リバモア研究所のパーシスティックソフトウェアがゴルゴーン・ステアの映像で疑わしい車両を追跡した場合、最初のトラックの車両が、作戦終了時、最後に交差点に停まっている車両とどれくらいの確率で同じ車両なのかを数値で表した。

軍事領域あるいは一般市民の生活での確率と解釈の問題

プロジェクト・メイブンのアルゴリズム映像解析で、港のスクリーンショットには、八五％のスコアで「ボート」と記されていた。大規模な倉庫は、「建物」として九〇％の信頼度がついていた。格納庫のような形をした奇妙な構造物も「建物」として表示されていたが、信頼度は四〇％だった。これらのスコアは、映像の画質や、フレームの中にどれだけ関心のある活動の連続を見ることができるかなどに基づいて出されている。

グーグルのオンライン・コンピューター・サービスであるビジョンAPIも似たような手法を採用しているため、実際に試してみる価値はある。私は二〇一六年にサイトを訪れ、X－47Bと呼ばれる未来型の軍用ドローンの画像をアップロードしてみた。ソフトウェアは九二％の信頼度で、画像には「航空機」が含まれていると結論を出した。その航空機が具体的には「飛行機」であるという確信はそれより少なく八五％で、軍用機であるという確信は七一％だけだった。また、画像にポルノや暴力的なものが含まれている可能性は「極めて低い」と結論づけた。

ソフトウェアは、ジャクソン・ポロックが一九五〇年に描いた「無題」の処理には少し時間がかかった。美術作品を見ていると八五％確信した（その判断は古典的な基準によって出したらしい。ボッティチェッリの「ヴィーナスの誕生」を見せたとき、画像は九三％の信頼度で美術館にあるものと判断した）。「白黒」の存在は八三％の確信だった（実際の絵は白黒なので、この数字は妙に低い）。ポルノや暴力が含まれている可能性は「極めて低い」ではなく、「低い」だった。

こうした採点システムは、国内の法執行機関ではすでに普及している。たとえば、自動化会社シークレスターの監視カメラ分析プログラムは、「可能性が高い」から「可能性が低い」までのスケールで結果を評価している。

このスコアや実物との差異は、生死を分ける問題になる可能性がある。あなたは、ある都市の広域カメラ映像に接続されたコンピュータービジョンシステムを監視している警察官だとしよう。暴力的な武装強盗が起きた二〇分後、自動追跡システムは、犯罪現場から逃げ出したと思われる車両をマークする。結果は七一％の確信を示す［注1］。あなたなら、パトカーに車両を止めるように指示し、相手が武器を持っている可能性を伝えるだろうか？　それとも、犯人逮捕が遅れることになっても、コンピューターのデータから推測して、自分自身でトラックを確認するだろうか？

さらに、予測検出ソフトウェアに関して言えば、問題はさらに複雑になる。ケンブリッジ大学、インド国立工科大学、そしてインド科学研究所の研究者たちによって書かれた「空の目」（私の著書と似ているが）というタイトルの論文には、彼らが構築したコンピューターービジョンシステムについて書かれている。そのシステムは、民間で作られたドローンで撮影された映像から、高い精度で暴力の様子を検出できるという。もし、そのようなシステムが、ルイス通りとヴァンビューレン通りが交差する場所で、七一％の確証で暴力事件が起ころうとしていると結論を出したらどうなるだろうか？　コンピューターが正しければ、恐ろしい犯罪を防ぐことができる。

しかしながら、もしコンピューターが実際には路上で遊んでいる子供たちのグループを検出しているだけだったら［注2］、暴力事件を想定して武装している警察官を子供たちの元へ送ることになり、子どもたちは命に関わる危険にさらされることになる。

一方、実際の戦場では、自動化されたシステムを誤って信頼したことで、すでに悲劇が起きている。一九八八年、米国の誘導ミサイル装備巡洋艦が、ホルムズ海峡の上を飛んでいたイランの旅客機を撃墜し、乗客二九〇人全員の命が奪われたのは、巡洋艦の自動レーダー防衛システムが、旅客機を軍用機と誤認したためだった。イランの旅客機は、商業空域を飛行していて何の問題もなかったが、巡洋艦の乗組員はミサイル発射を承認する前に、コンピューターによる分析の結果についてあまり疑問を持たなかったのだ。二〇〇三年には、同様のエラーにより、イラク駐留の米軍が、イギリスのジェット戦闘機を撃墜したことがある。

信頼が不十分な場合も同じように問題を引き起こす。航空事故はその多くが、人間のパイロットがコックピット内の自動警報システムを無視しているために発生している。別の例を挙げれば、法執行機関のコンピューターが検出する緊急の攻撃の信頼度は六〇％ほどだとしよう。それは低いように見えるが、もしコンピューターが正しくて、その後に何が起こるかを考えたとき、その結果を簡単に無視してもいいのだろうか？

信頼関係が機能しなければ、空軍の主任科学者であるグレッグ・ザカリアス博士が二〇一六年の講義で「非常に後悔する行動」と表現した結果になるかもしれないので、人間とコンピューターの関係は非常に脆弱(ぜいじゃく)になる可能性がある。コンピューターが九五％の信頼度で不正確な検出を行った場合、次に信頼度の高い分析が提供されても、人間の解析者がその結果を完全に信頼する可能性は低い。そのアルゴリズムは微調整できるが、想定するのが非常に困難なさまざまなタイプの誤りを防ぐことはできない。一度信頼を失うと、それを取り戻すのは大変だ。コンスタント・ホークの画像解析者たちは、自動追跡機能がときどき誤りを起こすことに気づいたとき、ソフトウェアの使用を直ちに中止し、自らしらみつぶしに追跡作業を行った。

その反対に、人間がコンピューターの五一％の分析を無視し、その後、コンピューターが正しかったことが判明した場合、次に五一％の結論に達したとき、彼らは過度にその結果を信頼してしまう可能性がある。軍事領域または一般市民の生活において、これらの問題をどのように解釈すればよいかについて、何らかの意見の一致が得られるまでには長い時間がかかりそうだ。多くの国の軍事活動ルールでは、計画している攻撃の対象がかなり確実に軍事組織であることが条件だ。しかし、七一％のスコアがまあまあ確実なのか、まあまあ不確実なのか、それともコンピューターに示されたランダムな数字なのかを決める国際機関は存在しない。

人を殺すことができるロボットの問題点

二〇一八年の時点で、致命的な自律兵器（人間のオペレーターなしに、ターゲットを見つけ、特定し、殺すことができる機械）に関する五年以上にわたる正式な議論の末、国際社会は、人を殺すことができるロボットについて、私たちはどんなつもりでそう呼ぶのか定義する方法についてさえ、何の合意も得ることができていなかった。そんな調子なので、すでに広く普及し始めている自動ビデオ監視システムについては言うまでもなく、何も決まっていない。

現在の民間の法律制度は、これらの信頼問題に対処する準備はできていない。コンピューターによる七一％の信頼度判断によって、罪のない男が殺されてしまうようなことがあれば、誰が責任を取るのだろうか？　コンピューターを信頼して捜査官をその住所に派遣した司令部の警察官だろうか？　引き金を引いた現場の警察官だろうか？　システムを作ったメーカーなのか？　それとも警察署全体の責任なのだろうか？

逆に、殺害された被害者の家族が、七一％の信頼予測を無視したとして警察署を訴えたらどうなるだろうか？　これは、ある警察官が同僚からの警告を無視することと同罪なのだろうか？　スコアが高い、あるいは低い場合、法的な措置の対応は変わってくるだろうか？　捜査官たちは、別の自動化システムを利用してデータを解析するかもしれない。そして、まったく異なるスコアが出る可能性もある。その場合、どうするのだろうか？

コンピューターは信頼度が生死に関わることは理解できない！

当面の問題は、コンピューターがときどき誤りを起こすというだけではない。その誤りが奇妙で、不可解な場合があるということだ。ＩＢＭの人工知能プログラムであるワトソンが、二〇一一年にクイズ番組『ジェパディ』に登場したとき、番組史上最も成功した二人の対戦者を打ち負かしたが、その二人がどんなことがあっても問題を聞き間違えることはないところで、ワトソンは間違えてしまった。

ワトソンは、「二〇一〇年五月に、一億二五〇〇万ドル（当時の相場で約一四六億円）相当のブラック、マティス、そしてその他三人の画家による五つの作品が、この美術史の時代に建てられたパリの美術館を離れ……」と聞いたところで、九七％の自信を持って「ピカソ」と答えた。

「ピカソ」が美術史の時代を意味しないことは、美術史の学位がなくてもわかる。質問はパリの美術館について尋ねていたが、確かに、パリにはピカソ美術館があるので（正解は「モダンアート」だった）、ワトソンは混乱してしまった。人間の解答者たちも正解しなかったのだが、少なくとも彼らは自信なさそうに答えていた。

通常、人間がどんな間違いをするのかを予測するのはわりと簡単なことだが（対戦者の一人は非常に妥当に「印象派」と答え、もう一人は「キュービズム」と答えていた）、コンピューターがどんな間違いをするのかを正確に予測することはほとんど不可能だ。私がグーグルのソフトウェアに、ボウルの中に入った切ったリンゴを見せたとき、「花が咲いている植物」と答えた。

ときに警察官も、正気を失って予測できない行動を取ることがあるが、それでも、人間というものはほとんどの場合、自分の決断が物事を左右することを理解している。警察官の多くは、運転手が手に持っているバナナを携帯電話と間違えるか、銃と間違えるかではまったく話が違ってくることを理解している。一つのケースでは、その危険度は低く、また別のケースでは高くなる。たとえ、警察官が自分の任務に対する情熱によって、自らの判断を曇らせることになっても、その同じ情熱こそが、自分の判断についてよく考え、厳粛な責任感を意識することにつながっている。特に、非常時に決断をしなければならないときはなおさらだ。

ソフトウェアは、ある意味、警察犬と似ている。麻薬を検出する方法を知っているが、麻薬が違法であることは理解していない。警察犬は自分がこうしたら誰かを刑務所に送ることになるとは知らない。同じように、コンピューターは信頼度が生死に関わる問題かもしれないとは理解できないのだ。

コンピューター・アルゴリズムは「人種差別」する!?

また、コンピューター・アルゴリズムの公平無私な分析論理シーケンスは、警察官が意識的に、あるいは無意識に行ってしまう偏見行為に対抗する必要もない。例えば、黒人やラテン系の運転手は、交通違反取り締まりで白人の運転手と比べて所持品検査を受けたり、逮捕されたりする可能性がはるかに高い。研究が進むにつれ、また、いくつかの話を聞くと、アルゴリズムはまったく逆の反応をするという。

二〇〇九年に発売されたニコンのクールピックスS630というデジタルカメラを例にしよう。ある人のレビューでは、カメラの「優れたデザイン」と「非常に優れた機能性」を賞賛していた。その機能の中には、簡単なコンピューター・ビジョンシステムによって、画像内の誰かが目を閉じていることを検出すると、ユーザーに警告する仕組みになっているものがある。

　ほとんどのユーザーには、この機能がうまく作動した。しかし、台湾系アメリカ人のジョズ・ウォンにはうまくいかなかった。ウォンが自撮りを何度行なっても、カメラは同じ陽気な人種差別的なメッセージを繰り返した。

「誰か瞬（まばた）きしましたか？」

　結局のところ、カメラはアジア人の目を認識するようにプログラムされていなかったのだ。

　さらにもう一つひどい例がある。翌年に発売された「スマート」HPウェブカメラは、一部の黒人ユーザーの顔を認識しないようだったが、白人のユーザーはまったく問題なくログインできた。最近では、二〇一七年にフェイスアプという会社の代表が謝罪を余儀なくされた。これは、ニューラル・ネットワークを使用して自撮りをより魅力的にするアプリの「ホット」フィルターが、絶えず肌の濃い人のトーンを明るくしてしまったのである。

　おそらく、これらのシステムを構築した技術者は、有色人たちを侮辱するつもりはなかっただろう。しかし、コンピューターは人間のような感情を持った存在ではなく、社会に適応した（そして偏った）脳の延長のように振る舞うので、偏見や差別を和らげるのではなく、機械的に繰り返す。また、コンピューターは、人間のように差別的にならないように脳を抑制する感情や知性を働かせることはないので（言うまでもなく、仕事を失う心配もない）、しつこいほど一貫的で、色が濃いと判断すれば、ばっさりと切り捨ててしまう。

二〇一二年の連邦捜査局が認可した研究では、顔認識システムの精度は対象が女性、黒人、若者では、「一貫して」低くなっていることがわかった。局には何千万のアメリカ人の顔写真データが保存されているが、その八〇％の人々はこれまで有罪になったことがないことを考えると、この事実は、私たちを不安にさせる。プロパブリカによる詳細な研究によると、自動判決プログラムにおいて、同じ罪を犯しても白人よりも黒人により厳しい刑罰を下す多数の事例が見つかっている。そして、クレジットスコアの計算から個人の雇用資格の評価まで、使用するすべてのアルゴリズムにおいて偏った結果が検知されているのだ。

そうなると、重大犯罪に関連している行動を自律的に検出するように設計されたシステムで、同様の問題がどのように発生するかを予測するのは簡単だ。特定の住宅街を監視するという簡単な作業をするだけで、実際には犯罪発生率が低いのにもかかわらず、アルゴリズムはその住宅街を疑わしい地域に引き上げてしまうかもしれない。ランドグループの研究者たちが行った警察活動の自動化による偏りを調査したシミュレーションでは、過去のデータに基づいて訓練された犯罪予測アルゴリズムは、地域一体の犯罪率がほぼ同等であったにもかかわらず、過去に監視の対象となった回数が多い地域は、あまり監視されていない地域よりも「危険」であると判断することを発見した。これは現実の捜査でもよくある傾向だ。

システムが過去のデータに基づいて正常性モデルを構築する場合、特にそれがもっと恵まれた「普通」の住宅街のデータを使っている場合、昔からよく監視されてきた貧しい地域の人々の行動を疑わしいと特徴づける。広域監視コンピューターは、「正しい」方向で起きたUターンよりも、「逆方向」で起きたUターンを不審としてフラグを立てる。

もし偏った広域システムが、他の自動化プログラムによって生成された情報源と融合して、その情報自体が偏ってしまうと、問題はさらに悪化する可能性がある。たとえば、ワミーの映像が各地区の犯罪歴の情報と融合するとしよう。次に、これらの犯罪歴の一部は、特定の少数民族の犯罪者に厳しい判決を下す傾向のある自動判決ソフトウェアによって設定されたと想像してほしい。

ワミーシステムが、より厳しい判決を受ける地区を特に疑わしいと認識すると、有罪の事例が少ない周辺の地区よりも異常と検出され、その地区に警察を導く結果となる。より監視された地区ではさらに逮捕者が増え、自動判決システムにさらなる偏りが生じる。特に恐ろしいのは、そのようなアルゴリズムの繰り返しは、実際に被害が出るまで、誰にも気づかれることなく、その偏見がずっと続いていくことである。この分野で一部の人々が、特定のアルゴリズムを「数学を破壊する兵器」と呼ぶようになったのには理由があるというわけだ［注3］。しかし、私たちはまだ監視における滅亡の危機に瀕（ひん）しているわけではない。まだ行動する時間は残されており、また、行動していくべきなのだ。

［注1］市場に出回っている顔認識製品の中には、一つのスコアを表示する代わりに、警察の面通しの列のように、何人かの容疑者の画像を同時に提示するものもあるが、必ずしもそれで問題が解決するわけではない。どちらかと言えば、含まれるべきでない人物もいたりするので、さらに悪くなることもある。

［注2］「空の目」の論文に含まれるテスト映像のクリップには、戦うふりをしている俳優が映っている。笑ってしまうほど、説得力がない。中には楽しんでいる様子の俳優もいる。

［注3］統計学者のキャシー・オニールが用いた表現。同名の著書があり、必読書。（『あなたを支配し、社会を破壊する、ＡＩ・ビッグデータ』〈インターシフト〉）

第14章　目のルール、そして、AI

監視する者を監視する／ワミー規制の範囲を

二〇世紀初頭に通信傍受が導入されてから二〇年間は、警察は通常、個人の電話での会話を聞くために裁判官の許可を必要としなかった。それはもう許されない。なぜなら、合衆国法典では、無許可の盗聴を禁じているからだ。警察署が赤外線カメラを使って私を自宅で記録する場合、そのようなやり方を制限する最高裁判所の判決のおかげで、私は法廷でその行為に異議を申し立てることができる。同様に、中央情報局がテキサス州のラボックにおいて、市内の実際の犯罪組織ではなく、ある医師の診察室でテストをしたのには理由がある。連邦法では、法執行機関は演習において、住民を偵察することは禁じられているからだ。

十分な政治的意思がある場合、立法府は監視をチェックする立場として機能する。国土安全保障省が二〇〇七年に、諜報機関の衛星を使用して米国内を監視するプログラムを立ち上げたが、その努力は連邦議会によって打ち砕かれた。

こうしたチェック体制は、監視活動に対する当然で必要な対応だ。なぜなら、確固たる正義の追求において、真に機略に優れた法執行機関や諜報機関は、法律がはっきりと禁止「していない」ことは、同じように法律に忠実に実行してしまうからだ。

この本を書いている時点で、合衆国法典や憲法には、またはほとんどの先進国の法律にも、空、地上、手動、自動、融合、非融合にかかわらず、公共の空間で個人を追跡するために行う広域監視の使用を明確に制限するものは存在しない。となれば当然、法執行機関は使用するだろう。たとえば、監視プログラムの法的根拠を概説するボルチモアのメモは、現行の米国法が積極的に許可するものではなく、主に禁止しないものに焦点を当てていた。

言い換えれば、最初に広域監視システムの物語が始まるきっかけとなった映画から、手がかりを探ってみるのが賢明かもしれない。

「我々は、敵を監視する必要があるとわかっていたのだ」

『エネミー・オブ・アメリカ』の架空の下院議員サム・アルバートは、国家安全保障局がビッグダディ衛星やその他の武器を悪用したことが露見したとき、こう宣言する。

「そして、彼らを監視している連中を監視する必要があることにも気づいたのだ」

技術よりも規則を優先させるためには、絶好のタイミングでそれを行うチャンスもだんだん限られてくるので、すぐに行動するのが最善の策だ。新しい技術に追いつき、その利用に必要な否定的な規制を作るには、時間がかかることもある。米国の警察署は、二〇〇九年に無人航空機の採用を公に開始した。本書の執筆時点である九年後には、国内で無人航空機を所有する警察署は六百を超える。しかしながら、その技術の使用を規制する法律があるのは十州程度にとどまっている（皮肉なことに、実際に存在するこの法律にはワミーを使用するための抜け穴がある。それは、通常ワミーは無人航空機には搭載されないからだ）。そして、連邦政府は漠然とした「任意の適切な実施を奨励する」とした文書を発行するだけにとどまった［注1］。

その使用に妥当な制限を設けるために、国内のすべての大都市が広域監視システムを購入するのを待つ必要などない。私たちは技術の仕組みとそれがどのように使用されるのかについて正確に把握していれば、反対に、そのリスクを予測することもできる。当たり前に使用されるようになってから、禁止したり制限を設けたりするよりも、あらかじめルールを設定する方がはるかに簡単だ。二〇〇〇年代半ばにこれらの技術を導入するために多くの技術者たちが時間と競争しながら取り組んだように、ワミーを規制する取り組みは急ピッチで進められるべきである。ワミーはこれからますます現実となり、私たちが考えるよりもはるかに速く、そして静かに普及していくだろう。

見張る者と見張られる者との綱引き／正しい行動規範

権利擁護団体は、広域監視は完全に禁止されるべきだと信じている。しかし、そのような主張は妥当でも実用的でもない。この技術によって、山火事とより効果的に戦うことができ、ひき逃げ犯をより確実に捕らえ、災害被災者をより迅速に見つけることができれば、それを完全に拒否することはできないはずだ（それどころか、ワミーの監視に関する提案が市民の反対によって中止に追い込まれたデイトンとマイアミ・デイドについては、少なくとも近い将来、ワミーの使用が第5章で説明されているような安全な任務に限定されて認められるようになるかもしれない）。

これはなにも、ある地域が法執行機関によるワミーの使用を許可したら、一目ですべてを見渡せる避けようのない視線を無条件で受け入れなければならないと言っているのではない。また、法執行機関の犯罪削減に対する意欲は、プライバシー、透明性、説明責任を求める国民の気持ちとは完全に一致するものではない。見張る者と見張られる者との綱引きは、ゼロ・サム・ゲームである必要はないのだ。

チリのサンティアゴを例にとってみよう。二〇一五年に二つの自治体が、路上強盗や暴行事件が急増している二つの地域に、気球に取りつけたイスラエル製の監視カメラを設置した。それぞれのカメラは、高解像度で三十ほどのブロックをカバーしていた。

地元のNGOのグループは政府を訴え、民間人を監視するために軍事監視技術を使用することは国の憲法に反すると主張した。初審の判決で、サンティアゴの控訴裁判所は気球を禁止したが、翌年の最高裁では、一九八〇年に制定された憲法には、公共空間におけるプライバシーの権利は特に保障されていないとして、気球の飛行を再度認める判決を下したのだった。

しかしながら、裁判官は、技術の使用は懸念を引き起こすとして警告している。

「気球の真下に住んでいる人々は、監視され、支配されていると感じ、自分たちが住むプライベートな空間においても、これまでの習慣を変える、あるいは、いくつかの行動を控えることを余儀なくされることは明らかである」

と裁判官は書いた。

裁判所は、市役所に対して使用条件のリストを作成した。監視活動は、犯罪捜査に限って行われる必要があるとされた。捜査に関係のない映像は三〇日後に削除しなければならなかった。プログラムは毎月の監査の対象となり、録画映像に犯罪捜査と関係のない個人の活動が記録されていないことを確認した。裁判所はまた、要求があれば、一般に映像を公開することを市に命じた。

自治体はそれらの要件を受け入れたようだった。一人の市長は、盗撮を防止するために、女性の解析者チームを雇ったが、これは裁判所の要件には含まれていなかった。

このような歩み寄りの姿勢は、いくつかの基本的な原則が守られている限り、ワミーの使用を希望するすべての自治体に応用できるかもしれないし、国レベルでも取り入れられていくかもしれない。何よりもまず、安定した構造というものがいつもそうであるように、規則と規制は強固な基盤の上に制定される必要がある。つまり何を規制するのかという部分をしっかりと定義していくべきなのだ。

広域監視に関わる人々が、現実に基づいた具体的な規則を作ることができるということに加えて、技術が継続して進化していったとき、監視する側が悪用できてしまう新しい抜け穴が必ず見つかるものなので、どんな場合にも有効な定義というものが必要になってくる。一九三〇年代、立法府が電話回線の無許可の盗聴を厳しく取り締まった直後に、技術者は、実際に触れなくてもワイヤーを通して電話の会話が傍受できる磁気コイルを開発した。製造者は、当時の法律では物理的な盗聴についてだけ規制しており、磁気コイルにつ

2011年、ブルー・デビルを搭載した双発プロペラ機U―21は、アフガニスタンのカンダハール飛行場から出発する準備をしている。一般の民間航空機のように見えるが、ブルー・デビルは1000人以上の殺害または捕獲に関与したと言われている。米国国防総省の視覚情報は、米国国防総省の承認を意味したり、与えるものではない。空軍派遣航空団451隊　上級飛行士デビッド・カルバハル提供。

いては何の言及もなかったので、それは完全に合法だと豪語していた。

誰かが磁気コイルに相当するワミーの新しい技術を発明するたびに、規則を書き換える必要がないようにするのが得策だ。たとえば、ある自治体が建物の上や、無人航空機の群れやキューブサット衛星のコンステレーションなどにギガピクセルのカメラを搭載したから、航空機に搭載されたワミーのための規制は当てはまらないなどと主張することがないようにしなければならない。

広域監視を含む地理空間技術の標準規格を開発する国際団体であるオープン地理空間コンソーシアムは、ワミーを「一秒間に一回、あるいは数回、地上の広大なエリアを空から撮影するために、航空機や小型飛行船の台座に取りつけた一つあるいは複数のカメラを使用するシステム（初期のモデルを強調）」と定義している。

これは少し範囲が狭い。以下の方がしっくりくるかもしれない。「全体を録画している間も、個人や車両を追跡することができる、監視エリアの広域で高解像度の動画を生成する空中または地上のセンサー、あるいはセンサーの集合体」

規則を定めるために、二番目に重要な要素は透明性であり、それは過去にこの技術を海外で使用した人と、これから国内で使用するつもりの人の両者に適用する。本書を執筆している時点での話になるが、これまでほとんどの広域監視プログラムは、法執行機関の内外を問わず、極秘であるかのように隠されてきた。たとえば、私が話をした中で、どの保険会社が請求の処理や詐欺の調査のためにこの監視技術を試したことがあるのかを明らかにした人はいなかった。また、森林局は、そのような契約があるということを公にしているにもかかわらず、森林火災の消火活動のために使用している広域監視カメラを製造した会社名を明かすことは拒否したのである。

そのような用心深さは、技術がいつどのように使用されるべきかについて市民と立法府とが議論する機会を妨害する。連邦議会は、二〇一七年まで、すでに普及していたスティングレイの使用に関する超党派による法案について真剣に議論してこなかった。これは一つには、連邦捜査局が二〇一五年まで、スティングレイを使用する場合に令状を取る必要があるかどうかを明らかにしなかったためでもある（通常は令状が必要だが、必ずということではないとしていた）。コミュニティー・サポート・プログラムの場合、ワミーが使用されていることさえ知らなかったので、ボルチモアの市議会はその規則を制定する機会がなかった。

戦場で磨かれた戦術と戦略が民間に使われることの是非

また、透明性の欠如は、恐怖要因を増幅させる。あなたは警察が空の上から観察していることを知っている。しかし、どのように観察しているのか、あなたの何を観察しているのか、何を見つけようとしているのか、収集した情報で警察は何をしてよいのか、いけないのかについて知らなければ、何をしても警察の興味を引いてしまうかもしれないと、思い込むかもしれない。そして、たとえ軽い違反を犯しても、軍用レベルのシステムでさらに監視されるかもしれないと恐れるようになるかもしれない。

透明性を高めるために最初にするべきことは、これらの技術が外国との戦争で使われた影響について、政府が完全な情報開示を行うことだろう。コンスタント・ホーク、ブル

2015年、アフガニスタンのカンダハール飛行場で、作戦前に一連の整備点検を受けるゴルゴーン・ステア装備のMQ―9リーパーの公式画像。おそらくこれまでに公開された中で、システムの最も詳細な公式イメージ。米国国防総省の視覚情報は、国防総省の承認を意味したり、与えるものではない。アメリカ空軍　２等軍曹ロバート・クロイズ提供。

ー・デビル、ゴルゴーン・ステアなどによって、何千人もの敵対する戦闘員を捕獲または死に追い込んださまざまな手段に関する情報は、ワミーを国内で使用するにあたって議論することと大いに関わりがある。何もしなければ、戦場で磨かれた戦術と戦略が恐ろしいほど簡単に、法執行機関に入り込んでくる可能性があるからだ。

ニューヨーク市警が二〇〇〇年代半ばに、一連のモスクに対する攻撃的な（そしておそらく違法な）監視キャンペーンに着手したとき、その戦術は、当時まだ一般には知られていなかった諜報機関のイラクとアフガニスタンにおける「ネットワークへの攻撃」作戦に不安になるほど類似していた。しかも、ニューヨーク市民は、当時何も知らされていなかったのだ。テロリストのリーダーを追跡して捕まえるのに、「ネットワークへの攻撃」がはたして有効な戦略なのか、それとも問題のある戦争活動をますます悪化させているのか、国内では用いられるべきではない戦略なのか、まったく何も知らされてはいなかったのである。

さらに、仮にワミーがリーダー格の重要人物ではなく、多くの下級の戦闘員の追跡や攻撃に最も効果的であると判明した場合、ワミーを国内で使用した場合、麻薬取引で暗躍する中心人物の捜査には効果がないということになる。

実際的な面では、過去のワミーの運用に関する透明性が増せば、技術の極めて本質的な欠点が明らかになる。民間での運用における比較的短い歴史の中でさえ、必ずしも非常に高い評価を受けたわけではなかった。たとえば、二〇一六年にブラジル政府は、一度に四〇平方キロメートルを撮影できるロゴス社のワミーカメラを搭載した四つの大型熱気球に七五〇〇万ドル（当時の相場で約八億一千万円）を費やした。私がボルチモアを訪れてから二週間後に始まったこの作戦は大失敗に終わった。

ブラジルでは、ハードウェアの製造元が、政府顧客に運用サービスを提供することを禁止する腐敗防止法があるため、ロゴス社は、ワミーカメラの操作を担当することになった警察官に基本的な画像分析さえ教えることが禁じられた。四機のうち二機の気球には発電機が搭載されており、燃料を補給することなく放置されることが多かった。そして、いまだにはっきりしていない理由により、当局は熱気球を六〇〇フィート（約一八三メートル）上空に保つことを選択した。つまり、彼らは監視することになっていた地域の一部しかカバーすることができなかったのだ。

ロゴス社のジョン・マリオンによると、その理由はとても不快なもので、この技術が悪用される可能性を示す例となってしまうが、解析者たちは下の通りに住む女性たちを観察するためにカメラを使用して多くの時間を費やしていたという（この種の盗撮は、残念ながらそれほどめずらしいことではない。二〇〇四年に、テロ対策作戦のために特別に設計された監視ヘリコプターで、ある抗議デモを監視していたニューヨーク市警の警官は、軍用温度カメラを通してバルコニーで性行為を行っているカップルを四分近く観察した）。

すべての人を監視するので、すべての人に関わりがある

ワミーに何ができて、何ができないのかについて、オープンに正直に話すことは、ブラジルで起きたような大失敗が、今後別の場所で起きないようにするために役に立つだろう。

広域監視の任務遂行における信頼性が確立されたら、国内の機関は、技術を採用する意図について透明性を確保するべきだ。簡単に言うと、各機関はワミーを導入する前に住民にそのことを告知するべきなのだ。そして、その意味ではどんな監視技術を使用する場合にもそうするべきであろう。たとえ、プロジェクトが外部の組織に資金提供されていてもその部分は変わらない。

対象を絞り込んで、一度に一人だけを監視するために使用するソーダ水のストロー監視技術とは異なり、ワミーはすべての人を監視するので、それはすべての人に関わりがあることであり、すべての人の意見は初めから尊重されるべきだ。もし警察が市民に向けて何の提案もすることなくワミーまたは同等の監視システムを採用したら、警察が守り仕えるはずの人々の信用を失うことになる。

幸いにも、すべての地方自治体がそうした声を聞くための機会を提供している。マイアミのように、利害関係が生じる人々が大きな声を上げワミーの使用に反対する場合、政府はそれを無視してはならない。同様に、住民の多くがワミーの考えを支持している場合、それも無視してはならない。政府の仕事は妥協案を見いだすことだ。これらの議論は実質的なものでなければならない。インターネットの世論調査などに頼るのでは、地域住民が広域監視下で生活する意思が本当にあるかどうかを推し量ることはできない。

透明性と歩み寄りの精神は、市民と法執行機関との関係がすでに損なわれている自治体において、その関わりをワミーがそれ以上悪化させないためにも役に立つかもしれない。市民は、警察が自分たちの背後や頭の上からこっそり観察するようなことはしないという確信が持てるので、警察への信頼も増し、場合によっては捜査に協力してくれるようになるかもしれない。

最終的には、自治体は広域監視技術を構築した人々を招き、一般市民も含めて、議論する場所を提供することを真剣に検討できるかもしれない。ワミーに何ができるのか、どうやって命を救うことができるのか、どのように悪用される危険があるのかなど、ワミーの構築者以上にこれらのことをよく知っている人間などいないのだ。技術が世界にとってためになると信じて日々研究に取り組んでいるなら、彼らは自らバッターボックスに立ち、話す機会を設けるべきだ。それは技術者たちの権利であり、責任でもある。

ワミーの使用について正しい規則を

立法者である議員と有権者。ハイテク企業と消費者。技術者とプライバシー擁護派。広域監視における詳細な規制は、これらすべての利害関係者を含めて議論した上で決めるべきである。規則は、簡単に決められるようなものではない。しかし、その対話のきっかけとなるように、ここにいくつかの基本的な規則を考えてみる。

まずは、空中侵入における既存の法的保護を再検討し、令状なしで使用できる「公的にアクセス可能な」技術と、令状がないと使用できない「特殊化された技術」の線引きを行うことが賢明だ。空中監視に関して最高裁判所で争われた訴訟はここ三十年間なく、現在利用可能な技術の観点からすると、これらの古い基準は、今日何が許されるのかについての十分な指針とはならない。

また、裁判所は、空中における個人の持続監視が、合衆国憲法修正第四条に基づく不当な調査に相当するかどうかを判断することもできる。令状なしで個人を長期間追跡することは、実際には違憲であることを示唆する力強い判例がある。二〇一〇年と二〇一二年に出た二つの判決は、両者とも麻薬対策の捜査に端を発する。警察は、被告と麻薬組織との関係を突き止めるために、男のジープにGPS装置を取りつけてその動きを追ったのだが、コロンビア特別区巡回裁判区と米連邦最高裁はそれぞれ、公道は明らかに見晴らしがよく、公共の空間ではあるが、令状なしに長期間にわたり人を追跡すること（監視におけるモザイク・アプローチ）は、修正第四条に違反するという判決を下した。

最近の例だと、ティモシー・カーペンター対アメリカ合衆国事件で、米連邦最高裁は警察が持続監視のために携帯電話の追跡を行ったことについて同様の判決を下した。しかし、これらの判決のいずれも特にワミーには言及していないため、現時点では、ワミーについては規制がなく運用されている。

広域監視の合法性が訴訟手続きによって解決できない場合は、連邦議会が介入することもできる。これまで、ワミーについて実質的に議会で取り上げられた公聴会は一度もなく、強いて言うなら、議会調査部の研究レポートだけが、技術の法的意味合いについて軽く触れている（二〇一五年から続く研究では、主に無人航空機について書かれている。ワミーに関しては、あまり参考にはならないが、そのようなシステムを国内で使用すると、「個人の束縛、秘密性、自律性、匿名性」についての問題点が生じると結論づけられている。しかし、ワミーの規制についてはまったく触れていない）。

たとえば、連邦議会は、法執行機関がワミーを使用して特定の捜査を行うときには、令状を取るように要求することができるだろう。容疑者を長期間追跡したり、対ネットワーク戦略として広い範囲にまたがる容疑者たちの関係性を調べたり、はっきりとした証拠がないのに、事件に関与した疑いのある容疑者の家族や事件を目撃した人々などを追跡する場合が、それに当てはまる。

たとえば、武装強盗を追っている状況で、警察が令状を取得するのに十分な時間がない場合でも、容疑者の追跡を始める前に、「捜索するための相当な理由」の提示を義務づけることができる。地上の警察官も、他人の車の後を追ったり、車を停めたり、トランクの中を確認する場合には、同じように「相当な理由」を示すように求められている。

ワミーを使用する関係機関は、ブラジルで起きたような、まったく別の理由で偵察することがないように、個人の顔がはっきりと識別できる解像度にしないなど捜査上のモラルを徹底するべきだ［注2］。

さらにしっかりと脇を固めるなら、これらの規制に他の技術との融合を含めるべきである。単体では令状を必要とせず、それだけでは不明瞭なところがあっても、さまざまな監視活動によって融合したデータの集約は、ターゲットの詳細な人物像をさらに鮮明に生成する可能性があるから、融合した場合の規制も必要となってくるだろう。

ただ単に、不審なUターンを繰り返す車両を追跡することは、相当な理由があったとすれば許されるかもしれない。しかし、このトラックを顔認証付きの監視カメラの情報と融合するなら、運転手や同乗者を特定する行為は、もはや相当な理由とは呼べないかもしれない。それゆえに、ワミーの規制では、今日の警察が利用できるソーシャルメディア、携帯電話インターセプター、ナンバープレート認識、ソーダ水のストローカメラ、地上カメラ、人間の知能など、融合することが可能なその他すべての情報についても説明していく必要があるのだ。

市民が開示請求できるプロセスを確立する

最後に、当然のことながら、これらの規則は完全に開示されるべきであり、憲法によってその活動を保障されている市民は、国が彼らの活動を監視することをきっぱりと禁じていることを確認することができる。

こうした決まり事を実施する方法として、また、たとえば誘惑に負けて解析者が自分の配偶者を監視するようなことを防ぎ、解析者の任務における責任の所在を明確にするために、監視および分析活動は細かく徹底的に運用記録をつけることを義務化することもできる。そうすれば、運用記録によって、警察署が令状なしにターゲットをしつこく見張っていたかどうかもわかる。あるいは、解析者の行動（たとえば、車両を数時間追跡する）が、すでに捜査している犯罪に本当に関連していたのかどうかを示すこともできる。また、抗議集会の後、監査員は分析記録を確認して、警察が抗議者を自宅まで追跡していないことを確認することも可能だ。

政府の公正な情報運用原則が保たれ、監視対象のデータにアクセスする権利が保障されれば、すべてを見通す目を使用する警察署は、自分自身や住む家などが映っている運用記録や画像を市民が開示請求できるプロセスを確立することができる。警察による市民への発砲など、社会の不安の原因となる重要な事件が起きれば、警察の多くがこれまでの事件を受けてボディカメラの映像を公開しているように、関係機関がワミーの映像を公開することも可能だ。

そして、もしデータが公開されることになったら、情報の悪用を防ぐためにさらなる予防策をとるために、監視画像から人物が特定されないように対策を講じることができる。これは、ワミー業界から提案されたアイデアだ。スティーブ・サダースは、ターゲットの敵を追跡するために開発された追跡アルゴリズムと行動検出アルゴリズムを使用して、犯罪捜査に直接関連しない人物や車両を隠すこともできると話していた。

たとえば、アルゴリズムは、私道または駐車場に出入りするすべての車両を検出して隠すことができるので、令状を持たないユーザーは個人の正確な場所まで追跡できない（中央情報局が、海外で武装勢力のネットワークの地図を作るために使う「ノード」の国内版を特定することを効果的に防ぐことができる）。グーグルは、主要道路の交通状況を計算するために、すでに携帯電話の追跡システムでこの方法を採用している。

もちろん、これらは大まかな規則だ。連邦航空局の厳格な航空安全基準と同様に、より詳細な技術基準を策定する必要がある。その基準には、航空機の高度、カメラの最小および最大解像度、データが保存される期間、車両を確実に追跡する方法、航空機のデータリンクを暗号化する方法、ハッキングからのデータの保護方法、解析者の作業をログに記録する方法、公開されている画像を匿名化する方法などの詳細を定めることができる。

これらの基準を一つの文書または一連の規則としてまとめることができれば、広域監視の利用を希望する新しい都市は、独自の規則をゼロから構築する必要はなく、すでに存在する規則を採用できる。そして、この規則が連邦レベルでは任意であれば、自治体は法的拘束力を持たせるために、市の条例として制定することも可能なのだ。

広域監視技術において、特に「想像力を働かせて」使用する機関の行動を把握するために、こうした基準や規則はユーザーが許可「されていない」ことではなく、「許可されている」ことだけに従って運用することを義務づけることができるだろう。たとえば、法律が車やトラックの追跡には監視の使用を許可しているが、徒歩の人々を追跡することは禁止している場合、法執行機関は自転車やスクーターに言及していないからといって単純にそれらを追跡できるという意味ではない。ある機関が、法律ではっきりと許可されていない斬新な方法で広域監視を行うことを希望するなら、関係当局に、さらに理想的には一般の人々にも許可を求める必要がある。

その場合にも、こうした規則を曲げたり破ったりする誘惑は強いので、関係当局が自主的にしっかりと規則を守るだろうと信頼するだけでは十分ではないかもしれない。その好例がある。二〇一五年カリフォルニア州は、警察機関がスティングレイを購入する場合は、事前に公開集会で許可を取り、その利用規定をオンラインで公開することを求める法律を可決した。しかし、二〇一七年にロサンゼルスタイムズが行った調査によると、州の大都市の法執行機関のほとんどが、実際には法律を遵守していなかったことが判明した。カリフォルニア州の二十一の最大規模の警察機関のうち十七機関が、スティングレイの使用に関するデータを開示しなかった。データを公開した機関も、スティングレイをどのように使用したかについては、詳しく説明していなかったのだ。

同じように、二〇一七年末の時点で、サンティアゴのプライバシー擁護派のグループは、監視飛行船に関する米連邦最高裁の改革が完全に実施されているかどうかを確認することができなかった。連邦最高裁はプログラムの定期監査を行うことを義務付けていたが、監査は完全に公平で独立した組織が実施することを定めた指針を明記しなかった。

広域監視を使用する事業体は、さまざまな州および連邦機関が全国の矯正施設を検査し、その監査結果を公表するように、これらの規則と基準が満たされているかどうかを証明できる国の組織による定期的な審査を受けることもできる。独立機関による広域監視プログラムの審査により、たとえば、航空機が適切な高度で運用されているのか、解析者の運用記録が正しく維持および保護されているかなどを判断できる。規則に対して無責任な機関には、わかりやすい選択肢が与えられる。問題を修正するか、空から完全に撤退するかのどちらかだ。

民間の目／民間会社にワミーをまかせる利点と問題点

すべてを見通す目を抑制するための方策は公的機関に向けられがちだが、政府が私たちの空に広域監視カメラを飛行させることを合法化する法律の抜け穴は、民間企業によっても悪用される可能性がある。それゆえに、私たちは、政府機関の目と同じように、民間によるすべてを見通す目にも対応できるよう準備する必要がある。

いくつかの点で、民間会社がワミーを維持することには利点があるかもしれない。ある会社が一つの広域監視システムを、警察から交通管理当局、投資会社まで、誰もがアクセスできるある種の生中継グーグルマップとして運用すれば、個々のユーザーにとって費用対効果が高くなる。そして、意図的に、グーグルがストリートビュー機能に表示される顔やナンバープレートにぼかしをかけるのと同様に、個人データを守るいくつかの機能を組み込めばよい。

民間部門は、政府とこれらの匿名化機能によって隠されているデータとの間のファイアウォールとしても機能する。アップルのような企業は、裁判所の命令により指示された場合にのみ、個人ユーザーデータを政府に提供している。そして、ワミーを製造する企業も、空中情報を公開するために似たような基準を設けることができるだろう。ハイテク企業は、すでに説明した匿名化ツールのように、技術的なプライバシー保護に関する規則を構築するのに最も適任と言える。

ただし、民間企業の取り組みには重大な問題もある。政府とは異なり、民間セクターはただ単に犯罪行為を監視するだけではなく、それよりはるかに多くのことに関心を寄せる可能性があるからだ。民間が広域監視を行っている都市では、あなたのすべての動きに関する情報が集められ、利益のために販売されることもありうる。

逸脱する危険性はかなり高い。都市全体の空中監視映像にアクセスできる大企業は、ありとあらゆる方法を使って監視データと他の情報と組み合わせれば、プライバシーを侵害することも、守られるべき活動の詳細を明らかにすることもできる。大規模なソーシャルメディア企業などは、そのあたりの取り組みについて必ずしも透明性を保っているとは言えない。

そして、すでに第5章で述べたように、たとえデータが匿名化されていても、一般に公開されてしまえば、データを購入する人々がそれをどのように使用するのかについてはすべてを予測することは不可能だ。実際に、別の方法で収集された民間のデータが、すでに使用されたり、驚くようなひどい方法で悪用されているケースもある。

二〇一六年に、Ｑという人物に起きたある出来事を紹介する。Ｑはある駐車場で軽い事故を起こし、車にへこみ傷ができてしまった。Ｑは当時、仕事や家族のことで忙しかったため、保険会社への請求手続きが数カ月遅れてしまった。Ｑが最終的に報告書を提出したとき、保険会社は請求を拒否し、事故が起きたときにすぐに保険の請求をするという契約条件に違反しているということでＱの保険を解約した。ところが、どういうわけか、保険会社はＱが請求手続きをするずっと前から、Ｑの車が損傷していることを知っていた。しかし、どうやって知ったのだろう？

後になってわかったことだが、保険会社はグーグルのストリートビューで、Ｑが住んでいる通りを調べ、家の外に駐車していた車を見つけていたのだ。それを聞いて、私もグーグルマップで、Ｑの住所を調べてみた。確かに、車のくぼみがはっきりと見えていた。車のナンバープレートはぼやけていたが、保険会社はその製造元、モデル、色、およびＱの住所を知っていた（つまり、簡単ではあるが効果的なスパイのような融合を行って調べたったということだ）。Qにとっては反論できない証拠があり、しかも法律には違反していなかった［注3］。

したがって、民間の広域監視を管理する規則は、政府の監視に適用するのと同じくらい厳密で包括的なものである必要がある。企業には、収集したデータがどのように使用され、保存されるかについても、同様に透明性がなければならない。一方、このデータを購入する事業体には、どんな情報を見たのかを正確に示す運用記録をつけることを要求することができるかもしれない。今回のことは、Qにとってよい教訓となっただろう。しかし、新しい保険会社がバグダッドの反乱兵士であるかのように、Qのへこんだ車を追跡するようなことを始めるなら、Qはそのことについて知る権利がある。

アンドロイドにも正しい規則を／複雑で未知の領域

これまでのところは、それほど難しい話ではない。しかしながら、「自動」監視が関わってくると、立法者が答えなければならない疑問は、すでに述べてきたように、はるかに複雑で未知の領域だ。要点をまとめると、私たちは自動化されたシステムを信用するのか、それとも疑ってかかるのかという二つの選択肢の間で、どのようにバランスをとっていくかが重要になってくる。アルゴリズムがバイアスを記憶せずに、確実に取り除くようにするにはどうすればよいか？　無実の市民を容疑者として特定し、悲劇につながるケースが多くても、それ以上に多くの犯罪者を捕まえることができるシステムに価値があるのかどうか、どのように判断すればよいのだろうか？　システムが突然起こしてしまうかもしれない奇妙で、潜在的に危険な間違いをどのように予測して説明するのか？

こうした疑問に答えることは簡単ではない。しかし、私たちを正しい方向に導くためのいくつかの指針となる原則があると私は考える。

第一に、自動化システムを運用する人々の透明性の精神が何よりも重要だ。すべての監視方法と同様に、システムの種類、システムの仕組み、検出する動作、自動化によって防ぐことのできる不正などを開示することによって、市民と行政の関係を緩和し、より多くの情報に基づいた法制化過程を促進していける。

ソフトウェアを開発している企業にも、透明性を要求していくことは価値があることかもしれない。そうすることで、ソフトウェアの開発者と使用者がお互い何を求めているのかを理解することができる。特定の関連情報とは、技術がどのように機能するか、その限界は何か、そして最も重要なことは、システムが信頼度を計算する方法だ。

「脳みそをどこにしまっているのか見えないのに、自分で考えることができるものは決して信用してはいけない」

と『ハリー・ポッターと秘密の部屋』で、アーサー・ウィーズリーは述べている。自動化に関して何気なく真実を言い当てた言葉だ。なんと空軍の上級科学者は、このセリフを公式なプレゼンテーションで引用した。

信用度をさらに強化するためには、コンピューター自体をもっと簡単に理解できて、さらに信頼できるものにしていく必要がある。そうするための一つの方法は、ソフトウェアに、それぞれの結論に至った理由を人間の言語で説明させることだ（ダルパの説明可能なＡＩは、まさにそれを行おうとしている）。この技術があれば、ＩＢＭのワトソンは、テレビ番組ジェパディで、どうして「ピカソ」と答えたかというとパリにピカソ美術館があるからと、説明することができるかもしれない！　人間のオペレーターは、人間と美術史の違いのように単純な概念も理解できないのかと、コンピューターの能力への信用を失うのではなく、ワトソンはちょっとした技術的な問題で間違えてしまったと理解することができた。理論的には、解析者は、次に同様の状況が発生したときにコンピューターの頭に何が起こっているかを理解し、それに応じて信頼度を調整することができるようになる。

そもそもワトソンのようなシステムが「ピカソ」のような間違いをするかどうかを予測するには、広範囲にわたるテストに出すことができる。国立司法研究所などによって開発された共通の基準を満たしているかを調べるテストが存在する。さらに、現場のアルゴリズムが高信頼の間違いをする場合、間違いを引き起こしたデータについて（安全に留意して）製造業者に伝え、同時に独立した監督機関に伝えることができるだろう。そうすれば、一つの部署だけではなく、同じソフトウェアを使用するすべての機関のために、アルゴリズムを調整して、将来同じようなエラーが出ないようにすることができる。

それに関連して、もう一つ役に立ちそうな対策は、製造元間の信頼度システムを標準化することだ。そうなれば、ある製品の七一％という信頼度は別の製品の七一％と同じ意味になる。これは、遅かれ早かれ自動監視の使用によって生じる可能性のある訴訟を解決することにも役立つかもしれない。

訴訟などが不可避になった場合、司法制度は、コンピューターからの助言が「逮捕または捜索するための相当な理由」による決定として受け入れることができるのかを規定することができるかもしれない。コンピューターがどれほどうまく説明できるかどうかは関係ない。

現在の法律では、もし私がおかしな運転をしていれば、警察官はその権限内で車を停めさせることができる。コンピューターが同じ判断を下した場合も、同じような基準が適用されるのだろうか？

元陸軍と空軍の相談役で、現在は首都ワシントンのアーノルド・アンド・ポーター・ケイ・スコラーという弁護士事務所に勤務するチャック・ブランチャードに電話して、私はこの件について助言を求めた。彼は、どの程度コンピューターを信用することができるかの基準値を決めるには、人間の行動を参考にすることを提案した。警察官は必ずしも完璧な論理的思考で動いているわけではない、とスコラーは言った。そして、法執行機関は常に自分たちが誤ることがあると認めている。彼はまた、信用がどのように管理されているかを確認するべきだと言った。結局のところ自動データ処理システムである飲酒検知器のように、これまで導入されている警察関係の技術が使われるときは、どのように信用が管理されているのかを検討するべきだと助言してくれた。

疑わしい運転の検出機能を使用している機関は、たとえば、システムが特定のドライバーに対して少なくとも九〇%の信頼度を表示しない限り、車両を追跡しないと決定する場合がある。九〇%未満の場合は、人間が自分の目で確認しなければならない。

自動システムによって導かれたすべての結論は、どんな小さな事件に対しても、十分に吟味されるべきだという考え方であるなら、信頼度がどれほど高くても、法執行官がコンピューターの解析だけを基に「相当な理由」による決定を行うことを禁じることもできる。そうなると、シグナル・イノベーションズ・グループのソフトウェアなどは、不正なものということになる。これは建物から建物に移動する人々の行動パターンでテロのネットワークを自動的に解明するソフトウェアだ（この規則の制定は、戦争における自動化諜報技術を管理するためにも有効かもしれない）。

法執行機関における自動化の潜在的な危険のいくつかを軽減できる別の方法は、いかなる種類のものであれ、予防的に監視を行うことを禁止し、その用途を調査作業のみに制限することだ。たとえば、警察は、車両追跡アルゴリズムを使用して、正当な捜査中にすでにわかっている容疑者の動きをマッピングすることができるが、同じソフトウェアを使用して、疑わしい行動をとるすべての車両を検出することで、犯罪を予測する行為は禁止される。

自動化を法医学の捜査に制限することで、警察が無実の市民の多くを対象に入れてしまうという問題の解決に役立つかもしれない。さらに重要なことは、結果からすぐに決定を下さなければならない状況で、自動化監視システムを使用するには多くの危険が伴う。それゆえに、法医学捜査に制限することで、市民との信頼に関する問題を和らげることができるかもしれない。法医学的捜査では、時間的制約が少なく、速度よりも厳密さが重視され、捜査官個人による決定のリスクは低くなる。分析の結果が七一％の信頼度ならば、生死に関わるような選択をする時間はほとんどないのが現実だ。

画像同様、自動監視システムも保護する必要がある。ハッキング攻撃により、システムは無害な動作を非常に疑わしいものとしてマークする可能性がある。ハッカーが行うスワッティング（虚偽の通報で武装した警察の部隊を、嫌がらせをしたい相手の家に送り込むいたずら）だ。また、ハッカーは、画像をわずかに破損して人間の目には正常に見えるが、コンピューターで読み込むと完全に使えなくする。もし法執行機関が、人間の担当官の代わりに自動化システムに依存しすぎると、システムを無効にするそのような攻撃はプログラム自体を弱体化してしまう。

プログラムが生み出す偏見に関して、よいニュースとしては、多くの研究、調査、そして人気本のおかげで、この問題が非常に注目されていることだ。マイクロソフトのような企業でさえ、顔認識やその他のツールの偏見に対処する規制を求めているほどである。

人間の警察官が偏見のある行動をとった場合には、法執行機関はその偏見を特定し、そして、研修プログラムなどの手段を通じて更生させるための処分戦略というものがある。警察署全体に偏見や差別の問題が存在するようなら、検事総長は問題を判断するために介入する権限を持っている。マイケル・ブラウン発砲事件後のセントルイスおよびフレディ・グレイの死後のボルチモアの場合もそうだった。

同じように、警察活動に自動化と人工知能を採用している都市は、そのプログラムを監査に提出することを義務づけられる場合があるかもしれない。監査は特に、システムによって生成された結果とそれに対応して法執行機関がとった行動との間に偏見を示す指標がないかを検索する。また、何十年にわたってデータに偏りが埋め込まれてきたかもしれないので、自動システムを訓練するためには、人間が集めたデータを入念に調査する必要がある。

二〇一四年、この問題を調査したホワイトハウスの特別委員会による調査では、データの分析に使用されたものとまったく同じアルゴリズムの一部が、その分析結果におけるアルゴリズムの偏りを特定するために使用できることが示唆されている。想像してほしい。コンピューターを観察しているコンピューターが、あなたを観察しているのだ。私たちはなんて時代に生きているのだろうか。

最後の一つのピクセル

これまで示してきたさまざまな提案を、すべて実践するのは難しい挑戦のように思われるかもしれないが、しかし、実際にはまったく現実的な提案であるという多くの兆候がすでに存在する。米国内の数十の町や郡は、法執行当局がどんな新しい監視ツールを使用する場合でもその情報を開示し、悪用を制限するための厳格なガイドラインに従うことを要求する拘束力のある条例を制定している。

一部の地方自治体も、自動化の厄介な問題にすでに着手している。二〇一七年にニューヨーク市は、市役所が使用するソフトウェアのアルゴリズムの偏りを特定するために、特別委員会を設置する法案を採択した。市民が個人的に、そしてもしかすると不当に影響を受けてしまったかもしれないアルゴリズムの決定によって生成されたデータにアクセスできるシステムを、市が構築することを要求したのだ。

一方、マイアミのように、市民に広がった抗議活動によって警察署がワミーを配備する計画を中止にした事例では、完全に防止する選択肢も含めて、市民が広域監視に関する制限を定義することができる案なら信用されるはずだ。そして、立法者や法執行機関はそれらの制限を尊重することができるであろうし、尊重しなくてはならない。広域監視と自動化のための正しい規則を制定するには、さまざまな苦労もあるだろう。今日、セキュリティ・ショーなどに行くと、非常に多くの安全管理技術に関するものが販売されている。それらは鍵のかかった箱やブースにずらりと並んでいる。自律型ロボット警備員、顔認識ソフトウェア、光吸収分子スキャナー、ソーシャルメディアのトロールツール、ボディカメラ用のコンピュータービジョンシステム、そして驚異的な数の融合システムだ。

これらの技術はすべて、根本的に同じ目的のために機能する。つまり、犯罪を防止し、できるだけ多くの情報を収集し、分析を自動化する。システムの多くはワミーのように、海外の戦場で暴力的に使用された秘密の過去を持つ。すべてが悪用される可能性があるのだ。しかし、規制されているものは一つもない。広域監視のための実用的なモデルを考えることは、これらの技術を公正に保持できることを証明するものとなるだろう。

しかしながら、規則とは少し毒を盛られた杯(さかずき)になる可能性があることも認識しておくべきだ。規則は技術を正当化する危険性があり、その結果、その普及を早める。チリ最高裁判所がサンティアゴ上空で監視気球の継続使用を決定した直後に、新しく選出された市長は、市内の「最も危険な」三つの地区に追加で気球を設置する計画を発表した。まるで判決によって、気球がプライバシーの脅威になるのかという疑問を解決したかのようだが、実際には何の解決にも至っていないのだ。

多くの疑問は残り、結局はあれこれと、これからも疑問は残るだろう。最初は完全に完璧だと思われた規則でさえ、遅かれ早かれ別の問題が生じるかもしれない。技術が急増するにつれ、すべてを見通す目に対する、まだ考えられていない新しい用途が、新しい難題を生み出すことだろう。新しく開発された機能は、まったく新しい疑問を生むことになる。新しい技術を開発し続ける技術者や指揮官が、素晴らしい意図を持っていたとしても、将来のセキュリティ・ショーでそれらを購入するグループはそうでないかもしれないのだ。

ようやくここにきて、これまでの広域監視の物語において忘れられていた私たちが登場する番になった。私たちがするべき仕事は明確だ。私たちは監視する人々に、そして別の誰かを監視している人々に透明性を要求していくべきである。規則がツールよりも優先されることを確認していく必要がある。規則を作る場合には、カメラの向こう側にいる人たちに反対するのでなく、共に取り組んでいくべきであろう。技術者であれ、指揮官であれ、警察官であれ、擁護者であれ、私たちは協力して最善を尽くしていくしかない。

そして、監視を続ける人々の探究は、長い道のりだ。そのため、監視活動に対応し、監視が正しく行われているかを確認する仕事も、決して終わることはない。よって、これからも関わっていこう。そして、常に空から目を離さないように。

[注1]　こうした法規制の遅れは、小型無人機に限ったことではない。法執行機関は二〇〇〇年代初頭からスティングレイ携帯トラッカーを使用してきたが、二〇一八年までに、この監視装置を規制する国内法は連邦議会に通されていない。

[注2]　航空機が高く上がるほど、網羅できる範囲が広くなり、地上の個人の解像度は低く

なる。航空機が低い場所を飛行すれば、カバーできる地域は狭くなるが、地上にいる個人の情報はより詳細に記録される。持続監視システムズ社のロス・マクナットは、常に詳細よりもカバーできる範囲が大きいほうがよいと話していた。ブラジルの警察官たちは、明らかに反対の見方をしていたのだろう。

［注３］保険会社はまた、労働災害について嘘をついている疑いのある請求者をスパイするためにドローンを使用することもある。米国でも、それは違法ではない。

感謝の言葉

初めに、私は同僚で、友人、そして、ソフトクリームをこよなく愛するダン・ゲッティンガーに心から感謝します。ダンはその驚くべきリサーチ力を発揮して、この本のために、非常にわかりにくい国防総省の予算に関する文書を調べ上げる手助けをしてくれました。もっと重要なのは、もしダンがいなければ、ドローン研究所は成功していなかったでしょう。これだけでも大変お世話になっていますが、それ以上に、私は彼のサポートにとても感謝しています。

また、バード大学の皆さんにお礼を述べたい。特に、研究所の立ち上げに協力してくれた卒業生のチームであるトム・キーナンとジム・ブリュドヴィッグ、そして、レオン・ボットスタインにも感謝しています。まだ経験の浅い学部生だった私の話を聞き、ドローン研究所をいちかばちかやってみればよいと背中を押してくれました。

ジャーナリストと話をすることは、スパイ技術の分野で仕事をしている人たちにとっては容易なことではないでしょう。この本を執筆する過程で、私は黒くて厚いベールに包まれた政府の守秘義務をしつこく詮索するように、数百に及ぶ質問を投げかけました。もちろん、ほとんどの質問に関する回答は拒否されましたが、どの機関もそもそも私が質問する権利があるのかどうかについては問題にしませんでした。私は特に、スティーブ・サダースに、感謝したいと思います。私を監視航空機に乗せ、アルバカーキ上空を飛行してくれました。翌日には、同じ航空機でニューメキシコの砂漠地帯の町を歩く私の姿を追跡して、その飛行中に撮影された私の映像を処理して見せてくれました。

さらに、当時ボルチモアで秘密だった監視活動の様子を見せてくれたロス・マクナット、そして、広範囲にわたる事実確認のために辛抱強く説明をしてくれ、この本のために多くの素晴らしい画像を提供してくれたジョン・マリオン、ネイサン・クロウフォード、ブライアン・レイニンガーにも感謝します。

さらに、本書の出版にあたって、最初の編集者で、その偉大な知識と経験で支えてくれたエイモン・ドーラン、次に、かわいい娘フリーダが生まれるそのときまで、私の執筆を専門的な助言で励まし続けてくれた二番目の編集者アレックス・リトルフィールドに深く感謝しています。そして、出産に立ち会うアレックスから引き継いで、サポートしてくれた期待の新人オリビア・バーツに深く感謝します。本書を執筆し出版するまでの長いプロジェクトにおける彼らの献身は、私にとって大きな原動力となりました。私を支えてくれる多くの相談相手や後援者のうち、特に尽力してくれたのがシェイエ・アレハートでした。彼女は二〇一五年十一月に、私がこの冒険を始めるきっかけとなったある電子メールを書いてくれました。

そのメールを受け取ったのは、才気あふれるハワード・モルハイムでした。彼は、厳しい基準、卓越した審美眼、そして深い知恵を持ち、私の著作権代理人となることに同意してくれました。彼がそうしてくれたことが本当にうれしいです。何より、ハワードは最高の代理人というだけではなく、私の素晴らしい友人となってくれました。

アーサー・ホーランド・ミシェル　Arthur Holland Michel
ジャーナリスト、研究者、そしてバード大学ドローン研究所共同責任者。
これまでに『WIRED（ワイアード）』、『Al Jazeera America（アルジャジーラ・アメリカ）』、『VICE（ヴァイス）』、『News U.S.（USニュース）』、『FAST COMPANY（ファスト・カンパニー）』、『Mashable（マッシャブル）』、『MOTHERBOARD（マザーボード）』、『The Verge（ザ・ヴァージ）』、『Bookforum（ブックフォーラム）』など、さまざまな媒体で記事を書いている。
また、アマゾン社のドローンによる配達やロボットによる幽霊船、対無人航空機などに関する多数の研究報告書やエッセイを執筆している。

斉藤宗美　Hiromi Saito
国際関係の仕事に従事した後、英語・スペイン語の翻訳を手がける。カナダ、アメリカ、コスタリカ、オーストラリアなど、17年間を海外で過ごす。青山学院大学英米文学科卒業。オハイオ大学大学院国際関係学部修士。訳書にトム・ブラウン・ジュニアの『ヴィジョン』（徳間書店）、『グランドファーザーが教えてくれたこと』（ヒカルランド）、エンリケ・バリオスの『まほう色の瞳』、『魔法の学校』（徳間書店）などがある。

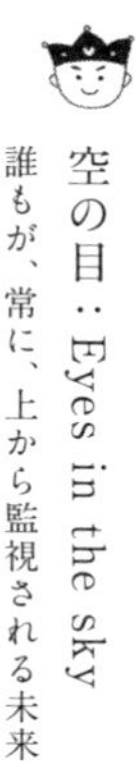

空の目：Eyes in the sky
誰もが、常に、上から監視される未来

第一刷　2021年2月28日

著者　アーサー・ホーランド・ミシェル
訳者　斉藤宗美

発行人　石井健資
発行所　株式会社ヒカルランド
〒162-0821 東京都新宿区津久戸町3-11 TH1ビル6F
電話 03-6265-0852　ファックス 03-6265-0853
http://www.hikaruland.co.jp　info@hikaruland.co.jp
振替 00180-8-496587
本文・カバー・製本　中央精版印刷株式会社
DTP　株式会社キャップス
編集担当　遠藤美保

ISBN978-4-86471-958-2